U0268056

项目管理核心资源库·敏捷项目管理

PMI – ACP认证考试核心读物

[美] 吉姆·海史密斯　著
（Jim Highsmith）

李建昊　译

敏捷项目管理

快速交付创新产品

（第2版）

AGILE

AGILE
PROJECT
MANAGEMENT
Creating Innovative Products,
2nd Edition

電子工業出版社·

Publishing House of Electronics Industry

北京·BEIJING

Authorized translation from the English language edition, entitled AGILE PROJECT
MANAGEMENT: CREATING INNOVATIVE PRODUCTS, 2nd Edition by JIM HIGHSMITH,
published by Pearson Education, Inc., Copyright © 2010 Pearson Education, Inc.
All rights reserved. No part of this book may be reproduced or transmitted in any form or
by any means, electronic or mechanical, including photocopying, recording or by any
information storage retrieval system, without permission from Pearson Education, Inc.
CHINESE SIMPLIFIED language edition published by PUBLISHING HOUSE OF
ELECTRONICS INDUSTRY CO., Ltd., Copyright © 2019.

本书中文简体版专有出版权由 Pearson Education, Inc.授予电子工业出版社，未经
许可，不得以任何方式复制或抄袭本书的任何部分。

本书中文简体版贴有 Pearson Education（培生教育出版集团）激光防伪标签，无
标签者不得销售。

版权贸易合同登记号　图字：01-2019-6449

图书在版编目（CIP）数据

敏捷项目管理：快速交付创新产品：第 2 版（修订版）／（美）吉姆·海史密斯（Jim Highsmith）
著；李建昊译. —北京：电子工业出版社，2019.11
书名原文：Agile Project Management: Creating Innovative Products, 2nd Edition
ISBN 978-7-121-37694-8

Ⅰ. ①敏… Ⅱ. ①吉… ②李… Ⅲ. ①软件开发—项目管理 Ⅳ. ①TP311.52

中国版本图书馆 CIP 数据核字（2019）第 243616 号

责任编辑：刘露明
文字编辑：刘淑敏
印　　刷：北京天宇星印刷厂
装　　订：北京天宇星印刷厂
出版发行：电子工业出版社
　　　　　北京市海淀区万寿路 173 信箱　　邮编：100036
开　　本：720×1000　1/16　印张：21.25　字数：357 千字
版　　次：2010 年 7 月第 1 版
　　　　　2019 年 11 月第 2 版
印　　次：2025 年 4 月第 12 次印刷
定　　价：89.00 元

凡所购买电子工业出版社图书有缺损问题，请向购买书店调换。若书店售缺，请与本社发
行部联系，联系及邮购电话：（010）88254888，88258888。
质量投诉请发邮件至 zlts@phei.com.cn，盗版侵权举报请发邮件至 dbqq@phei.com.cn。
本书咨询联系方式：（010）88254199，sjb@phei.com.cn。

好评如潮

"第 2 版是一部引人注目的著作，它在屡获殊荣的《敏捷项目管理》(第 1 版)的基础上，新增了有关企业管理方面的内容，如规模化敏捷、治理敏捷项目及度量敏捷绩效等。如果你正在寻觅介绍如何整体理解敏捷项目管理和关键细节的书，那么本书是一本非常有价值的参考书。"

——桑吉夫·奥古斯丁，LitheSpeed 公司总裁，

Managing Agile Projects 一书的作者

"构想一种不同的工作方式开始于思想的转变。吉姆·海史密斯在他最新出版的《敏捷项目管理》(第 2 版)一书中与大家分享敏捷革命带来的激动人心的愿景和崭新的思维方式。通过讲故事和举例子，吉姆带领我们体验一种激发创造性和创新性的全新方式。这对于任何寻找新的视角来改变新产品开发方式的团队来说都是一本必读书。

安托万德·圣埃克苏佩里曾说过：'如果你想要建造一艘船，不要只把人聚集在一起收集木材，也不要只给他们分派任务和工作，而要教会他们憧憬大海的无边辽阔。'本书向我们描绘了一个前进的航线。毫无疑问，结果是产生伟大的产品和崭新的团队合作方式。"

——迈克尔·马赫，Cutter Consortium and Managing Benchmarking Practice 董事，

质量管理体系协会合伙人

"我一直以为吉姆·海史密斯的《敏捷项目管理》（第 1 版）已经是很好的敏捷项目管理和通用项目管理的信息源泉。在第 2 版中，吉姆在扩大主题范围、推广敏捷理念方面做得非常出色，新增了投资组合管理和有关组织其他方面的内容，是一本项目、项目集，或者投资组合经理的必读书。"

——肯特·J. 麦克唐纳，项目集经理

"在这个应用敏捷的新主流世界里，吉姆为新人和经验丰富的项目经理铺垫了一条非常精彩而又宽广的道路。吉姆仍然站在敏捷项目经理入门者的角度，呈现了非常清晰明确的理念和即刻可用的实践，为扩大的敏捷界增加了发人深省的指导原则。"

——珍·塔巴卡，Rally Software 敏捷研究员

"没有人像吉姆那样把敏捷项目管理如此清晰、有说服力和真实、不加任何渲染地呈现出来。他的敏捷项目管理模型非常有意义和重要，每页都能找到敏捷金句。特别是第 13 章"超越范围、进度和成本：度量敏捷绩效"是必须读的。我把它推荐给了我所有的客户。所以如果你重视绩效而非政治，就请阅读本书吧。"

——克里斯托弗·埃弗里，博士，领导力导师，www.ChristopherAvery.com

"在敏捷项目管理方面，没有比吉姆·海史密斯的这本书更好的了。作为一个诠释故事各个方面的大师，海史密斯帮助你准确地了解为什么传统项目管理在竞争环境下难以交付项目，以及敏捷管理如何提供更快速、更适应和以客户为中心的流程。我喜欢海史密斯对于应用敏捷而蓬勃发展的公司的真实描述，喜欢他对核心的敏捷管理实践的深入阐述，以及他对有关敏捷治理的创新思维的

呈现。"

——乔舒亚·克里夫斯基，Industrial Logic 公司创始人

"吉姆继续以一种非常浅显易懂的方式呈现复杂的项目管理概念。本书提供了大量实用的敏捷经验、广阔的视角及全面的指导，广度和深度都非常大。他用自己一贯的风格，指出了敏捷开发并非适合每种情况和每个人。"

——罗伯特·霍勒，VersionOne 总裁兼首席执行官

"本书是关于项目管理的敏捷方法这一主题的最好书籍之一，向读者提供了先进的理念和可行的指导原则，强调摒弃旧的'遵循不变的计划'模式，赞赏'成功地适应不可避免出现的变化'。因此本书是为数不多的既适合新人也适合经验丰富的项目经理的书籍之一。"

——亚历山大·劳弗，哥伦比亚大学项目管理中心主任
Breaking the Code of Project Management 一书的作者

"吉姆的第 2 版书非常及时地将这 10 年来所取得的进展提供给项目经理和项目集经理，帮助他们转型为敏捷项目经理。在本书中，新增了治理和绩效管理的主题，有助于项目经理重新适应新模式，为团队做好服务，并且持续交付价值。它解决了项目经理在发布计划、准备待办事项列表及应对降低风险时所面临的关键问题。吉姆懂得如何与项目经理沟通，如何细化敏捷的各个阶段，从而能够在期望值虽高但各方面存在限制的情况下，做到适应性学习并创造出更大的价值。这是一本有关敏捷项目管理的手册，我会向任何涉足敏捷社区的企业和技术管理人员推荐本书。"

——瑞安·马顿斯，Rally Software 创始人兼首席技术官

"我和吉姆从最初合作到现在几乎已经 20 年了。吉姆以前总爱说，关于软件

开发已经有很多内容，但是人们知之甚少。在《敏捷项目管理》（第 2 版）中，吉姆厘清思路，把需要知道的东西全都写了出来。剩下的事情就需要靠你去体验了。"

——萨姆·拜尔，博士，b2b2dot0 首席执行官

"当吉姆的《敏捷项目管理》一书 5 年前上架销售时，它补充了项目和产品发布计划层面所急需的结构。他的敏捷项目管理原则和实践，在世界范围内被广泛采纳和成功应用。在第 2 版中，吉姆根据他帮助大型企业跨项目、项目集、产品和部门推广敏捷的丰富经验，新增了许多新的见解、价值观、原则和实践，提供了各种有价值的新理念和非常实用的做法。"

——肯·科利尔，博士，敏捷顾问兼作家

"吉姆挑战传统智慧，提供了领导者思维模式转变的卓越例证，而这些是成功实施敏捷项目管理开发新产品所需要的。本书是所有产品经理和项目经理的必读书。"

——罗恩·霍利边，富达投资金融服务副总裁

译者序

"敏捷是创造并响应变化，从而在动荡的商业环境中创造利润的能力。"

敏捷项目管理是驾驭这种能力，针对控制与适应、组织与团队、结构与灵活、效率与效果、风险与机会进行平衡的一门艺术。

2001 年《敏捷宣言》的发表，使敏捷思维正式确立并引入产品研发领域。互联网时代的到来、个人用户的兴起，要求产品持续迭代，快速交付，同时也要求管理流程不断演进发展，提升灵活性和适应能力。敏捷和项目管理相互融合的探索之路也就此拉开了序幕。

经过近 10 年时间，敏捷大师吉姆·海史密斯将敏捷理念与项目管理有机结合，于 2009 年 7 月出版了《敏捷项目管理》一书。他站在项目经理的角度，将敏捷价值观、原则和实践进行了系统的梳理，并通过大量实用的敏捷经验，进行了深入浅出的论述，为项目管理专业人士的敏捷转型指明了方向。

又经过 10 年时间，客户对持续创新和降低试验成本的需求不断提升，在敏捷的世界里，出现了众多的模型和框架、流程和体系，在各种应用场景下，既相互独立又相互融合，敏捷项目管理得到了更加充分的实践和验证，见证了从预见性开发方式到适应性开发方式的重大转变。

2019 年 9 月，我应电子工业出版社刘露明女士之邀，重新翻译、修订本书，旨在帮助敏捷项目经理更好地完成从以生产为导向的项目管理流程，向基于"探索与试验"的敏捷项目管理流程进行转变。

再次重温经典，即使资深的敏捷专家也会从中受益良多，书中创造性地提出了敏捷领导力的 3 个核心价值观 —— 价值胜过约束，团队胜过任务，适应胜过遵循；归纳了敏捷三角形的 3 个基本要点 —— 价值、质量和约束；设计了敏捷项目管理模式的 5 个交付阶段 —— 构想—推演—探索—适应—收尾；明确了敏捷项目需要实现的 5 个关键商业目标 —— 持续创新、产品适应性、缩短上市时间、人员和流程适应性、可靠的结果。以上内容，可以称为敏捷项目管理的"3-3-5-5"精髓要素。

此外，书中还涉及有关规模化敏捷、投资组合治理、超越预算、度量敏捷绩效、可靠的创新等内容，即使在今天，依然是非常前沿的主题，极具参考价值！

"尊重客观规律，把握发展大势，胸怀共同未来。"

我相信，本书作为一部不可多得的经典著作，一定可以成为指引前行的灯塔，通过敏捷和项目管理的兼容并蓄、持续探索、广泛实践，开辟出一条适合企业级敏捷实施的康庄大道！

李建昊

译者简介

　　李建昊，光环国际董事副总经理，咨询中心负责人，组织发展顾问，企业级敏捷教练，项目管理专家，规模化敏捷中国社群创始人，中国国际人才交流基金会授权 PMI-ACP 和 NPDP 讲师，全球首位中国 SPCT 候选人，国内敏捷开发领域领军人物，将国际两大规模化敏捷框架（SAFe 和 Nexus）引入中国企业。译著有《敏捷软件需求》《软件工程通史》《SAFe 参考指南和精粹》《Nexus 规模化 Scrum 框架》等。目前，正在辅导多家大型企业进行规模化敏捷转型，致力于企业级敏捷在中国的推广和发展。

推荐序

我们生活在"信息过剩"的时代。这是老生常谈，但还是值得再提。因为事实上所有的领域都充满了大量的信息，我们仍然需要努力地从中寻找真正有意义的知识。即使在相对不算成熟的敏捷项目管理和开发领域，我们也已经需要过滤"噪声"、整合资源了。吉姆·海史密斯的《敏捷项目管理》一书及时地为在信息海洋中挣扎的敏捷人士提供了精辟的敏捷行动原则。

信息爆炸的第一个挑战是，在跟上技术发展的同时不要落后于新技术。敏捷时代的到来，使该领域相关的出版物——书籍、文章、会议文集、博客、维基及微博如潮水般涌来。热心的敏捷人士不断地引进新方法，从而促进了敏捷运动的快速发展。如今，如果想全面了解敏捷这一主题需要投入大量的时间和精力。《敏捷项目管理》正好涵盖所有敏捷涉及的主题，这是一本有深度又简单易读的好书。

信息爆炸的第二个挑战是，敏捷人士为保持软件开发过程中的产品不至于过剩而做出的日常斗争。这样做的目的不仅仅是约束"模板僵尸"。随着敏捷方法逐渐获得主流用户的青睐，人们往往很难抵制只增加"一个工件"以符合既定的投资组合和生命周期流程的诱惑。盲目地增加流程和文档需求，经常导致各种问题，特别是当流程根本没有考虑到敏捷方法中"坚持最低限度"的原则是多么强大和合乎时宜时，问题就更加严重。吉姆·海史密斯在此书中阐明了如何在不牺牲创意、设计、编码和测试效率的前提下保持软件开发的有效性。

《敏捷项目管理》将吸引敏捷方法所涉及的所有学科领域的初学者和专家的关注。它强调原则胜过做法，其广泛实用性达到了一个前所未有的水平。本书并没有直白地告诉读者怎么做。相反，它教导读者使用适当的方法去观察、描述和分析他们自己的特定情况，然后确定适合的实行方式。它以一种常规建议做不到的方式，教导实践者如何把敏捷当作平台，如何使自己的敏捷工作满足业务需求、公司文化和项目的必要条件。此外，它解释了客户和供应商如何能够并且愿意共同使用流程平台。

如果让我为本书选择一个副标题，我会用"敏捷项目管理的思考者指南"。本书带给读者的挑战是让读者以新的视角看待正在实践中的事情。在这个过程中，读者将充分理解敏捷思想鼓励创新、通过可负担的实验创造价值的深刻内涵。读者还可以发展相应的能力，通过平衡授权、绩效管理和大规模治理等因素，在企业级引导敏捷应用。

在宏观经济形势给我们带来诸多艰巨的挑战时，出版《敏捷项目管理》恰逢其时！本书清晰地阐明了公司成功地度过重重危机的"秘密武器"：充满激情的员工坚持不懈地创新。通过采用这种方式，敏捷逐渐成为一个核心学科，它对从构思、演变到退出市场舞台的整个产品生命周期进行了变革，对从研发实验室到价值链合作伙伴及客户的整个流程做出了转型。

伊斯雷尔·干特（Israel Gat）

Cutter Consortium 高级顾问

作者序

　　《敏捷宣言》（www.agilealliance.org）于 2001 年春问世，这在软件开发领域引发了一场运动、无数的争议和辩论，同时触发了制造业、建筑业和航空业的相关运动，并将影响力延伸到项目管理领域。

　　促使我编写本书的原因有以下 4 个：商业变革的脚步不断加快，过去 5 年中敏捷运动日益成熟，大型分布式敏捷项目趋于广泛实施，以及敏捷项目管理机构成立（敏捷项目领导力网络）。

　　一篇题为 *There Is No More Normal* 的文章里介绍了《商业周刊》中几篇有关变革的系列文章，援引思科公司 CEO 约翰·钱伯斯的话："无一例外，我犯的所有重大错误都是因为我行动太慢了[①]。"如果不再墨守成规，快速适应变化就成为提高组织绩效的必备技能。敏捷项目管理能增强团队和组织应对变化和异常情况的能力。

　　无论是新产品开发、新服务提供、软件应用程序发布，还是项目管理，这场运动的宗旨是要实现两个基本目标：向客户交付有价值的产品和为员工创造一个期望的工作环境。

　　创新持续地推动国家、产业界及各个公司获得经济上的成功。然而过去 10 年，信息技术领域的创新速度已经开始大幅下滑，生物科技与纳米技术领域的创新基本停滞下来。

　　一些新技术，如组合化学和计算机模拟仿真，正从根本上改变创新流程本身。

---

① McGregor, Jena. "There Is No More Normal", *Business Week*, 2009 年 3 月 23—30 日。

一旦将它们应用到流程中，迭代的成本将会大幅降低，从而使得探索和试验流程比顺序式开发、常规性流程更有效，更节约成本。汽车、集成电路、软件和医药行业都在经历这种变化，很快也会蔓延到你所在的领域。

实践证明，我们需要谨慎地对待这些创新技术。当探索性流程取代常规性流程后，人员也要相应改变。现在，化学家管理试验化合物的流程，而不用亲自设计化合物；经理需要处理数百个试验，而不是某个规定好的详细计划，因此有必要建立新的项目管理流程。即使这些新技术和新流程与原有的技术和流程相比，成本更低且效果更好，但这种由旧变新的转型也常常是困难的。

项目管理需要变革，它需要变得更迅速、更灵活、更积极主动地回应客户的要求。敏捷项目管理和敏捷产品开发正好满足了这种转变的需要，并提出了一整套原则和做法，使得项目经理可以及时地了解现代产品开发的现状。

本书的目标读者是领导者，他们是坚强的硬汉，能够带领团队穿越那令人激动但往往又凌乱不堪的流程，并将愿景转化为产品（无论产品是软件、手机还是医疗电子仪器）。各个层级（项目、团队、执行、管理）的领导者都能从敏捷项目管理中受益，尽管目标读者依然是项目领导者。敏捷项目管理反对将项目领导者看作仅仅按照进度和预算的官僚主义要求执行的公职人员，相反，它认为项目领导者的工作应该与帮助团队交付产品密切相关。

本书主要覆盖四大主题：机会、价值观、框架和实践。机会存在于创造创新产品和服务（新的、与众不同的、创造性的事物）的过程中。这些产品是我们在开始时无法完全确定的，但随着时间的推移，它们可以通过实验、探索和适应不断演变。

本书聚焦于创造向客户交付价值并适应未来需要的产品。其框架都有助于协助团队在面临持续的变化、不确定性和模糊性时，依然能够交付可靠的结果。最后，实践——从开发产品愿景盒到参与式决策，为团队交付成果提供了可行的方法。

在本书中，提出和更新了 5 个新的主题：敏捷价值观、敏捷项目的规模化扩展、高级发布计划、项目治理和绩效度量。第 2～4 章分别讲述 3 个价值声明：交付价值胜过满足约束；领导团队胜过管理任务；适应变化胜过遵循计划。"敏捷项目规模化扩展"一章进行了全面的修改，反映了敏捷运动在过去 5 年中的发展和变化。第 2 版新增了一个章节，目的是提醒团队应该把更多的注意力放在发布计划上。最后，新增了一些关于项目治理和变革绩效度量的章节。

　　从长远来看，最重要的添加有可能是绩效度量的新视角。我们往往一方面要求团队敏捷，另一方面又严格按照铁三角（范围、进度和成本）的标准来度量团队的绩效。因此，本书中提出了一个新的三角 —— 敏捷三角形，包括价值、质量和约束。如果我们希望发展敏捷组织，那么我们的绩效度量体系也必须是能够促进敏捷的。

吉姆·海史密斯（Jim Highsmith）

于亚利桑那州弗拉格斯塔夫市

前言

敏捷项目管理（Agile Project Management，APM）包括 4 个主要部分：敏捷革命创造的机遇及其给产品开发带来的影响、推动敏捷项目管理的价值观和原则、能够体现和应用这些原则的具体实践，以及帮助整个组织（不仅仅是项目小组）拥抱敏捷的实践。

第 1 章，"敏捷革命"，介绍了产品（从手机到软件）开发领域中出现的变化，以及这些变化如何推动试验成本的降低，从而从根本上改变新产品开发的管理方式。本章概述了敏捷项目管理的商业目标，以及企业如何适应无序的世界。

第 2~4 章，描述了推动敏捷项目管理的价值观和原则。一些主要的敏捷价值观在《相互依赖声明》和《敏捷宣言》中都有明确表述。本书将其简要概括为交付价值胜过满足约束，领导团队胜过管理任务，适应变化胜过遵循计划，并分别用一章的篇幅加以介绍。

第 5~10 章，讲述了敏捷项目管理的框架和具体实践。第 5 章介绍了敏捷企业框架（包括项目治理、项目管理、迭代管理、技术实践）和敏捷交付框架中的阶段（包括构想、推演、探索、适应和收尾）。第 6~10 章定义和描述了每个阶段中所涉及的具体实践。其中第 8 章讲述了高级发布计划，并包含了一节介绍价值点计算的内容。

第 11 章，"敏捷项目的规模化扩展"，结合了一些额外的实践，说明如何运用敏捷原则，如何将敏捷项目管理扩展到大型项目和大型团队中，包括组织层面和与产品相关的实践。

第 12 章，"治理敏捷项目"，以敏捷项目转换到敏捷组织为起始，主要围绕项目治理讨论管理层和高层管理者的话题，并提出需要把治理从交付活动中剥离出去。

第 13 章，"超越范围、进度和成本：度量敏捷绩效"，继续把重点放在敏捷组织，提出了基于范围、进度和成本的度量体系应该发生改变，并把第 1 章中介绍的敏捷三角形原则作为一种新的度量敏捷绩效的方式进行了详细论证。

第 14 章，"可靠的创新"，介绍了敏捷项目管理如何帮助解决新产品开发的易变本质，总结了敏捷项目经理应该扮演的角色，并提出在实施敏捷项目管理和开发时需要具备的坚定信念和勇气。

敏捷软件开发系列丛书

在过去 10 年中，许多人都对软件开发的敏捷性产生了兴趣。阿里斯代尔·科克伯恩和我有很多共同点，因此，我们基于轻量化、有效化、人性化的软件开发技术，共同推出了一套敏捷软件开发系列丛书。我们推出该丛书有两个出发点：

（1）不同的项目需要不同的流程或方法。

（2）聚焦于技能、沟通及社区，而不是聚焦于具体流程，可以使项目更有效、更敏捷。

这套丛书分为下列几类：

- 提高从事具体工作的人员工作效率的技术。这里的工作人员可能包括用户界面设计人员、收集客户需求的人员、规划项目的人员、从事设计或者从事测试的人员。无论谁做这些工作，都想知道该领域最优秀的人是如何做的。*Writing Effective Use Cases*（科克伯恩，2001）和 *Effective Use Cases*（阿道尔夫等人，2003）都是关于个人技术的书籍。

- 提高团队工作效率的技术。这些技术可能包含团队建设、项目回顾、协作、决策等方面的内容。*Improving Software Organizations*（马蒂亚森等人，2002）*Collaboration Explained*（塔巴卡，2006）和 *Surviving Object-Oriented Projects*（科克伯恩，1998）都是关于团队技术的书籍。

- 特殊、成功的敏捷方法论实例。无论谁选择哪种适合自己的基本方法，都希望找到一种在类似情景下成功的先例。在现有方法上进行修改远比创造一种新的方法更容易，也比使用为其他情景设计的方法更有效。*Scaling Lean &Agile Development*（拉曼，2008）、*Scaling Software Agility*（莱芬韦尔，2007）、*Crystal Clear*（科克伯恩，2004）、*DSDM: Business Focused Development*（动态软件开发协会，2003），以及 *Lean Software Development: An Agile Toolkit*（波彭狄克和波彭狄克，2003）都是关于方法论的典范书籍。

以下 3 本书是这套敏捷软件开发系列丛书的基础读物：

（1）本书，*Agile Project Management*，并不局限于软件开发领域，描述了如何通过应用敏捷原则和实践，更好地管理各种类型的项目，其内容涵盖了采用敏捷项目管理的商业理由、敏捷项目管理的原则和实践。

（2）*Agile Software Development Ecosystems*（海史密斯，2002），指出了如今软件开发环境中存在的特殊问题，阐述了敏捷开发背后的共同原则，即《敏捷宣言》中表达的原则，并且对六大敏捷方法逐一加以评论。

（3）*Agile Software Development*（阿里斯代尔，2006），作者用了以下几个主题表达他的敏捷开发思想：软件开发如同合作游戏，方法如同协作惯例，以及方法论家族。

目 录

第1章

敏 捷 革 命

产品开发团队正面临着一场静悄悄的革命。为了迎接这场革命，工程师和经理们都极力做着自我调整。在一个又一个的行业中，如医药、软件、汽车、集成电路，客户对持续创新和降低试验成本的需求，标志着从预见性开发方式到适应性开发方式的重大转变，这个转变使得那些仍在沿用预见性、常规性思维和流程的工程师、项目经理和高管们陷入了巨大混乱之中，因为他们所用的旧思维和流程正在迅速退出历史舞台。

西米克斯公司（Symyx，一个医疗器械公司）创立并实行了高度集成、完善的工作流程，从而让科学家利用开阔的思维去发现和优化新材料，其速度比传统研究方法要快几百倍甚至几千倍。这些工作流程包括机器人技术，它能组合一系列材料，在一个硅片上进行成千上万次微型试验，然后根据需要的物理功能和特性（包括化学、热学、光学、电子或者机械属性），对这些材料同时进行快速筛选，最后将结果记录到数据库系统中，从而累积大量的数据来帮助科学家对接下来的探索过程做出决策[①]。

西米克斯公司自诩其设备能让医药公司仅用 1%的传统研究成本就可以使其测试速度提高 100 倍。医药公司过去常常将科学家集中起来，共同研究如何制造

---

① 此处引自西米克斯网站：www.symyx.com。

某一种特殊用途的化合物。而如今，他们能制造出上万种化合物，并用极其复杂、快速的工具（如质谱仪）快速测试这些化合物。新产品开发经济学在此得到应用。

2002 年中期，加拿大多伦多市的艾利阿斯（Alias）系统公司（已被 Autodesk 收购）开始开发 Sketchbook Pro，这是一个与微软的 Tablet PC 操作系统几乎同时宣布开发的软件包。它的产品管理和软件开发团队并没有从冗长的产品计划工作着手。该团队的市场营销和产品策略实施进行了几个月，但是其产品开发工作早就开始了，并与市场营销和产品策略工作同步进行。该团队有一个愿景——开发一个操作简便、适合消费者且相当于专业图像艺术家水平的图形制作产品，并设定了一个最后期限——11 月，也是微软产品的发布日期。该产品每两周进行一次迭代开发，而每次迭代都会召开一次简短的计划会议，确定需要开发的产品特性。然后，在操作系统和 Tablet PC 的"平台"架构内，经过一次又一次迭代而不断演变。最后，产品按时发布，符合高质量标准，并且在市场上不断取得成功。这个产品没有先计划后开发，而是先构想后演变。艾利阿斯公司也没有按照传统的方式从架构、计划和详细的规格说明书开始，而是从一个构想开始，随后就是产品的第一次迭代。为了不断适应新出现的市场和技术，团队对产品、架构、计划和规格说明书不断进行演变。

就 Sketchbook Pro 而言，该团队刚开始时并不知道随后的开发迭代中需要包括哪些产品特性，但团队成员有一个清晰的产品愿景和商业计划，对于产品需要具备哪些特性有基本的认识；他们积极参与产品管理，有明确的时间约束和资源花费约束；他们有一个总体的产品平台架构。通过这样的愿景、商业目标和约束，以及整体的产品路线图，他们每两周交付一些经过测试的特性，然后根据产品测试的实际情况调整计划。所以，这个团队的成功是一个演变和适应的过程，而不是一个计划和优化的过程。

在汽车行业，宝马公司使用模拟试验来改进汽车的防撞性能。它进行了 91 次模拟，而仅仅做了 2 次实际撞车试验。其结果是使设计有效性提高了 30%，每次模拟撞车测试只用 2.5 天，而不是 3.8 个月（简单的实际撞车测试用时），而且 2 次模拟撞车的成本比 91 次实际撞车试验的成本要低得多（托马克，2003）。

上述所有的产品开发方法指出了一个非常关键的问题：当我们将试验成本减

到足够低时，整个产品开发的经济学就会发生改变——从以预测为基础的流程（定义、设计，然后建造）转变为以适应为基础的流程（构想、探索，然后改进）。当生产不同产品的成本突然降低，且把这些不同产品集成到一个产品的成本又很低时，那么这个伟大的产品可以说不是生产出来的，而是进化出来的，就像自然界的生物进化一样，只是速度要快得多。生物进化开始于试验（突变和再结合）、探索（适者生存）和改进（产生更多的生存者），而产品开发流程越来越类似于这个流程。

在新产品开发（New Product Development，NPD）中，时间也是一个促进因素。在 20 世纪 90 年代短暂而竞争激烈的 10 年里，美国的新产品从开发到上市的平均时间从 35.5 个月缩减到 11 个月。新产品开发专家、作家罗伯特·库珀说："各地的公司，无论是蔬菜汤销售商还是坚果销售商，无论是开罐器制造商还是汽车制造商，都参与了一场新产品研发战争，而前沿部队就是产品开发团队。在这个新产品开发战场上，闪电般的攻击能力——计划充分且出击迅速越来越成为成功的关键因素。机动性或速度则可以保证闪电攻击能够抓住机会或捕捉到敌人。"（库珀，2001）

不确定性、不断缩短的进度，以及对迭代探索的需求并不仅限于新产品开发。新型商业实践的实施，如实施客户关系管理，通常也充满了另一种不同方式的不确定性。客户关系管理实施中的高失败率，部分要归罪于预见性（计划驱动）的项目管理方法，这些方法没有"探索"主要业务流程改变所带来的不确定性。当需要公司做出构想和探索的时候，它却试图进行计划和执行。正如普雷斯顿·史密斯和盖伊·梅里特（2002）所写的："创新产品开发取决于对不确定性的探索，以增加产品价值并保持竞争优势。"

只有创新和更快的开发还不够，公司必须向客户交付更好的、更符合需要的产品，而客户的需要与项目启动时开发团队的推演可能一致，也可能不一致。如果公司在产品开发周期即将结束时，能够迅速地、低成本地提升产品，那么它将具有巨大的竞争优势。

> 最终客户价值的交付是在销售的时候，而不是在计划的时候。

那么，为什么并不是每个公司都这么做呢？因为对于大多数公司而言，新产品需求和新产品交付之间存在巨大的差距。新产品开发是一个涉及因素众多、极其艰难的挑战。据产品开发和管理协会（Product Development and Management Association，PDMA）估算，最近新产品的失败率达 59%左右，这个数字自 20 世纪 90 年代早期以来几乎没有变化。不仅如此，半途而废或者（在市场上）失败的产品消耗了 46%的产品开发资源（库珀，2001）。不过，有一些公司总是能够更成功，而这些成功的公司中，越来越多的公司在实施敏捷方法。

敏捷方法针对的产品开发工作涉及下列领域的新产品开发[①]和产品改进：

- 商业软件产品。
- 带嵌入式软件的工业产品（从电子设备到汽车）[②]。
- 内部开发的 IT 项目。

问题的关键在于机会、不确定性，以及风险会存在于拟开发的产品中，而不是存在于项目管理方法中。我们的项目管理方法需要适合产品的特点，通过系统地减少不确定性并降低项目开发期间的风险来提高利用机会的可能性。

虽然公司需要从高强度的产品开发工作中获得成果，但不应该以质量为代价。曾带领球队获得 10 次全国冠军的加利福尼亚大学洛杉矶分校的传奇篮球教练约翰·伍登，常常对他的队员们说这样一句话："迅速，但不要仓促。"这句话也适用于产品开发，也就是说要做正确的事，而且要学会怎样才能更快速地完成，即删除多余的没有价值的活动。要创造高质量的产品而且速度要快，敏捷开发强调速度、机动性和质量。为了实现这个目标，个人和团队必须有高度的纪律性，这里强调的是自律而不是被迫遵守纪律。

> 任何以敏捷方法为幌子进行特殊开发的人，都是彻头彻尾的骗子。

我们没有理由认为，未来 10 年不会像过去 10 年那样变化巨大，虽然变化的

---

① 根据罗伯特·库珀（2001）的定义，新产品开发指那些上市不超过 5 年的产品。

② 关于硬件开发，请参看普雷斯顿·史密斯编写的 *Flexible Product Development Bringing Agility for Changing Markets* 一书（2007）。

重点将很可能从纯粹的信息技术转变为信息和生物技术的结合。信息技术最基本的编码是 0 和 1，而生物技术最基本的编码是 A、T、C 和 G（DNA 的组成）。一旦生物编码可以在人类基因组项目中简化为两位，并可以使用计算机程序来控制（事实上也正是这样），那么它将对许多类型的产品开发产生惊人的潜在影响。例如，医药公司正在用模拟试验来测试药品对人体的影响。"新型材料、程序化的分子工厂，以及自动化的制造流程将会改变每种事物（从药品到高速赛车、从涂料到塑料、从瓷器到椅子）的成本和性能特征。"（梅耶和戴维斯，2003）未来 10 年及以后，科技进步将继续不可逆转地改变产品开发流程，而流程的变化反过来又会令我们重新思考对这些流程的管理。

线性思维方式、常规性流程，以及永恒不变的标准做法都与当今时刻变化的产品开发环境格格不入。因而，随着产品开发流程从预见性方式转向适应性方式，项目管理方法也必须随之改变。这种改变必须适应机动性、试验和速度的要求，而且先决条件是，它必须适合商业目标。

1.1　敏捷商业目标

构建创新产品、流程和商业模式需要有一个新的方法，来进行通用的管理和有针对性的项目管理。一个良好的探索流程（如敏捷项目管理）需要实现以下 5 个关键的商业目标：

- 持续创新——交付现有客户的需求。
- 产品适应性——交付未来客户的需求。
- 缩短上市时间——满足市场窗口，提高投资回报率。
- 人员和流程适应性——对产品和商业变化做出快速响应。
- 可靠的结果——支持业务增长和盈利能力。

□ 1.1.1　持续创新

如开篇所述，在当今复杂的商业和技术环境中，开发新产品和新服务都需要有创新意识。致力于向客户提供价值，以及创造满足当今客户需求的产品，是持续创新流程的推动力。创新的想法并不会在模式化的、独裁的环境中产生，而会在以自组织和自律为原则的适应性文化中产生。

☐ 1.1.2 产品适应性

无论一个人、一个团队或一家公司有多么强的预见能力，未来总是带给我们预料之外的东西。对于有些产品而言，销售市场、技术或具体需求几乎每周都在改变；另一些产品则需要数月乃至几年才会发生改变。随着变化的加速和响应时间的缩短，想要让产品持久地占有市场，唯有努力提高产品的适应能力——这也是开发流程的一个关键设计标准。事实上，在敏捷项目中，技术卓越通过两方面进行度量：一是现在就提供客户价值的能力，二是为将来创造适应性产品的能力。敏捷技术的做法将重点放在减少技术债务（提高适应能力），将其作为开发流程的组成部分。在敏捷项目中，开发人员致力于技术卓越，项目经理则提供支持。

☐ 1.1.3 缩短上市时间

如前所述，产品开发时间在迅速缩短，因而缩短交付周期、满足市场需求仍然是项目经理和高管们要优先考虑的业务目标。敏捷项目管理的迭代开发、基于特性的本质，可以通过 3 种方式缩短上市时间：聚焦、简化流程和培养技能。

首先，在短暂的迭代时间盒内持续关注产品特性及其优先级次序，这使团队（产品经理和开发人员）仔细地考虑产品应该包括的特性数量以及这些特性的深度。通过删除用处不大的特性以及持续关注，减少总体工作量。其次，像精益开发一样，敏捷项目管理将简化开发流程使其效率更高，将重点集中在增值的活动上，而排除那些额外的与合规性的活动。最后，敏捷项目管理注重让每个项目团队成员都发挥其长处，从而提高团队的生产率。

☐ 1.1.4 人员和流程适应性

就像产品需要长期适应市场一样，人员和流程也需要适应性。事实上，如果我们想要获得适应性的产品，就必须先建立一支适应性的团队——成员都乐于变革，将其看作在动态商业环境中成长的不可或缺的组成部分，而不会将变革看作拦路虎。敏捷项目管理的指导原则和框架鼓励把学习和适应当作向客户提供价值的组成部分。

❏ 1.1.5　可靠的结果

设计生产流程是为了重复使用，不断地产生同样的结果。良好的生产流程是在规定的时间内、用标准的成本产生预期的结果，这些都是可预测的。探索流程则不同，因为需求和新技术都存在着不确定性，所以探索项目不能产生已知的、完全预先规定的结果，但可以产生有价值的结果——满足客户目标和商业需求的可交付产品。良好的探索流程可以不断地提供创新。生产流程的度量可以基于实际的范围、成本和进度与预期值进行对比，但是探索流程的度量方法则有所不同。

> 一个重复的流程是指按照同样的方式做同样的事情，并产生同样的结果；而一个可靠的流程是指无论在生产过程中遇到什么障碍，都能达到目标。它意味着为达到一个目标而不断适应。

由于混淆了可靠和重复，许多组织都只追求重复的流程，即组织结构非常清楚、流程非常精确。殊不知，完全相反的方法，即组织结构适度、流程灵活，对于新产品和新服务开发有更好的效果。如果你的目标是提供符合已知的、不变的规格说明书的产品，就用重复的流程。相反，如果你的目标是提供有特定要求的有价值的产品，而变化和截止日期都是非常显著的因素，那么可靠的敏捷流程更为适用。

1.2　敏捷的定义

世上没有轻而易举得来的敏捷，敏捷不是银弹，不可能用 5 个简单的步骤就能实现。那么敏捷是什么呢？我曾用这样两句话来描述敏捷：

"敏捷是创造并响应变化，从而在动荡的商业环境中创造利润的能力。

敏捷是平衡灵活性和稳定性的能力。"（海史密斯，2002）。

在不确定和动荡的世界中，成功属于那些有能力给竞争对手创造变化甚至混乱的公司。创造变化可以扰乱竞争对手（及其整个市场生态系统），而对变化做出响应能够防止竞争冲击。创造变化需要创新：开发新产品，建立新的销售渠道，缩短产品开发时间，为日益变小的细分市场定制个性化产品。此外，公司还必须能够迅速响应竞争对手和客户制造的可预见的和不可预见的变化。

产品开发中的一个典型例子是小型便携式 DNA 分析器，它将敏捷的所有方面都发挥了出来。这种仪器可以用来迅速分析疑似的生物恐怖病原体（如炭疽热）、执行快速医疗诊断，也可以进行环境中的细菌分析。这些仪器必须精确、简单易用，而且在各种条件下稳定可靠，它们的开发得益于纳米技术、基因组研究和微流体学的突破。开发这些前沿的产品，需要将灵活性和组织结构有效地结合，探索各种新技术，通过缩短交付时间为竞争对手创造变化。这些都不是传统的常规性项目管理方法所能做到的。

一些人错误地认为，敏捷意味着组织架构松散，而组织架构松散或缺少稳定性将会造成混乱。事实上，组织架构过于严密将会产生僵化。复杂性理论告诉我们，创新（创造一些我们不能完全预见的新事物、一种突发的结果）最容易出现在混乱和秩序、灵活性和稳定性之间的平衡点处。科学家认为，突发事件、新奇事物的创造最容易发生在"混乱的边缘"。"具有足够的组织架构，而又不太多"这样的想法让敏捷经理一直会问这样一个问题："最少应该保持多大的组织架构？"组织架构太严密会抑制创造性，而太松散会导致效率低下。

这种在混乱边缘保持平衡以促进创新的要求，是以流程为中心的方法经常失败的一个重要原因。它们以创新为代价，过于优化组织架构。敏捷组织不会迷失于一些灰色的中间地带，因为它们明白哪些因素需要稳定，哪些因素鼓励探索。例如，在高度变化的产品开发环境中，严格的配置管理可以保持稳定并促进灵活性，就像集中精力于技术卓越可以稳定开发工作那样。本书中描述的概念和实践，是为了帮助项目团队理解灵活性和稳定性之间的平衡。

1.3　敏捷领导力价值观

敏捷强调的是态度而不是流程，强调的是环境而不是方法。1994年，吉姆·柯林斯和杰瑞·用拉（1994）基于调查研究，合著了 *Built to Last* 一书，其本意是想解答这样一个问题："那些卓越不凡的公司与其他公司的差别究竟何在？"他们的一个重要发现是，那些卓越不凡的公司创立的基础往往不变，但其战略和实践是变化的。他们说："有远见的公司将操作实践和商业战略（这些将不断变化，以适应变化的世界），与永恒的核心价值观和持久的目的（这些是永远不变的）区别开来。"

在高绩效的团队中，领导者管理原则，而原则管理团队。

——卡尔·拉尔森和弗兰克·拉夫斯托（1989）

我认为敏捷运动能在最近 10 年逐步得到认可和应用的一个原因是，该运动的发起人在《敏捷宣言》以及后来的《相互依赖声明》中明确地阐述了我们的信仰，即核心价值观和永恒的目的。团队为何存在、要创造什么产品、为谁而创造，以及如何共同工作，这些组成了敏捷项目管理的核心原则。如果想要创造优秀的产品，就需要有优秀的人才，如果想要吸引并留住优秀的人才，就需要有优秀的原则。

我们生活在一个信息容量大得令人茫然的时代。对于任何比较感兴趣的课题，我们都可以查找到成千上万的网页、数以十计（即使不是数以百计）的书籍，以及一篇又一篇的文章。我们如何过滤所有这些信息呢？又将如何处理这些信息呢？核心价值观和原则提供了一个处理和过滤信息的机制，引导我们区别重要的和不重要的信息，帮助我们做出决策，并评估开发实践。

原则，或者使用复杂性理论的术语"规则"，影响着工具和实践的实施方式。实践则是将原则付诸行动。没有行动的宏伟原则纯属幻想；相反，缺乏指导原则的具体的实践，通常都是不合理的应用。尽管敏捷实践的应用在各个项目团队之间可能各不相同，但其原则是永恒不变的。原则就是复杂的人类适应系统生成的简单规则。

敏捷价值观有两个基本的来源，一个是《相互依赖声明》（见图 1-1），是由敏捷项目领导力网络（www.apln.org）的创始成员共同起草的；另一个是《敏捷宣言》（见图 1-2），是由敏捷联盟（www.agileal1iance.org）的许多创始成员共同编著的。《相互依赖声明》从项目领导者的角度诠释敏捷价值观；而《敏捷宣言》从软件开发的角度诠释敏捷价值观。

相互依赖声明
- 我们通过关注价值的持续流动，来提高投资回报。
- 我们通过让客户参与频繁互动和共享所有权，来交付可靠的结果。
- 我们通过迭代、预见和适应，来尊重和管理不确定性。
- 我们通过承认个体是价值的最终来源，并创造使他们有所作为的环境，来激发创造力和创新力。
- 我们通过对结果的集体负责制和对团队有效性的责任共担，来促进团队绩效。
- 我们通过因地制宜的具体策略、流程和实践，来提升有效性和可靠性。

©2005版权属于大卫·安德森、桑吉夫·奥古斯丁、克里斯托弗·埃弗里、阿利斯泰尔·科伯恩、迈克·科恩、道格·德卡罗、唐娜·菲茨杰拉德、吉姆·海史密斯、奥莱·杰帕森、洛厄尔·特罗姆、托德·雷托、肯特·麦克唐纳、波莉安娜·皮克斯顿、普雷斯顿·史密斯和罗伯特·威索基。

图 1-1　相互依赖声明

平等主义精英的核心价值观强烈影响着敏捷运动。当然，这个核心价值观并不是唯一能够创造产品的价值观的，但其定义了大多数敏捷人士对自己的认识。

敏捷宣言

我们一直在实践中探寻更好的软件开发方法，身体力行的同时也帮助他人。由此我们建立了如下价值观：
- 个体和互动高于流程和工具。
- 工作的软件高于详尽的文档。
- 客户合作高于合同谈判。
- 响应变化高于遵循计划。
也就是说，尽管右项有价值，我们更重视左项的价值。

©2001版权属于肯特·贝克、迈克·彼德尔、阿雷·范·本内卡姆、阿里斯特尔·科克巴姆，沃德·坎宁安、马丁·福勒、詹姆斯，格雷宁·吉姆·海史密斯、安德鲁·亨特、荣·杰弗雷、乔恩·科恩、布赖恩·马里克、罗伯特·C.马丁、斯蒂夫·梅勒、肯·斯瓦布、杰夫·萨瑟兰和戴夫·托马斯。

图 1-2　敏捷宣言

多年以来，《敏捷宣言》一直被误解，其主要原因是人们不能够正确区分"较不重要"和"不重要"这两个概念。"宣言不应该认为工具、流程、文档、合同或者计划不重要，一件'较为重要'或'较不重要'的事情与一件'不重要'的事情之间是有巨大差别的。"（海史密斯，2000）工具对于加快开发和减少成本至关重要，合同对于建立开发者和客户之间的关系非常重要，而文档可以帮助交流。但是，图 1-2 中的左边的条目是更加至关重要的。如果没有具备技能的人员、可以工作的产品、与客户密切合作，以及响应变化，产品交付几乎是不可能实现的。

一天早晨，我和同事肯·科利尔边喝咖啡边谈论敏捷，话题自然就转到了项目管理，或者确切地说是敏捷项目领导力。我们讨论了一些敏捷项目领导者（经理、Scrum Master，等）所存在的问题——他们没能带领团队向自组织进行转变。肯回忆说，在有些案例中，领导者似乎只是将敏捷相关的一些大致理念应用到迭代和故事计划中，除此之外，他们仍然从微观的角度管理团队。肯说的时候我便记下了"任务管理"和"团队管理"这两个词，这是两种不同的管理方式。"团队管理者"鼓励团队成员自我管理自己的任务，从而完成产品特性的开发。而"任务管理者"只是关注任务的完成情况，并用其度量团队是否遵循项目计划的执行。"团队管理者"帮助团队（或者更广泛意义的项目社区）成员协同有效地工作，从而保证他们取得成功；而"任务管理者"只是监督其成员，从而确保他们在任务上的"生产率"，并能在工作中跟上计划进度。

后来，在一个美丽午后的自行车骑行中，与肯的讨论就变成了我问自己问题："敏捷领导者和传统（非敏捷）领导者到底有什么区别？""能否用几个具体的特质或者价值观来描述他们之间的差异呢？"虽然，任务管理与团队管理算是比较重要的一个差异，但这还不够。最后，我汇总了《敏捷宣言》和《相互依赖声明》中所提到的价值观，提出了敏捷领导者应该具备的 3 个至关重要的价值观：

- 交付价值胜过满足约束（价值胜过约束）。
- 领导团队胜过管理任务（团队胜过任务）。
- 适应变化胜过遵循计划（适应胜过遵循）。

我使用了与《敏捷宣言》中相同的对比格式，是想说明左项内容比右项更为重要。例如，在某些情况下，遵循计划会是一个非常合理的策略，但是在通常情况下适应变化更为重要。这并不是一个非此即彼的问题，而是谁更重要的问题。敏捷管理者和传统管理者都做计划，但是他们看待计划的视角有所不同。

> 传统的项目经理聚焦在按计划执行，尽量做到和计划没有出入；敏捷领导者则聚焦在如何成功地去适应那些不可避免的变化。

和我一起工作过的一些团队领导者，他们有着不错的管理能力，但过于古板；还有一些团队领导者有很强的适应能力，但缺乏让团队自我管理的领导力。而一个好的敏捷领导者必须二者兼顾。很遗憾，我发现有相当数量的团队和他们的领导者宣称"我们已经敏捷了"，但是他们既没表现出团队领导力，也不具备随时适应变化的意识。他们认为敏捷管理就是一些实践操作。例如，敏捷领导者和传统领导者都需要应用风险管理实践，这样，他们就很难说"这套管理方法是敏捷管理，那套方法不是敏捷管理"了。某一套具体的实践有助于评估敏捷意识，但那只是考量指标而不是考量决定性因素。记得曾经有这样一个争论："代码评审不是敏捷，而结对编程是敏捷。"但是，和我一起工作过的非常敏捷的团队，它们也使用代码评审，有些存在问题的敏捷团队却在使用结对编程。所以说，敏捷是关于思维的原则，而不是具体的实践。

项目经理们总是过于关注时间和成本这两个约束。他们只看重时间，似乎价值一点都不重要，好像价值会自己产生一样。还有一些人只关注项目范围和具体的需求，而不是项目最终的目标——交付价值。对许多项目经理来说，传统的项目管理就是控制3个要素：范围、进度和成本，也就是项目管理铁三角。在这个铁三角里，既没有质量要素（特别是技术质量——价值持续产生的决定性因素），也没有价值本身。他们认为按照范围、进度、成本进行交付就意味着交付了价值。但是他们的这种假设是错误的，因为项目可能交付没有价值的"需求"。有研究表明，超过50%的软件功能很少被使用甚至从来没被使用过，所以，认为关注范围和需求就能产生价值的想法是错误的。

这3种敏捷核心价值观共同发挥作用。例如，如果项目管理方式主要是按计划行事的，计划就被看作一系列目的明确而且基本不发生变化的小任务的合成体。所以，自然而然地就会执行任务管理，而不是人和团队管理。反之，如果把项目看作动态的且不断变化的，那么适应变化的能力是最重要的，这种能力来源于创新思维和对目标的深刻理解。在整个项目过程中，实现目标的方式不断变化，所以制定详细的任务列表对于实现目标来说就不那么有用了。

这 3 种价值观的表述简单并非意味着实施也简单。事实上，这 3 种价值观经常很难执行，因为行为可以任意变化。没有了详尽的任务列表，项目经理经常会感到很痛苦，就像缺少某种有形的东西而无所适从。他们担心放弃明确的计划会导致任务流失，带来挫败感和失控感。

价值、团队和适应，这 3 种价值观是否能完全概括敏捷核心价值呢？也许有人觉得没有提到以客户为导向这一价值观。但是，与客户交互协作（团队）、向客户交付价值（价值）中都提到客户，所以就没有必要把以客户为中心列为第 4 种价值观了。另一个原因是，本书关注的是区分敏捷和非敏捷之间的不同特质，而不是识别它们的重要特质。一个企业无论敏捷与否，都应该了解客户需求，这是一个至关重要的商业特质，但它不能像那 3 种价值观那样用来作为区分企业敏捷与否的特质。

所以，或许可以用以下这组问题来判断项目领导者或个体成员是否具备敏捷意识：你是以什么样的方式和什么样的实践来体现先关注价值而后关注约束的？你是以什么样的方式和什么样的实践来表明是在管理团队而不是在管理任务？你是以什么样的方式和什么样的实践来适应变化而不是照搬计划？试着在你的组织里寻找答案，查看组织的敏捷程度。

1.4　敏捷绩效度量

之所以编写《敏捷项目管理》（第 2 版），一个主要目的是想和大家讨论敏捷绩效度量的问题，以及引入敏捷三角形，用以代替传统的项目管理铁三角[①]。如

[①] 我和同事大卫·斯潘多次讨论有关改变敏捷绩效度量的问题，对他所做的贡献表示感谢。

果说变化、适应和灵活性代表着敏捷项目的话，那么遵循计划就是传统项目的标志。我们为什么要用传统的框架来度量敏捷项目的成功与否呢？这也正是阻碍敏捷方法被广泛应用于组织中的主要原因：当敏捷团队成员正致力于实现一组目标时，项目经理和高管们却用另一套体系来进行度量。只有这种状况得以改变，敏捷项目管理和开发才不会被狭隘地认为"只是另一种技术方法而已"。

度量有时会跟人开玩笑。摩托罗拉公司投资数 10 亿美元的铱星（Iridium）项目在市场上是一个惨痛的教训。而电影《泰坦尼克号》，严重超出了预算和时间，早期被批评家认为拿 2 亿美元打水漂，后来却成为全球第一部票房收入超过 10 亿美元的电影。如果依据一般的约束——范围、成功、进度等指标来度量项目管理的成功，《泰坦尼克号》是失败的；而在某些情况下，铱星项目被认为是个成功案例，因为它完全符合最初的规格说明书。如果用敏捷三角形来衡量的话，《泰坦尼克号》是成功的，虽然它超过了期限、预算等约束，但交付了价值；铱星项目是失败的，因为它没能产生价值，尽管从技术的角度它成功了。

所以，一个组织要想保持快速增长的话，就必须明确绩效度量的方法。图 1-3 说明了一种度量方法的演变过程。传统项目管理铁三角（最左边）包含范围、进度和成本 3 个约束。许多情况下范围被认为是首要要素（因为人们错误地认为在一个项目中，范围是早期就确定的），而成本和进度是可变的——尽管许多项目经理们试图锁定所有这 3 个方面。

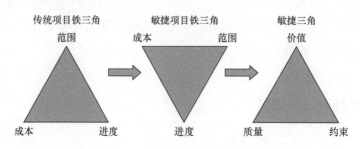

图 1-3　敏捷三角形的演变

第二个三角——敏捷项目铁三角，表示早期度量敏捷开发的方式。在这个三角里，进度是固定的（时间盒），范围可以有变化。时间被看作固定不变的约束。

但是，这个铁三角和第一个铁三角的度量方式是一样的。许多公司认为成功就是遵循成本、进度和范围要素。IT 项目调查公司（如 Standish Group）也在沿用这种度量方式。既然遵循计划就意味着成功，那么不断做出调整以适应变化的敏捷项目怎么会被看作成功呢？

　　第三个三角——敏捷三角。考量指标是价值（向客户交付价值）、质量（需要向客户交付可持续的价值）和约束（范围、进度和成本）。约束仍然是重要的项目参数，但不是项目的目标。价值是目标，为了提升客户价值，这几个约束可以随着项目的进展适时做出调整。进度可能仍是一个固定的约束，如果那样的话，范围就可以调整为在固定的时间期限内向客户交付最有价值的产品。如果要有适应性，就必须以牺牲或调整一些约束为代价来实现价值或质量目标。

　　敏捷项目度量的 3 个目标可归纳为：

- 价值目标——构建可发布的产品。
- 质量目标——构建可靠的、适应性的产品。
- 约束目标——在可接受的约束内，实现价值和质量目标。

　　第 13 章"超越范围、进度和成本：度量敏捷绩效"将会深入探讨绩效度量这一主题，并着重阐述为什么关注质量（每个人都宣称质量重要，却几乎没有人去实施）对交付客户价值至关重要。第 8 章"高级发布计划"提出了需要计算产品特性的价值点。如果想真正关注价值，我们就必须把价值确认从定性的方法转成定量的方法。

1.5　敏捷项目管理框架

　　项目管理流程和绩效度量，对于基于探索与试验的方法和基于生产与技术规范的方法是不同的。以生产为导向的项目管理流程和实践，强调完整的早期计划和需求说明，并且后续执行尽量不会改变；基于探索的流程虽然也强调早期计划（仅是名义上的），但它更强调刚好足够的需求和可实验、可改进的设计方案，而且随后会通过不断学习，做出较大改变。两种方法各有其优势，两者的生命周期框架也大不相同。在一个 4 层的企业敏捷框架里（第 5 章"一种敏捷项目管理模型"将详细讨论），敏捷项目管理交付方法包括 5 个阶段：构想、推演、探索、适应和结束，每个阶段都有各自的实践。

这些阶段更近似于科学调查的过程，而不是生产管理的流程。构想阶段产生一个清晰明白的业务或产品愿景，为后面的阶段划出边界；在推演阶段，团队给出产品规格的假说，制订一个发布计划，随着项目的不断进行，技术规格和客户需求会随着新知识的获得不断演变；在探索阶段，通过迭代执行，实现相应的特性和故事；在适应阶段，这些试验的结果需要经过技术、客户和业务论证评审，以便在下一次迭代过程中继续做出调整。

在这个通用的敏捷项目管理框架中，每个阶段的成功与否取决于一系列的实际指导工作的实践。其中一些实践非常简单、直接，如产品愿景盒和项目数据表；另一些实践，如客户焦点小组、迭代计划、工作量自我管理，以及参与式决策，有助于培养一种敏捷、适应性的组织文化。价值观和指导原则描述了为什么要进行敏捷项目管理，而实践描述了如何实施。

1.6 敏捷项目成功率

敏捷项目的成功率是多少？针对敏捷软件开发，业界有大量的调查和研究，但大多数是非正式的或定性的调查，其中最为全面的是由 VersionOne 公司提供的年度调查。在 2008 年公布的第三届敏捷开发状况年度调查结果中显示：

- 团队实践敏捷开发得到了更广泛的应用，其中：
  — 32%的受访者来自规模超过 250 人的团队。
  — 76%的受访者来自规模超过 20 人的团队。
- 敏捷开发能交付有价值、可度量的业务结果。受访者表示使用敏捷方法后他们的绩效至少提高了 10%，其中：
  — 89%的受访者认为提高了生产力。
  — 84%的受访者认为降低了软件缺陷率。
  — 82%的受访者认为缩短了上市时间。
  — 66%的受访者认为降低了成本。

虽然像上面这样的定性调查能够提供一些有用的信息，但我的同事迈克尔·马赫——质量管理体系协会的管理合作者，他所做的定量调查（见图 1-4）向我们更好地展示了敏捷项目的成功率。例如，VersionOne 的调查表明 89%的受访者认为实施敏捷提高了生产力，马赫的调查则让我们知道提高的具体数量是多少。

度量指标综述

- 在一个组织里，敏捷方法有助于将之前的非敏捷项目的产品缺陷率降低83%。
- 在两个软件公司7 500个项目的数据库记录中，敏捷项目生产率指标数据是最高的。
- 敏捷项目打破了这个常规，即传统项目如果人员增加1倍，则产品缺陷增加2~6倍。敏捷团队能够做到人员增加，而产品缺陷不会随之增加。
- 不成熟的敏捷团队(不能全面地进行自动化测试)，能提升项目绩效，却不能降低产品缺陷率。
- 成熟的敏捷团队(能全面地进行自动化测试)，既能提升项目绩效，又能降低产品缺陷率。

——摘自迈克尔·马赫，Cutter Study

图 1-4　度量指标综述

表 1-1 和表 1-2 汇总了马赫的两个调查结果[①]。表 1-1 是一个科学仪器公司的敏捷项目和非敏捷项目的业绩对比，最重要的数据是实践敏捷后产品缺陷率降低了 84%，同时也带来了其他方面的提升。表 1-2 来源于美国 BMC 软件有限公司，是通过对一个项目组分布在几个不同地方的大约 100 名工程师的调查而得出的数据，项目在人员增加 1 倍的情况下缩短工期 68%（因为缩短了工期导致总成本有所下降）。最显著的数据实际上是人员增加 1 倍而产品缺陷率降低了 11%。在马赫长期调查的项目数据库中所显示的一个规律是传统方法管理项目人员数量翻了一番，产品缺陷率至少要翻两番。这两个调查的研究对象是 BMC 软件公司和 Follett 软件公司分布在全球的 7 500 个项目组中整体业绩排名前 5%的项目组。

---

① 迈克尔·马赫。*How Agile Projects Measure up, and What This Means to You*. Cutter Agile Product and Project Management Executive Report, vol.9, No.9, September, 2008。

表 1-1　科学仪器公司：实施敏捷前后绩效对比[①]

对比项目	实施敏捷前绩效	实施敏捷后绩效	提升百分比
项目成本（美元）	2 800 000	1 100 000	61%
项目进度（月）	18	13.5	24%
累计缺陷（个）	2 270	381	83%
人员数量（人）	18	11	39%

表 1-2　BMC 软件公司：提升结果与行业标准[②]对比

对比项目	行业平均值	当前绩效	提升
项目成本（美元）	5 500 000	5 200 000	−300 000（−5%）
项目进度（月）	15	6.3	−8.7（−58%）
累计缺陷（个）	713	635	−78（−11%）
人员数量（人）	40	92	+52（+130%）

　　至少，敏捷方法有潜力能极大地提高竞争优势。敏捷方法能很大程度上提高生产率和质量，缩短时间，这些最终会改变整个商业模式。

　　敏捷项目也会失败，世界上没有银弹，敏捷方法也不例外。如果我们相信《敏捷宣言》中的价值观——个体比流程和工具更加重要的话，那么失败很可能是因为我们用错了人，而不是用错了流程。然而，流程也并非不重要，马赫的研究就证实了敏捷流程能提高绩效。

1.7　结束语

　　本书的目标是概括敏捷项目管理的价值观、原则和实践，表述那些我认为能

---

① 迈克尔·马赫。*How Agile Projects Measure Up, and What This Means to You*. Cutter Agile Product and Project Management Executive Report, vo1.9, No.9, September, 2008.

② 迈克尔·马赫。*How Agile Projects Measure Up, and What This Means to You*. Cutter Agile Product and Project Management Executive Report, vo1.9, No.9, September, 2008.

够更好地管理项目的方法。我希望读者可以理解敏捷项目管理的概念和实践，这有助于实现你的目标——向客户交付创新的产品和改善工作环境。

敏捷项目管理的许多实践并不是新创造的。例如，迭代生命周期开发在 20 世纪 50 年代就出现了（拉曼，2004），建立项目社区的优秀实践多年来一直在稳步发展。基本的项目管理实践也在不断演变，其中很多对于快速发展、快速变化的项目都非常有用[①]。

敏捷项目管理是新出现的吗？是，也不是。复杂适应系统理论（Complex Adaptive System，CAS）告诉我们，通过重组现有"积木"，直到出现不同的生物体，生物因子才得以进化。敏捷项目管理仔细地选择现有"积木"，即经过验证的、对项目团队行之有效的实践，并将这些实践与核心价值观、指导原则和基于复杂适应系统理论的基本框架联系起来。所有这些"积木"——实践、价值观、原则和概念框架的结合形成了敏捷项目管理。敏捷项目管理继承了丰富的项目管理遗产，并取其精华弃其糟粕；敏捷项目管理也吸收了丰富的管理、制造和软件开发理论和实践经验，融合了最适合机动性和速度的世界观和思想体系。

敏捷项目管理并不适用于所有人和所有项目，它并不是万事通用的最佳实践。敏捷项目管理只针对特定类型的问题、特定类型的组织，适合那些有特定文化观点的人和有特定世界观的领导者。它在创新的文化中发展壮大，对于那些成功取决于速度、机动性和质量的项目，它如鱼得水。敏捷项目管理不限于一小套实践和技巧，它定义了如下的战略能力：交付可发布的产品，创造和响应变化，在灵活性和组织架构之间保持平衡，挖掘开发团队的创造力和创新力，以及引导组织度过动荡和不确定的时期。人是以价值观体系为指导的，所以创建敏捷团队依赖与之匹配的价值观体系，这就是为什么实施敏捷项目管理对于一些团队和组织来说是几乎不可能的事情。因为人是受价值观驱动的，所以敏捷项目管理也是受价值观驱动的。一个团队可以采用敏捷实践，但如果不遵循敏捷价值观和原则，那么它将不能得到敏捷开发的潜在好处。

---

① 如果想更多地了解传统和敏捷项目管理做法，请参阅 Michele Sliger 和 Stacia Broderick 合著的 *The Software Project Manager's Bridge to Agility* 一书（2008）。

第 2 章

价值胜过约束

敏捷价值观之一——交付价值胜过满足约束，让人们重新思考如何度量项目的绩效。尽管诸如成本和时间这样的约束很重要，但为客户创造价值也很重要。通常人们总是关注容易测量的因素，而忽视了真正至关重要却难以量化的特征。敏捷开发试图改变这种状况，去关注最重要的因素，而这些因素中排在首位的正是价值。

传统项目经理总是关注项目需求（定义范围），然后致力于如何交付那些需求。敏捷项目领导者则聚焦于交付价值，然后会不断地提出这样的问题："这些不同的项目范围是否真的有价值？"传统团队把精力集中在交付范围、进度和成本等约束上。依照这种传统做法，开发团队根本不去控制成果和价值，因此也就不会对成果和价值负责。当一个开发团队不去关注成果的话，它便会越发依恋在需求上。需求本应该是随着项目的进展而变化的，它却往往从一开始就被定为一个关键的绩效度量指标，而不发生变化。如果团队关注成果——哪怕仅给予最小的关注，它也更有可能交付真正的商业价值。

成果包括产品愿景、商业目标和能力（高层级的产品功能），但不是具体的需求。这些成果特征定义了可发布的产品。质量目标定义了交付可靠的、可适应的（当前可工作，日后易于改进）产品。这些都是很关键的价值特质。接下来，团队需要致力于满足诸如范围、进度和成本等约束，但其重要性次于价值。许多（如果不是大多数）情况下，敏捷项目进度成为最关键的约束，作为时间盒被固定下来，而范围是可以变化的。

项目领导者需要通过以下几种方式聚焦于价值：价值确定（与产品负责人一起）、价值优先级排序（待办事项列表管理）和价值创造（迭代开发）。尽管价值确定主要是业务经理和产品经理的职责，但项目领导者也经常参与成本/效益分析和价值判断（特别是在产品公司）。价值优先级排序大多是产品经理的工作，但是项目领导者也需要参与（特别是在没有面对客户或不知道技术需求的情况下）。价值优先级排序涉及产品待办事项列表管理。价值创造是在开发团队内的相关活动，包括与客户合作、组织客户焦点小组、减少技术债务（保证质量和长期价值交付）等活动。项目领导者可以通过许多方式培养团队以价值为导向的理念。这与传统的以范围、进度、成本为导向的理念相差甚远。

2.1　客户价值的持续流动

我们通过关注价值的持续流动，来提高投资回报。

——《相互依赖声明》

投资回报原则里有这样一对关键词：持续流动和价值。价值是指企业或组织的成果，往往与财务收益有关（例如，以提高市场份额为目标就能带来潜在的财务收益）。持续流动是指价值能经得起时间的考验——无论是现在还是将来。特别是软件设计，适时地交付软件的第一个版本固然重要，但交付高质量并能适应未来需求的产品更加重要。

对于一些产品（如软件），持续地交付特性带来的一个好处是，增量发布可以带来早期收益。相比花 12 个月或 18 个月来等待新的软件特性，增量交付可以每季度甚至更频繁地向客户交付新的软件特性。增量发布有利于提高投资回报率，因为它让产品经理抓住了机会，但是如果等待 18 个月这个机会可能就失去了。然而，即便一些产品（如医疗机械）可以用模拟或原型进行迭代开发，也很难采用增量发布的方式。正如 20 世纪 90 年代末期网络浏览器战争所显示的那样，通常客户并不愿意每 3 ~ 4 个月就更换一次新版本的网络浏览器。

客户和产品经理推动着敏捷开发。产品团队（包括客户、产品经理和产品专员）和开发团队共同合作，又各自有着特定的角色、职责和责任。而新产品开发是一个高度变化、不明确、不确定的过程，因此客户和开发人员应该尽可能通力合作。

客户定义产品应该具备的能力、带来的价值和实现的量化的商业目标。今天，在整个项目周期，价值伴随着产品功能的不断演变、实施而产生。产品在第一次交付之后，其未来收益取决于该产品能否迅速、低成本地适应新出现的能力要求。符合当前客户需求，但不容易适应未来需要的产品，注定其生命周期是很短暂的。

> 成功的公式很简单——今天交付，明天适应。

尽管这是一条看起来很简单的原则，但我们必须反复强调，以免团队成员忘记。当组织越来越大和行政性工作越来越多时，当合规性活动占据团队越来越多的时间时，当客户与团队成员之间的交流障碍越来越大时，当项目计划聚焦于没完没了的中间过程性工件时，我们就失去了向客户交付真正有价值的产品的机会[①]。

项目团队的目标是向客户交付价值。在定义客户价值时，经常会出现这样一个问题："谁是客户？他们是产品的用户、经理，还是其他利益相关方？"最直接的回答是："客户是使用创造的产品来产生商业价值的个人或群体。"对于零售产品而言，客户就是使用产品的人。客户定义价值，他们通过产品使用体验来判断价值。这个定义将客户与其他利益相关方区别开来。在本书中，"利益相关方"一词表示与项目相关的、协助定义商业目标或约束的人。

如果希望交付的产品具有重大的客户价值，就必须在客户和开发人员之间建立伙伴关系——一种双方都承担责任和义务的关系（同主要供应商也建立相似的关系）。敏捷团队不断地寻求客户参与，并一直向客户提问："我们所做的对你实

[①] 在本书中，"客户"这个术语表示广泛的实体——企业客户、零售客户和企业内部客户。每种客户中的人也因组织不同而各异。从实际用产品的人，到批准采购的高层管理者，以及协调客户与开发企业之间相互沟通的产品经理。这里使用"产品团队"这个词来表示客户的所有潜在组合。

现业务目标有帮助吗？"

任何产品的成功都需要满足最终客户的、利益相关方的及团队自身的期望值。需求和期望之间存在巨大的差别：需求是有形的，而期望是无形的。在最终度量实际结果时，判定的依据是无形的期望值。培养忠诚的客户和利益相关方意味着与他们会谈讨论需求和期望值。正如肯·德科尔所说的："这也包括肯尼·罗杰斯学院提出的客户和利益相关方的沟通管理——要知道何时坚持、何时退出、何时走开，以及何时逃离。项目领导者必须具备这方面的商业头脑。"

提供客户价值涉及 3 个特别重要的话题：一是聚焦创新而不是效率和优化，二是专注于执行，三是精益思想。

❑ 2.1.1　创新

"我们生活在一个由创造力、创新力和想象力推动世界发展的时代。"

——汤姆·吴杰克和桑德拉·马斯喀特（2002）

创新推动公司的发展。3M 公司的核心思想是一直强调创新。2003 年年初，通用电气公司将其格言改为"梦想启动未来"。该公司的董事会主席兼首席执行官杰夫·伊梅尔特将创新和新业务作为最首要的任务，他说："懂得如何开发产品的公司最终将创造最大股东价值，事情就是这么简单。"（布德尔，2003）2009年，那个有关梦想的格言仍然在公司网站的首页上，向人们介绍着通用电气公司。许多公司都有创新举措，但很少有公司愿意创建直接支持那些举措的流程和实践。从交付文档工件（顺序式开发的特征）到交付真正产品的迭代版本，这种变化是一种支持创新思想和实践的转变。

在一个公司的项目投资组合中，创新往往能创造最大价值。创新不拘泥于任何形式，可以是新的产品、新的商业模式、新的流程，或者新的提升绩效的举措。创造新产品和新服务不同于对现有产品进行微小的改进，前者必须将重点放在创新和适应性上，而后者通常聚焦于效率和优化。效率可以交付我们能够想象到的产品和服务，而创新交付的是我们想象不到的产品；效率和优化是生产型项目的有力助推器，而创新和创造力是探索型项目的助推器；生产型思想可能限制对可行性方案的想象，而探索型思想有助于探索看似不可能的事情。

优化所隐含的意思是已经知道如何做某事，只是现在需要改进它；创新所隐含的意思是不知道如何做某事，所以探求知识就显得极为重要。任何项目、任何产品开发工作都不是非此即彼的，但是项目领导者（团队成员、客户和高层管理者）在决定如何计划和管理项目时，应该明白两者之间的根本区别。敏捷项目管理的核心目的是创造新产品和新服务，这就意味着需要持续的技术变革、增加竞争优势、产生新的创意和不断地缩短产品开发周期。

❏ 2.1.2 执行

如果项目领导者将精力聚焦于交付活动，他们会为项目增加价值；而如果聚焦于计划和控制，他们则可能增加开销[①]。

快速浏览一般的管理文献，你就会发现关于领导力和战略的书籍成百上千，而关于实际执行的书籍很少。著名作家、顾问和首席执行官顾问拉姆·查兰也赞同这个观点。"当我出席首席执行官和地区经理级会议时，我发现领导者过于强调所谓的高层战略，强调知识化和哲理化的东西，而对执行方面提到的并不多。"（波西边和查兰，2002）

在项目管理方面，格雷格·霍韦尔和劳里·科斯克拉（2002）认为，传统的项目管理做法过于强调计划管理和控制的自动调节模式，而对项目管理应该聚焦的重点——执行不够重视。

按照霍韦尔和科斯克拉的说法，通用项目管理方法由 3 个信息交互流程组成：计划、控制和执行。他们发现在建筑项目中，传统计划存在一些问题：第一，计划的动机通常来自项目之外，即制订计划是为了满足法律法规或管理要求，而不是基于工作本身的需要。第二，制订计划的动机往往与控制欲有关，而不是与实际工作的实施需要有关，这也许是因为制订计划的并不是实际操作的人。这在软件开发中也经常出现，项目经理为了控制目的而制订的以任务为基础的计划，与软件工程师的实际工作几乎没有任何联系。第三，计划和控制成为焦点，而执行被看作最不重要的，项目任务的合法化优先于项目产生的结果。

---

① 肯·德科尔认为："新产品开发的现实情况是你需要两者，其诀窍就在于平衡。但在开发周期中的各项平衡会发生变化，大多数人都无法做到这点。"

从历史来看，控制关注的是纠偏而非学习，因为计划被认为是正确合理的，把计划转化为行动也被看作一个很简单的流程。传统的所谓的"智慧"认为，建筑本身（木工、电工、管道工等）只是依章照搬的机械工作，不需要太多决策力和创造力（只是遵循计划而已），而软件程序开发工作只是按规定编码。如果计划被认为是正确的，控制就会将重点放在修正错误上，并解释不符之处，而不是学习一些可合理改变计划的新知识。

敏捷项目管理是侧重于执行的模型，而不是侧重于计划和控制的模型。在敏捷项目管理中，项目领导者的首要任务是促进创建产品愿景，并且指导团队去实现该愿景，而不是制订计划和进度表，控制进度，保证计划得以实现。然而，这里需要阐释一下之前多次提到的观念——敏捷项目管理不是一个反计划的模型。计划（和控制）是敏捷项目管理的一个组成部分，只不过它不是重点。与敏捷开发的许多方面一样，"较不重要"的事情与"不重要"的事情之间是有巨大差别的。

一旦团队聚焦于执行，下一个关键步骤就是将精力集中到增值的活动，即辅助团队交付结果的活动，而非只是确保合规性的活动。

❏ 2.1.3　精益思想

敏捷运动的许多想法都源自精益生产。精益生产最早出现于 20 世纪 80 年代的日本汽车工业。精益生产的一个基本原则是系统地消除浪费，即减少不对客户产生价值的活动。一个简化项目（做较少的事，做正确的事，消除瓶颈）的方法是区分交付性活动和合规性活动，以及对每种活动分别采用相应的策略。

尽管精益生产思想已经应用了一段时间，但精益产品开发思想（尤其是丰田开发系统）还很少得到认可。丰田开发系统通过消除不增值的合规性活动，提供了巨大的潜在的生产效益，组织的生产率提高了 3～4 倍！艾伦·沃德将丰田公司精益产品开发系统的许多理念带到了世界各地。当沃德问丰田的美国工程师和经理他们花多少时间增加价值（从事实际的工程工作）时，其回答是平均为 80%。同样的问题问美国汽车公司的工程师和经理时，得到的回答却是平均为 20%。如果是这样的话，丰田公司的开发工程师花费多达 4 倍的时间在增值活动上，美国汽车公司又怎能同它们进行竞争呢（肯尼迪，2003）？如果美国汽车公司早一点引进精益思想，现今的情况可能就会好很多。

你可以尝试在自己的组织中做一下这个调查，不过要做好充分的心理准备。询问全体员工和项目团队（包括经理）：把多少时间花费在设计或开发活动上，即花多少时间为客户增值？为了生产一些有用的产品，有多少所谓的"改进"举措［软件能力成熟度模型（CMM）、国际标准化组织质量体系（ISO）、六西格玛、全面质量管理（TQM）、业务流程重组（BPR）］给团队增加了大量的表格、流程、会议和审批？过多的结构不仅会扼杀主动性和创新，而且消耗了大量的时间。根本问题不是这些举措没有价值，事实上它们是有价值的，而是它们从根本上将流程凌驾于个人知识和能力之上。

围绕着交付性活动与合规性活动的讨论，对项目领导者有特殊的重大意义。第一，项目领导者需要分析项目活动，以保证用在交付性活动上的时间最大化；第二，项目领导者必须分析他们自己的活动，以确定他们是在从事交付性活动还是合规性活动。例如，当一个项目领导者为管理部门编写进度报告时，他就是在"遵循"管理部门的条款规定；但是，当他在协调两个特性团队的活动或协助团队做关键的设计决策时，他就是在为交付工作做贡献——为交付流程增加了价值。

2.2　迭代、基于特性的交付

> 如果想创新，就必须迭代！

传统的瀑布式开发方式在项目结束时交付价值，这通常要等到项目开始之后的几个月或几年，而敏捷项目可以在整个项目周期内快速和增量地交付价值。尽早捕获价值，通常可以显著地提高项目的投资回报率。采用迭代、基于特性的交付方式，是尽早捕获价值的基石。

敏捷开发和项目管理侧重于交付实际产品的不同版本，或者，如果材料成本高的话，侧重于交付实际产品的有效模拟或模型。完成一个需求文档，只是证实这个团队成功地收集到了一套需求；而完成或演示一套可以工作的产品特性，证实开发团队实际已经向客户交付了有形的东西。可以工作的特性以多种方式为开发过程提供了值得信赖的反馈，而需求文档是做不到的。

多年来，顺序式或瀑布式的开发周期备受抨击。例如，唐纳德·雷纳特森（1997）写道："绝大多数关于产品开发的学术著作侧重于顺序的方法，而管理实践发生了巨大转变，向并行程度更高的方法发展，两者形成了强烈的反差。"

据克雷格·拉曼（2004）的文档记录，在软件开发领域，对瀑布式方法的抨击可以追溯到几十年前。拉曼回忆说，温斯顿·罗伊斯于 1970 年写的一篇论文，被认为是"瀑布式开发"潮流的开始。事实上，罗伊斯支持将迭代开发用于一切项目，而不仅是简单项目。随着 20 世纪 80 年代末期螺旋模型（巴里·伯姆）和演化模型（汤姆·吉尔伯）的兴起，对于瀑布式软件开发方式的依赖才开始改变。到 90 年代初，随着快速应用开发（Rapid Application Development，RAD）的问世，迭代开发开始得到应用，并在之后的 10 年中，随着敏捷方法的兴起而发展壮大。

虽然瀑布式开发一直因为过分单纯化而受到攻击，但它不仅得到广泛使用，而且继续左右着合同签署流程和高层管理者的观点。因此，为了回应普遍流传的关于瀑布式开发的误导信息，实施敏捷项目管理的团队就需要知道迭代的、基于特性的交付方式对创新产品开发的重要性。

敏捷中的迭代部分可以通过以下 4 个关键词来定义：迭代、基于特性、时间盒，以及增量。迭代开发是指先构建产品的一个部分版本，然后通过连续的短期开发及评审和调整，扩展该版本。基于特性的交付是指工程团队构建最终产品的特性，或者至少是与最终产品最接近的代表物（如模拟、模型），尤其是对于工业产品。

迭代要求在一定的时间周期——时间盒（对于软件而言，是 1～4 周）内产生一个结果。该时间盒强制迭代结束，强迫我们在做好完全准备之前，就制造出部分实体。增量开发是指构建的产品，在经过一次或多次迭代后都可以及时地被部署。对于软件公司而言，迭代开发和增量交付已经成为竞争优势。

短期的、有时间盒的迭代是敏捷项目管理的一个固有部分。然而，迭代仅是其中的一半，特性（而不是任务）是另一半。客户不了解、也不会关心生产一台

DVD 播放机或一辆汽车所需的工程任务，但他们知道每种产品的特性。

如果我们要在每次选代中，都构建出能够提供客户价值的产品，那么在流程中最关注的必定是产品的特性。客户或产品经理会说："是的，这就是我想要的特性，它很有价值。"但是，如果在第一个里程碑结束后对客户说"是的，我们完成了关系数据库设计"，或者"我们完成了流体转换阀的计算机辅助设计图纸"，这些都没有用处。这不是客户关心的，更不是他们优先考虑的问题。

特性交付方法有助于在客户和产品开发者之间定义一个可行的工作界面。客户决定进度和特性的优先次序，而工程师确定交付这些特性所需要的任务，以及完成任务要花费的时间和成本。这个基于特性的方法也适用于其他任何人。高层管理人员受限于特性管理，而不是任务管理，他们可以削减特性，但不能削减任务（如测试）。

对于需求可能随时间推移而演变的项目和产品，让客户在开发过程中评审结果，使其尽可能接近实际产品，就显得尤为关键。客户很难从文档上直观地了解一个产品的功能，这也是为什么一个又一个的企业都利用模型、模拟和原型来提升从客户到开发团队的反馈循环。开发团队和产品团队需要达成共识，需要有一个共享空间来讨论、辩论和决定需要的关键产品特性。特性展示出真实的进展，而不是人为（虚假）的进展。项目团队、产品经理、客户和利益相关方都必须面对这个困难的权衡决策。

迭代开发同时也是自我纠正的过程。在结束时，对产品、技术、流程和团队进行评审后，迭代会根据合理的评审结果自我纠正。很多情况下，自我纠正最重要的方面是在产品演变过程中的客户反馈信息。随着这些演进的变化融入后面的迭代开发，客户对产品的信心会增加，或者相反，开始清楚地认识到该产品无法工作，应该趁早抛弃。

促进探索很重要，但是知道何时停止也很关键。产品开发是带着某个目的，并在一套约束下交付价值的探索。通常，在时间盒内进行频繁的迭代，迫使开发团队、客户团队和高层管理者在项目早期和项目整个过程中经常做出困难的权衡决策。特性交付有助于进行现实的评估，因为产品经理可以看到有形的、可验证的结果。

在我实行迭代开发的前几年，我曾认为时间盒实际上是关于时间的，但后来我逐渐意识到，时间盒的作用实际上是强制做出困难的决策。

如果一个团队本来计划在一次迭代中交付 14 个特性，但是只能完成 10 个特性，那么该开发团队、客户团队及高层管理者必须面对这个问题，并且决定采取相应的措施。许多因素将影响这个决策——无论这次迭代是在项目早期还是在晚期，无论这个问题是否影响交付日期或产品可行性（每个产品都有一组特性，构成了最小可行的集合），重要的是，在敏捷项目中需要经常处理这些决策。

顺序开发的产品经常到最后阶段才发现重大问题，而这时选择的余地已经非常有限了。通过尽早并经常性地强制做出困难的决定，有助于项目基于时间盒的特性交付，赋予团队更多解决问题的选择。迭代可以迅速控制风险，不必构建整个产品，就可以发现是否满足某个特定的技术规范要求，或者是否可以解决困难的设计问题。

2.3　技术卓越

敏捷开发人员致力于技术卓越（Technical Excellence），不是因为美学（尽管有一些可能是因为这个原因），而是因为致力于技术卓越可以交付客户价值。项目领导者必须是技术卓越的拥护者，他们在密切注视其他项目目标的同时，必须支持和倡导技术卓越。

高质量可以确保公司能够在未来交付价值。许多软件产品都苦于技术债务，以及低质量的实践带来的累积的问题。如今，很少有产品的成功是一发即中的，尤其是工业产品。产品随着时间不断演变，不断改进。例如，波音 747 客机已经问世 40 多年了，但如今 747—400 飞机的组装线同 1970 年 1 月交付使用的第一架 100 系列的飞机相比，已经大不相同了。

在丰田精益产品开发体系的讨论会上，迈克尔·肯尼迪（2003）感叹道，太多组织的项目管理聚焦在行政管理卓越，而不是技术卓越。他还说，"专家工程队伍"是丰田体系的 4 大支柱之一，它鼓励技术卓越和个人责任感。

一些批评家认为，敏捷方法是临时性的、无纪律的，而且是技术低下的。他们完全错了——纪律和形式有很大的区别。首先，热衷于流程、过程和文档的传统主义者将敏捷方法的非形式化解释为无纪律。任何事情都不能脱离现实。所谓纪律，是执行说过要做的事情。按照这个定义，许多具有完美详尽结构的组织都失败了，因为它们拥有大量的流程、过程、表格和文档，却忽视了系统性。敏捷组织没有完美详尽的结构，但它们倾向于遵照自己已有的结构。

其次，分歧不在于技术质量是否重要，而在于如何实现技术质量。批评家说："敏捷开发忽略了设计。"其实他们真正反对的是敏捷开发没有大量的前期设计（这被视为唯一有效的设计流程）。敏捷开发人员认为迭代、浮现式设计和频繁反馈可以产生更出众的设计。因此，这不是设计与临时性开发的问题，而是设计方法的分歧。

作为软件开发顾问，我还从来没有遇到过像这样的软件公司（尽管我的采样规模有限）：其团队和项目领导者没有精明的技术头脑，却取得了成功。无论公司是建造电子仪器、飞机引擎，还是纯粹的软件产品，项目领导者都需要有专业的技术专长，才能真正地管理项目。支持技术卓越要求项目领导者和团队成员理解技术卓越的含义——涉及产品、技术及从事工作的人的技能，他们必须理解在特定产品的环境中，卓越和完美的区别。任何公司都不可能制造出完美的产品，但构建一个能够交付客户价值并保持技术完整性的产品，是商业成功和令技术团队满意的基础。

项目领导者（作为决策者或影响者）需要具有技术背景。尽管技术卓越是一个值得称赞的目标，但要达到卓越这个目标可能有截然不同的方法。软件团队应该聚焦在重构、自动化测试，以及简单设计上，还是聚焦在可扩展的前期设计建模上？或者两者之间的平衡？项目领导者需要与团队一起，讨论和决定开发的技术方法，而且在解决技术问题时，要让团队时刻关注业务目标。项目领导者可能不会做决定，但他们应该具备足够的知识，去引导团队成员相互交流，以确保团队充分地消化吸收项目数据（如架构平台的限制），并及时做出正确的技术决策。通常，随着时间的推移，不良技术决策导致的流程问题就会显露出来，然后，人们只好不停地忙于修正这些问题。

项目领导者必须倡导技术卓越，因为它是适应能力和低成本迭代的关键，而这两者是产品长期成功的推动力。项目领导者如同变戏法的人一样，总是要保持多个球在空中。例如，他们必须知道团队从技术卓越到完美之间的平衡转换点；他们也必须知道，产品经理是否在紧盯速度和特性时，忽略了适应能力。除非项目领导者具有必要的技术背景，否则帮助团队找到并保持这些平衡点几乎是一句空话。项目领导者不必是一位技术权威人士，但必须具备足够的知识，这样才能与技术权威进行沟通。

2.4 简洁

如果想让船走得更快，那么割断锚绳比加大马力要来得容易。

——卢克·霍

如果想快速和敏捷，就要让事情简化。速度不是简化的结果，但简化能提高速度。让事情简化可以降低成本，从而增加价值。如果你想要低速、僵化、耗钱，那么就设立大堆的官僚机构。一个曾经在美国国家航空航天局（NASA）工作的朋友，对我讲述了他的团队独特的软件设计标准——尽可能减少文档带来的影响。文档修改流程既费力又费时，所以尽可能减少文档变更就成了主要的设计目标。这个例子说明，合规性工作不仅因为耗尽了工程时间而妨碍交付，还破坏了技术设计决策。敏捷方法能够极大地提高生产力，不是因为把这些事情做得更好了，而是因为根本就没做这些事情。

以简洁为本，它是极力减少不必要的工作量的艺术。

——《敏捷宣言》

当你采用去掉详细的基于任务的结构和合规性活动来简化流程时，就会强迫人们思考和交互。因为无论是团队成员还是他们的经理都不能再把结构当作拐杖。尽管一些结构对敏捷有所帮助，但许多组织中过于烦琐的结构，给了人们不去思考的借口，或者胁迫他们不去思考。在这两种情况下，人们都会感到他们的贡献被贬值，从而失去了个人责任感和对结果的责任感。

❏ 2.4.1　生成性规则

简单原则（或规则）是复杂性理论"集群智能"（Swarm Intelligence）的一个方面。其思想是将一套简单正确的规则，应用到一个高度相互作用的群体中，然后产生诸如创新力和创造力之类的复杂行为。第一资本公司（Capital One）的前首席信息官吉姆·多内黑采用以下 4 条规则，来确保组织中的所有人都朝着共同的目标奋斗：

（1）总是将 IT 活动与商业活动保持一致。

（2）运用良好的经济学判断。

（3）保持灵活变通。

（4）对组织中的其他人具备同理心。（伯纳博和梅耶，2001）

这 4 条规则囊括了多内黑的部门需要做的所有事情吗？当然没有，但是，难道一本 400 页的活动说明能让工作得以完成吗？多内黑想要的是有边界的创新：一个部门不仅要在剧烈动荡的商业环境中考虑到自身，还要了解其边界。

敏捷项目管理的一个关键概念就是敏捷实践，在指导原则的推动下，它是生成性的，而不是规定性的。规定性方法试图描述团队应该做的每个活动。这种规定性方法的问题是人们迷失在众多的活动中，他们有很多可选的实践，却几乎没有原则指导他们从项目中去掉不必要的实践。

一套生成性实践是指在一个系统中共同正常运转的最小单位。它并没有规定一个团队需要做的每件事，而是确定了那些高价值的、应该被运用在几乎每个项目中的实践。通过采用这些实践，项目团队将"生成"其他必要的辅助实践，作为它裁剪和调整这套实践、适应具体需要的工作的一部分。例如，当一个团队需要进行配置控制时，团队成员就可以识别出一个最小的配置控制实践，并加以应用。

事实证明，从最小集合的实践开始，然后明智地随着需要而增加其他实践，比从全面的规定性实践开始，然后试图进行精简，最后找到可用的实践更加有效。（勃姆和特纳，2013）敏捷方法不会用数千页文档来描述项目所需要做的每件事情，而是只描述出最少的能创造"集群智能"的活动。

开发一套有用的规则不是一件容易的事情，因为正确的规则组合通常是反直觉的。显然，轻微的改变也可能引发无法预料的结果。如果不理解交互和集群智能的概念，改变一种实践会导致一个敏捷系统做出无法预见的反应。实践证明，敏捷项目管理的指导原则及其实践构成了一套规则，可以非常有效地协同工作。

□ 2.4.2　刚好足够的方法论

当决定流程、方法、实践、文档，以及产品开发的其他方面时，简化理念告诫我们：应该把方向引向刚好足够、简化，以及"比刚好足够要少一点"的实施。简化需要平衡对速度和灵活性的需要，同时保持足够的稳定性，避免疏忽错误。"刚好足够"并不意味着不足，也不意味着"无文档"或"无流程"。此外，"刚好足够"对于一个 100 人的项目，和对于仅有 10 人的项目的含义是截然不同的。

约翰·伍登对其篮球队的告诫似乎在这里也适用："迅速，但不要仓促。"正如作家安德鲁·希尔（2001）叙述他与伍登在一起的日子，他丰富了这个词组的含义："生活，同篮球一样，必须快速地适应，但永远不要失去控制。"在产品开发中，缺乏快速会导致竞争劣势，而仓促会导致错误。平衡，是敏捷的关键之一，是伍登执教技巧的一部分。正如希尔所写的那样，"伍登的天赋帮助他的队员找到并保持了迅速和仓促之间的分界线"。找到这个分界线不是一件容易的事，否则，每个人都能找到了。

工程师如果仓促地设计了一个特性，而没有进行必要的评审和测试，那么他可能制造了缺陷，最终会拖慢项目。迅速而有效地完成交付活动能加快项目进程，而过于强调合规性活动会减慢速度。选择绝对、肯定要做的活动并很好地完成，能够加快速度，草率地执行这些关键活动可能是仓促带来的后果。

实现迅速但不仓促这个平衡的一个竞争优势是，它通常能够迫使竞争更加激烈。这实际上也是实施敏捷方法的一个潜在危险。纪律性差的组织和团队可能混淆迅速和仓促，并错误理解平衡这个分界线所需要的基础工作、经验和贡献。伍登使用快速突破来加快篮球比赛的节奏，使得对手迫于仓促应对。由于他的队员具有良好的纪律性和道德规范，他们可以比对手更快速，而且仍然保持着对比赛的控制。团队可以使用相同的策略。

> 如果领导者能够巧妙地将复杂问题简单化、能够制定刚好足够的流程、能够找到迅速和仓促之间的分界线，那么他无疑将有更高的把握获得成功。

❏ 2.4.3　交付与合规

简化也意味着降低开销。敏捷项目管理的首要任务是向客户交付价值。许多项目经理、项目办公室成员、组织，都盲目地将合规性作为他们首要的重点。合规性活动充其量只能减少错误、欺骗、劣绩和财政透支的风险。经理想要报告，会计想要数字，审计员想要签字认可，政府机构想要文档，标准化机构想要合规性证明，法律部门想要上述一切。如果不能区分交付和合规，就会导致合规性工作——为管理机构、律师或管理层编制文档——不断增加，而将交付产品降到次要位置。

一个非常简单但很少用来辨别交付活动与合规活动的方法，就是向做这项工作的人提出这样一个问题："这个活动有助于你向客户交付价值吗？还是它只是增加了开销？"然而，许多经理和流程设计人员根本不喜欢这样的问题。

在我喜爱的一本书 *Systemantics: How Systems Work and Especially How They Fail* 中，约翰·格尔（1975）警告，要反对"系统主义"（盲目地相信系统，认为可以通过系统达到任何必要的目标）的上升趋势。格尔的观点是"根本问题不在于某个特定的系统，而在于类似的系统"。这些系统成为目标，而并非实现目标的方法。

也许，这些"系统主义"的信徒会争辩说，实施这些程序应该不会导致偏离主要目标（结果而非流程）。但格尔的两个论断指出，这种本末倒置是不可避免的：①"系统倾向于不断扩张，填补已知的宇宙。"②"系统倾向于反对它们自己的正确功能。"（格尔，1975）。

例如，为了获得国际标准化组织（ISO）的认证，需要办理一连串的手续和提交大量的文档。我曾在一个公司工作过，它的工作程序都是围绕着国际标准化组织的流程开展的。要想改变这个 ISO 标准流程任务非常繁重，以至于每个人都要使用一些变通的应对方法。然而，他们有一个解决办法来应对大量的流程文档——使用一个复杂的自动化系统，其中是一页接一页的流程列表。我检查过一个 10 页左右的审计报告（ISO 认证要求定期审计），其中充满了合规性字眼，如表格上缺少签字和日期，或者缺少某些文件。报告中竟然只字未提实质性的交付问题！经理必须花时间分析这个审计报告，然后再另写一份报告，说明如何防止类似的事件再次发生。当然，他们关心的只是如何敷衍应付审计人员，而不是对系统做出有针对性的改进。

显然，这个公司的 ISO "系统" 未得到节制。然而，该系统已经在该公司根深蒂固，使得认证这个东西受到颂扬，要想摆脱这个负担是极其困难的。这充分证明了格尔的第一个论断，即系统倾向于不断扩张，填补已知的宇宙。一旦开始，系统就很难改变，其目标就会变成合规活动而非交付。当员工致力于交付成果的时候，这些系统会普遍受到大家讨厌，因为它们阻碍了交付进展。正如格尔所说的，系统不可避免地倾向于反对它们自己的正确功能。

即使要自己承担那些任务，项目领导者也应该尽可能地将团队成员从大量的合规性工作中解脱出来。几年前，当与一个成功通过 CMM5 级认证的软件开发企业的项目领导者交谈时，我问他关于参与认证的所有文档、度量和报告工作时，他回答说："大部分都是我自己做的，开发团队需要全神贯注于实际工作。"

必须注意，有些合规性活动具备非常充分的理由。每个组织、每个公司、每个团队都有一定的合规性活动。例如，在汽车行业，必须保留大量的文档，防止潜在的产品责任官司和政府破产调查；在医药行业，公司可能指责美国食品药品监督管理局（FDA）效率低下，但是几乎没有消费者愿意购买未得到联邦条例许可的药品。高层管理者有责任对股东、员工和客户行使监督责任，这种监督可以采取审计、项目状态报告、采购政策，或者认证形式。对于必要的合规性活动，应该采取的策略是尽量减少，并使它们远离关键路径和关键人员。

2.5　结束语

传统项目管理聚焦于在范围、进度和成本等约束内按计划行事。这个做法经常会使团队交付较低的客户价值。计划很快就过时了，业务目的和目标却保持不变，那又将怎样实现变更呢？通过聚焦于现在或将来的价值，团队能有效地与组织的目标保持一致。因此，产品能力的价值评估（第 8 章）、拥抱技术卓越（第 9 章）、改变绩效度量方法（第 13 章），以及定义相关实践帮助团队"交付价值胜过约束"，将会是本书主要的讨论内容（见图 2-1）。

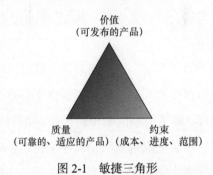

图 2-1　敏捷三角形

第 3 章

团队胜过任务

敏捷领导者领导团队，非敏捷领导者管理任务。有多少项目经理花费数小时的时间用微软的项目软件把任务细节逐一列出来，然后再花费更多的时间筛检哪些任务已经完成，哪些任务还未完成！然而，许多项目经理都喜欢这种任务导向型管理方式，因为它具体化、可定义，要完成的任务看起来是有限的。另外，领导团队似乎抽象模糊、不可捉摸，要完成的任务看起来也无穷无尽。因此，自然有些人就愿意选择更容易的一种方式——管理任务。

敏捷项目管理强调团队管理，提倡建立自组织的团队和发展仆人式领导方式。这比管理任务更加困难，但最终的结果会更加令人满意。在一个敏捷项目中，团队成员关注任务，项目领导者关注团队。本章讨论 4 个和团队建设有关的主题：领导力、建立自组织团队、协作（包括决策），以及客户协作。

3.1 领导团队

在战斗中，你不能管理人，你只能管事情……你可以领导别人。

——海军上将格雷斯·霍珀

大多数项目是管理太多、领导太少。项目管理和项目领导的区别是什么呢？它们之间有着微妙的关联，主要区别是管理在处理复杂性，而领导在处理变化。没有足够的管理，复杂项目会迅速陷入混乱。计划、控制、预算和流程可以帮助项目经理避开潜在威胁项目的复杂性。然而，当不确定性、风险和变化显著的时候，只有这些实践是不够的，还需要有适应变化的实践。

缺乏领导的团队是无舵的团队。领导者要想建立适应能力强、自组织的团队，应该引导而不是控制，他们影响、推动、促进、教授、建议、协助、催促、劝告团队，当然在某些情况下也会进行管理。项目领导者应该既是管理者，也是领导者，随着项目探索属性的增加，后者的重要性将迅速上升。优秀的领导力是项目成功的重要因素。正如卡尔·拉森和弗兰克·拉法斯托（1989）指出的："我们的研究充分表明，正确的领导可以为所有集体工作增添巨大的价值。"

在任何组织层级中，领导者之所以成为领导者，不是因为他们所做的事情，而是因为他们扮演的角色。独裁的经理常常以令人畏惧的形式运用其手中的权力，让人们按照他们的意愿做事。领导者在很大程度上依靠的是影响力而非权力，影响力来自人们的尊敬而不是畏惧。尊敬取决于领导者的素质，如正直、能力、公正、诚实，简而言之，取决于领导者的性格。领导者是团队的一部分，虽然他们得到组织的授权，但他们真正的权力不是自上而下委派的，而是自下而上赢得的。从表面上看，一个受管理的团队和一个受领导的团队是一样的，但从实质看，他们的感受大不相同。

> 领导者真正的权力不是自上而下委派的，而是自下而上赢得的。

项目经理能够在复杂的情形中（详细地计划、创建组织中的职位和角色、利用详细的预算和进度报告实施监督，以及解决无数的日常项目问题）进行有效的交付，他们通常不喜欢变化。因为变化会引起矛盾和模糊，项目经理需要花费大量的时间将模糊和变化从其项目中清理出去。

领导者和项目经理相反，他们鼓励变化，其方式为：提出未来可能性的愿景（通常细节较少），通过与大量人员的交流，发现能够帮助将产品愿景变为现实的新信息；通过创建一种努力工作的目标感，激励人们致力于一些超出常规的事情。

领导者掌管方向而不施加命令，这并非意味着他们不做决策。自我引导（与自组织相反）团队，理论上没有单一的领导者，做事往往游移和拖延，这一点非常不适合行动快速的产品开发团队。掌管方向意味着有时要领导者单方面做决策，有时要让团队参与共同决策，但主要是把权力下放，让团队做决策。

项目和组织一样，既需要领导者，也需要管理者。但是，很少有人能同时将这两种技能集于一身。由于与分辨出模糊性、满足相互冲突的客户需要相比，制定项目预算是更加有形的，因此项目管理培训往往聚焦于有形的实践和工具。如果要想培养经理的领导技能显然是可行的，但需要深刻地理解这两个角色之间的区别。

正如作者菲利普·霍奇森和兰德尔·怀特（2001）评述的："领导力是横跨在我们昨天已经做的和明日将要做的边界之间的桥梁。我们认为……领导者真正的特征是对不确定性保持自信，能够承认并处理它。"这两个作者提出了 6 个问题（见图 3-1），表明了 20 世纪管理方法存在的管理幻想。

管理幻想

为什么认为你处于受控状态?
为什么认为你能够预测未来及其结果和效果?
为什么认为你曾成功过的方法就能够再次行得通?
为什么认为任何重要的事情都是可以评估的?
为什么认为诸如领导、管理和变化这些词对任何人来说，意思都一样?
为什么认为降低不确定性必然会增加确定性?

（霍奇森和怀特，2001）

图 3-1　管理幻想

敏捷项目领导者帮助他们的团队在混沌的边缘保持平衡———一些而不是过多的组织结构，适度而不是过多的文档，一些事先准备但不是过多的架构工作。找到这些平衡点是敏捷领导力的艺术。虽然有关书籍可以帮助读者理解这些问题并确定有用的实践，但只有拥有经验才能够提炼领导者的管理艺术。高度不确定性的项目充满了渴望、变化、模糊性，这些都是团队必须处理的，而且需要用不同的项目管理风格、不同的团队运作模式，以及不同的项目领导者类型。我将这种类型的管理称为"领导力—协作"。

领导力—协作的管理风格创建了一种确定的社会体系结构，这种结构可以让组织和团队应对动荡不定的环境。这种社会体系结构融合了如下概念：平等主义、才干、激情、自律和自组织。

指挥官知道目标，领导者把握方向；指挥官发号施令，领导者施加影响；控制者提出要求，协作者加以促进；控制者事事管理，协作者不断鼓励。支持领导力——协作模式的经理非常清楚他们的主要职责是设定方向、提供指导，以及促进人们与团队之间的联系。

——海史密斯（2000）

吉姆·柯林斯（2001）提出了类似的概念，他称之为"纪律文化"，意思是自律，而不是强迫接受纪律。在谈到公司发展和经常强加"专业化管理"来控制公司发展时，柯林斯说："公司开始从蓝筹公司聘请拥有工商管理硕士学位、经验丰富的执行官，于是，流程、程序、检查单，以及其他一切东西如雨后春笋般冒出，曾经平等的环境如今被一个等级制度代替。它们在混乱中建立了秩序，但它们同时也扼杀了企业家精神。等级制度的目的是弥补无能和缺乏纪律性。"

在混沌时代，成功较少取决于生搬硬套而更多地依赖理智；较少取决于少数人的权力而更多地依赖多数人的判断；较少取决于强制而更多地依赖激励；较少取决于外部控制而更多地依赖内部纪律。

——边·霍克（1999）

敏捷运动支持个人和团队通过致力于自组织、自律、平等主义、尊重个人和胜任能力等，实现发展。"敏捷"是一场社会技术运动，它有两个推动力：一个是愿望——创造一种特定的工作环境；另一个是信念——适应性的环境是向客户交付创新产品这一目标的关键。

3.2 建立自组织（自律）团队

自组织团队是敏捷项目管理的核心，它结合了自由和责任、灵活性和结构。当团队面对不一致性和模糊性时，其目标是始终如一地在项目约束内和产品愿景的基础上进行交付。要达到这个目标，需要团队有自组织的结构和自律的团队成员。建立这种团队是敏捷项目领导者的工作核心。

　　团队可以简单地定义为"为实现某一特定目标，包括两个或两个以上的人的相互协作的群体"。（拉森和拉法斯托，1989）团队的组成和结构是多种多样的。在一个自组织团队中，个人负责管理自己的工作量，根据需要和最佳的适配原则进行工作协调，并且对团队的有效性负责。团队成员对于如何交付结果，自己保有较大的灵活性，但他们对结果负责，并且在制定的灵活框架内工作。

　　不像一些人认为的那样，自组织团队并不是缺乏领导的团队。任何自行其是的群体都以某种方式自我组织起来，但如果要有效地交付结果，就需要有正确的方向引导。

> 自组织团队的特征不是缺乏领导力，而是一种领导力的风格。

　　"自我组织"和"自我导向"这两个术语有很大区别。自我导向通常暗示着自我领导，众多的团队成员根据具体情形承担领导角色。许多研究表明，优秀的领导者是项目和组织成功的重要因素（拉森和拉法斯托，1989），自我导向模式则与成功背道而驰。

　　创建自组织的团队需要：

- 找到合适的人员。
- 清楚地表述产品愿景、边界和团队角色（第 6 章）。
- 鼓励协作（下一节）。
- 坚持负责。
- 培养自律。
- 引导而不是控制（领导力章节）。

　　从根本上讲，敏捷项目管理是关于人，以及他们之间的交互，是关于营造一种环境，让个人创造力和能力爆发，从而创造优秀产品。创造优秀产品的是人，而不是流程。

❏ 3.2.1　找到合适的人员

　　通过项目领导者或其他经理，组织有责任为项目配备合适的人员。找到合适的人员意味着找到具有合适技术和行为技能的人。项目领导者应该有权否决其他经理单方面想指派到该项目的任何团队成员。

企业经常会发布声明强调它的员工是多么重要，然后用顽固死板的程序和形式把他们束缚起来。20 世纪 90 年代，企业扛着业务流程重组（Business Process Reengineering，BPR）的大旗，度过了一段对流程的迷恋期。那个时候流程变得比人员更加重要。业务流程重组的拥护者认为，结构化的流程在某种程度上能弥补平庸的个体才能不足的问题。但是任何流程都不能解决缺乏优秀工程师、产品经理、客户和高层管理者的问题。

人员比流程重要，这个敏捷价值观促生了找到合适的人员的需要。流程拥护者主张，好的流程将弥补人员能力不足的问题，因而对于成功，找到合适的人员并不如找到正确的流程那样至关重要。敏捷倡导者认为，流程可以为高效率工作提供一个通用的框架，但它不能代替能力和技能。产品是由有能力的、具备技能的人员创建的，而不是由流程制造的。高效率的项目领导者聚焦的顺序依次是：人员—产品—流程。如果没有合适的人员，就不可能创建任何产品；如果不将精力放在产品价值上，其他无关紧要的活动就会渗入；如果没有一个最低限度的流程框架，就会出现效率低下，甚至混乱。

❑ 3.2.2　坚持负责

责任和负责创造了自组织团队。《相互依赖声明》中有这样一条原则："我们通过对结果的集体负责制和对团队有效性的责任共担，来促进团队绩效。"当某个成员承诺在迭代期间交付某个特定的特性时，他就接受了交付的责任；当团队承诺在里程碑结束时交付一组特性时，所有团队成员就接受了这个责任。产品经理对向团队提供需求信息负责；项目领导者对清除阻碍团队进展的障碍物负责。当一个团队成员承诺次日提供一些信息给另一个成员时，他就同意了对该行为负责；当团队成员相互承诺时，当团队对客户承诺时，当项目领导者承诺为团队提供特殊资源时，他们就都同意了担负相应的责任。

另外，每个团队成员都有责任提高团队协作。每个团队成员和项目领导者相互履行承诺是义不容辞的责任。信任是协作的基石，而履行承诺是建立信任的核心，这样才能建立高效的团队。

❑ 3.2.3 培养自律

自律可以促进自由和授权。如果个人和团队想要更多的自主权，他们就必须有更多的自律。以流程为中心的开发和项目管理的一个严重危险是，它们降低了任何自律的动机。当经理通过详细的流程强化纪律时，他们会说："按照这个流程做，否则……"他们扼杀了主动性和自律，转过头来又会抱怨说："为什么这里的每个人都不会主动承担任何责任呢？"如果说强加纪律的团队可以完成事情，那么自律的团队就可以完成近乎奇迹的事情。

自律的个人可以：

• 对结果负责。

• 用严谨的思维对抗现实。

• 参与激烈的交互和争辩。

• 愿意在自组织框架内工作。

• 尊重同事。

对话、讨论和参与式决策都是建立自律的一部分。在吉姆·柯林斯编写的《从优秀到卓越》一书里，充斥着一系列这样的词语——真相和残酷的现实、对话和辩论、没有威压、对话的倾向、提问，这些词语描绘出了自律的核心：严谨思维和辩论。柯林斯发现，在大公司里的个人尤其要相互交流的，参与长时间的辩论。

自律也是建立在才干、坚持和愿意对结果负责的基础之上的。才干不仅是技能和能力，更是态度和经验。让合适的人员参与，自律就会更容易些；而如果找到的是不合适的人员，强迫性的纪律就会逐步蔓延，从而破坏信任和尊重的氛围。"关键是首先要找到自律的人，他们进行严谨思考，并会在一致的系统框架内采取遵守纪律的行动。"（柯林斯，2001）敏捷团队无法取得成功的原因之一是，他们没有意识到需要自律。无纪律与自律之间不存在二元转换，它是一个旅程，有些人立刻走上正轨，而有些人需要走更长的路。

敏捷团队不会因为有良好的意图就自动发展。敏捷团队的成长和成熟需要时间，也需要致力于建立关系和鼓励协作。这也是项目领导者和个体团队成员最重要的任务。

3.3　鼓励协作

自组织团队的能力在于协作，即两个人或更多的人相互交流与合作，以共同地产生一个结果。当两个工程师在白板上画出一个设计草图时，他们在协作；当团队成员开会、共同讨论一个设计时，他们在协作；当团队领导者开会决定是否发布一个产品时，他们也在协作。协作的结果可以分为有形的可交付物、决定或共享的知识。

最终，出色、有天分、有技能的个体——或单独或合作——构建出产品或服务。虽然流程能提供指导和支持，工具能提高效率，但是如果没有具备合适技术和行为技能的合适人选，任何流程和工具都不会产生任何结果。适度的流程和工具很有用，但是当要做出关键的决策时，更多地依赖个体和团队的知识和能力去克服那些障碍。

协作结果的质量优劣取决于信任与尊重的程度、信息流动的自由度、辩论的充分性，以及参与的积极性，同时也受到参与式决策流程的约束。当其中的任何一个因素缺失或无效时，结果的质量就会受到影响。在协作团队中，领导者的一个关键角色就是引导、教练、吸引和影响团队成员，让他们建立健康的关系。

健康的团队关系的核心是信任和尊重。当团队成员不尊重其他人的知识和能力时，有意义的辩论就会变成闪烁其词。自信和自负仅有一线之隔，有时候人们用咆哮来掩饰自己的无知。项目领导者通过解决这些问题，把一群人融合成一个可工作的团队，并且在必要时，将不合适的人员赶出这个团队。

复杂系统（如大型项目组织），在相互交流和信息流动中不断成长。项目领导者应该不断地问这样的问题："合适的人员是否在合适的时候就合适的事情与其他人协作？""是否可以在合适的时机得到合适的信息？"这些是非常关键的问题，而这些问题的答案既可能帮助团队平稳地运转，也可能令团队身陷泥潭。如果设计工程师没有将生产工程师的想法包括在其设计中，那么其设计的产品生产起来就会太过昂贵。如果软件工程师没有与质量保证人员紧密合作，那么其编写的代码测试起来就会非常困难或代价极高。如果协作和信息太少，团队就会分歧严重，集成就会变成一个噩梦（因此需要经常进行集成）；而如果协作和信息太多，团队就会陷入会议和信息超载之中。

❏ 3.3.1　参与式决策

决策是协作的心脏和灵魂。任何人都可以坐下来，谈论产品的设计。协作就是大家共同努力开发一个特性，创建一个设计，或者编写产品的文档。因此，无论你是在与另一个人共同设计，还是在为排列特性的优先次序而举棋不定，抑或在确定产品是否可以交付，总之，在整个项目期间，需要做出成百上千个大大小小的决策。团队做这些决策的方式决定了团队是否具有真正的协作精神。有些团队是高级技术主管敦促着迅速做出决定，而有些团队是说话声音最大的人敦促着做出决定，这两种情况都不利于真正地协作。

几年前，我写过一篇关于分布式决策的文章。在着手写那篇文章时，我浏览了 6 本关于项目管理的书，发现其中只有一段是关于决策的。许多（即使不是大多数）以流程为中心的产品开发和项目管理方法在决策流程方面似乎从不花费时间。抛开所有共同的疏忽不说，团队决策能力绝对是项目管理（无论敏捷与否）成功的关键。从决策是否可行，到是否发布产品的决策，再到每个和每分钟的设计选择，团队做决策的方法将对它的绩效产生重大影响。

领导力也是良好决策的关键。在产品开发工作中，需要做出成百上千个决策，而用于做这些决策的信息通常还很模糊：客户偏好很模糊；使用的新技术可能还没经过试验，也很模糊。对于做出的每个明确的决策，都需要 10 个其他"模糊"逻辑的决策。团队可能因这个模糊而变得麻木，在决策时犹豫不决。当讨论、辩论和对话陷入僵局，即信息的模糊性超出了团队的决策能力时，领导者通常需要站出来说："好吧，方向不是非常明朗，我们朝东方行进。"高效率的领导者"吸收"模糊性，负责做决策，并且让团队继续工作。知道何时和如何应付模糊性是高效率领导者的一个标志。

也许正因为工程师很清楚"政治"和"妥协"之间的关系，所以这是他们最憎恨的两个词。妥协来自"输赢思想"，也就是我的正确，你的错误。取而代之的是，可选择"双赢思想"，用重新构思代替妥协[①]。重新构思意味着将多种想法合并起来，创造一种比任何一个单独想法更好的东西。它不是放弃，而是增加。创新力和创造力是突发性的，而不是因果关系的协作。没有任何步骤能够保证创新，创新是通过相互交流、逐步扩展想法，然后融合这些想法后突然出现的。在这个过程中，每个人的想法都有助于最终解决方案的提出。这个将想法融合在一起、讨论并按产品愿景和约束加以分析的流程不是一个妥协的流程，而是一个重新构思的流程。

> 妥协造成两极分化，重新构思导致联合。

然而，双赢或重新构思并不暗示着会有意见一致的决策，参与也不意味着意见会一致。自组织团队偶尔需要领导者做出单方面决策，但他们的主要风格是包容，鼓励团队成员广泛地参与决策，以便做出最好的决定。自组织团队有许多自由的决策权力，但是需要与项目领导者的权力平衡。和其他领域一样，在制定决策的过程中，平衡是敏捷的关键。

❑ 3.3.2　共享空间

"我们发现最大的一个趋势是，人们越来越意识到创新是企业战略的核心。"IDEO 公司总经理涵姆·凯莱（2001）说。IDEO 是世界上最重要的工业设计公司之一，它综合运用方法论、工作实践、文化和基础设施营造了一个有益于创新的环境。它的方法论包括全面了解问题，观察现实中的人，运用模拟和原型使产品视觉化，评估和提炼原型，以及实施概念设计。原型、模拟和模型的使用对于IDEO 的整个产品设计流程产生了深远的影响。

"几乎本世纪每次重大的市场创新都是原型和模拟广泛使用的直接结果。"（迈克尔·施拉格，2000）他在麻省理工学院的媒体实验室工作时，就致力于原型研究，并且因此得出了惊人的结论："你不必成为一个社会学家就能意识到，

---

① 我的同事罗布·奥斯丁最早使用 "reconceive" （重新构思）这个词。

实验室的演示文化不仅要创造更聪明的想法，而且要在人与人之间建立更灵活的相互交流。"共享空间可以带来共享体验。

创新并不会因为一些确定性的流程而得到保证，创新是突发流程的结果，在这个流程中，具有创造性想法的个人相互交流，引发产生了某些新颖的、与众不同的事物。演示、原型、模拟和模型是相互交流的催化剂，它们组成了"共享空间"（施拉格提出的术语），其中开发人员、市场人员、客户和经理可以展开有重大意义的相互交流。

共享空间有两个要求——视觉化和公共性。在产品开发领域，一个共同的问题是需求文档缺乏质量。当工程师与客户讨论原型、致力于特性而不是文档时，相互交流的质量就会得到显著提高。视觉化推动了如今的工业设计。例如，Autodeck 系统，它的软件为当今的电影《指环王》《蜘蛛侠》《哈利·波特》制造了特殊的效果，同时对于需要在开发流程早期就视觉化显现其产品的工业设计人员，它也提供了复杂的软件。

公共性意味着原型需要得到从事开发工作的所有利益相关方的理解。例如，电路图有助于电气和制造工程师之间的交流，但它们不能为营销代表或客户代表创造共享空间。在项目的每个阶段，项目领导者都需要知道哪些人在该阶段需要进行相互交流，需要什么样的共享空间以达到交流的效果。

❏ 3.3.3　客户协作

敏捷项目管理依赖有效的客户协作。客户或产品团队应该是任何敏捷开发工作不可或缺的一部分。尽管开发人员和客户在团队中充当着不同的角色，但他们之间合作越多，越把他们自己当作一个团队，他们就会越高效。

下面列出了客户团队在参与敏捷项目时的部分责任（第 6 章会进一步阐述这些责任）：

- 创建和管理特性/故事待办事项列表。
- 设定发布计划和迭代计划中的优先级。
- 识别和定义特性/故事。
- 定义接收标准。

- 评审和接收已经完成的特性和故事。
- 和开发团队持续交流。
- 对结果和调整约束负责。

客户和开发团队要实现上述这种合作通常是很困难的，因此，这也成为实施更有效的敏捷方法的一个障碍。执行"敏捷"经常会指出客户和产品团队人员配备水平的不足，并且需要和产品团队确定各自的角色，如产品经理和产品专员的角色。

3.4　不再需要自组织团队吗

自组织团队是敏捷管理的核心，但是在部分敏捷社区，这个概念被破坏，甚至起到反作用。自组织是个好词，但有些人把它与无政府主义混淆了。为什么会出现这种情况呢？是因为在敏捷社区中，有些人鼓励无政府主义的管理方式，他们认为自组织比无政府主义好听，于是就附着在自组织这个词上。当越来越大的组织应用敏捷方法和实践的时候，敏捷的核心——授权的组织文化就可能因为大组织抵制这种敏捷的文化碎片而被丢失。

所以，怎样把自组织的概念从无政府主义的边缘带回到授权、仆人式领导方式（不是没有领导力）的领域来呢？在 *Adaptive Software Development* 一书中，我用"领导力—协作管理"一词代替"命令—控制管理"的概念。本书深入地讨论了领导者（指人）和领导力（指任何组织的成员都可以提供情景领导力）——作为敏捷团队和敏捷领导力模式的一个部分——的概念。桑吉夫·奥古斯丁（2005）在 *Managing Agile Projects* 一书中也提到了这个问题，他提倡管理要"轻触"。希望通过本章对领导力和适应性团队的描述，帮助大家从正确的角度理解自组织的概念。

如果让自组织继续发挥价值，那么有几个问题需要处理：首先，需要摆脱掉一个观点——敏捷项目无领导者或谁是领导者取决于不同的情境（这种情况的确出现，并且会经常出现，但并不能取代一个指定的领导者）。有太多的经验和管理理论都表明好的领导者能有很大的作为。无政府主义者希望淘汰领导者或仅仅采纳情境领导。而敏捷社区里大部分人认为好的方法不是淘汰掉领导者，而是改变领导方式。否定能力糟糕的经理，甚至提倡淘汰掉他们是很容易的。在一个组织里改变领导力方式，以适应敏捷环境却困难得多。

其次，一些支持授权型自组织团队的人已经忘乎所以了。他们忘记了在管理学里，授权是一个词汇，其意思是委派（基本上是委派决策权），难道授权就意味着团队成员可以做任何或所有与项目有关的决策吗？如果5个团队共同做一个项目，难道每个团队都需要独立地做出架构或开发基础设施的决策吗？自组织意味着尽可能地把决策权下放到个体团队，然而，在一个组织中，授权不是一个简单的事，它需要人们深思熟虑和做一些尝试。在较大的团队和多团队项目中，我们必须运用正确的组合方式——将决策权委派给团队，同时也为合适的领导者保留适当的决策权。

尽管敏捷领导者在自上而下的决策制定活动中职责很"轻"，但他们在诸如阐述目标、促进交流、提高团队动力、支持协作、鼓励试验和创新的活动中职责很"重"。相比决策权，领导者的这些特征对于成功更关键，但制定决策仍然是领导者很重要的一个职责。

领导工作很难！要是容易的话，用吉姆·柯林斯的术语，每个公司就都"卓越"了。无政府主义不是答案，它仅仅是一个非常复杂的问题的简单解决方案——管理组织。我们需要的是优秀的领导者，我们需要的是更好的领导方式，我们需要的是在正确范围内努力授权给团队的经理和领导者。

3.5　结束语

敏捷领导者管理团队，敏捷团队管理自己的任务。敏捷领导者阐明团队的目的和目标、产品愿景、关键能力和约束，然后激励团队成员交付成果，让团队成员自己弄清如何完成任务的细节。这种项目管理方法赋予团队灵活性和适应性，而不是盲目完成既定的任务。这样的方法鼓励团队自组织，从而找到最好的方式去实现项目目标。

第 4 章

适应胜过遵循

> 传统的项目经理注重按计划行事，尽量做到和计划没有出入；而敏捷项目领导者关注如何成功地去适应不可避免出现的变化。

传统的项目经理视计划为目标，而敏捷领导者视客户价值为目标。如果你质疑前者，就请看一下 Standish Group（该组织长期调查并公布软件项目的成功或失败率）对于"成功"的定义。按照 Standish Group 的定义，成功是"项目按时、按预算完成，其特性和功能都符合最初的要求。"[①]这个定义不是基于价值的，而是基于约束的。根据这个定义，项目经理们注重按计划行事，只允许最小的改变发生。同事罗布·奥斯丁把这个归类为功能失调的度量（1996），这种方式会导致与最初意图相反的行为。

以客户价值和质量为目标，计划就成为实现这些目标的一种方式，而不是目标本身。计划中的约束依然重要，依然指导项目的完成，人们依然想要了解计划的变化，但这次是较大变化，计划不再神圣不可侵犯，计划应该灵活，应该作为一个指导，而不是紧箍咒。

传统和敏捷领导者都做计划，而且花费相当长的时间做计划，但他们看待计

---

① Standish Group, Chao Reports（http://www.standishgroup.comlchaos_resources/chronicles.php）.

划的方式截然不同。他们都视计划为基线，但是传统经理不断"修正"实际结果以符合那个基线。例如，在 PMBOK①中，相关的活动被称为"纠偏行动"，用来引导团队回归基线。在敏捷项目管理中，我们用"适应性行动"来描述应该采取什么行动方针（在这些行动中，可能有一个是修正原有的计划的行动）。

《敏捷宣言》和《相互依赖声明》中共包含了 5 个与适应性有关的原则（见图 4-1）。

适应性原则

《DOI》我们通过迭代、预测和适应，来尊重和管理不确定性。

《DOI》我们通过因地制宜的具体策略、流程和实践，来提升有效性和可靠性。

《AM》响应变化高于遵循计划。

《AM》欣然面对需求变化，即使在开发后期也一样。为了客户的竞争优势，敏捷过程掌控变化。

《AM》团队定期地反思如何能提高成效，并依此调整自身的举止表现。

《DOI》=《相互依赖声明》，《AM》=《敏捷宣言》

图 4-1　适应性原则

这些原则可以概括如下：

- 我们预计到变化（不确定性），然后做出响应，而不是遵循过期的计划。
- 我们根据需要调整流程和实践。

响应变化的能力提升了竞争优势。思考一种可能性（而不是问题），即每周发布一个新的产品版本。思考一种竞争优势，即能够向客户提供特性包，让客户感觉到是为他们个性化定制的软件（和软件维护费用保持较低水平）。

团队必须适应，但是不能脱离最终的项目目标。无论是适应性流程还是预测性流程，团队都应不断评估进展。可以用下面 4 个问题来评估进展：

- 在发布产品的同时，是否交付了价值？
- 在创造可靠的、具有适应性的产品时，是否达到了其质量目标？
- 项目进展程度，是否满足可接受的约束？

---

① PMBOK（Project Management Body of Knowledge）指美国项目管理协会的项目管理知识体系。

- 团队是否能够有效地适应管理、客户和技术等方面的变化？

"变化"在字典中的定义是："变得不同，使事物的形状和外观变得与原来完全不同。""适应"的定义是："做出相应的改变，以满足或适用一定用途或形势。"变化和适应不同，它们之间的差异很重要。变化没有固定目标，用一句俏皮话说，就是"事情发生了"。而适应，是朝着既定目标（适用性）的方向调整。变化是无意识的，而适应是有意识的。

> 适应可以看作对变化做出的有意识的响应。

4.1　适应性的科学

维萨国际公司前首席执行官迪·霍克（1999）创造了"混序"（Chaordic）一词，用来描述周围世界和他管理全球企业的方法——在混乱和秩序的边缘寻求平衡。对世界的感受决定了管理风格。如果认为世界是静态的，则生产型管理实践将占主导地位；如果认为世界是动态的，则探索型管理实践将涌现出来。当然，事情并非如此简单，经常会出现静态和动态的混合，这意味着管理者必须采取巧妙的平衡方法。

在过去的20年间，对于生物体和组织如何演变、如何响应变化，以及如何管理自我成长，站在最前沿的科学家和管理者的观点发生了意义深远的转变。科学家发现了化学反应的引爆点，以及蚂蚁的"群集"行为，为组织的研究人员提供了启示，即如何塑造成功的公司和成功的管理者。实践者研究了创新团体如何最有效率地运转。

如同量子物理学改变了人们对于可预测性的观念，达尔文改变了人们对于演变的看法，复杂适应性系统（Complex Adaptive Systems，CAS）理论重塑了科学和管理思想。在快速变革的时代，我们需要更好的方法来弄清楚我们周围的世界。如同生物学家除了研究物种，还在研究生态系统，高层管理者和经理们也需要了解自己的公司参与竞争的全球经济和政治系统。

"复杂适应性系统，无论是生物学还是经济学，都是下列独立行动者的集合：

* 通过相互影响创造生态系统；

* 相互交流被定义为信息交换；

* 个体行为基于一些内部规则的系统；

* 按照非线性方式自我组织，产生突发结果；

* 显示出秩序和混乱两个特征；

* 随时间进行演变"。（海史密斯，2000）

对于敏捷项目而言，这个集合包括核心团队成员、客户、供应商、高层管理者，以及通过各种方式相互影响的其他参与者。这些相互影响，以及其中隐含和明示的信息交流，正是项目管理实践需要推动的。

个体行动者的行动由一套内部规则推动，即敏捷项目管理的核心思想和原则。科学和管理研究人员都表示，无论是在蚂蚁群体还是在项目团队中，一套简单的规则会产生复杂的行为和结果。另一方面，复杂的规则通常会变成官僚作风，这些规则的表达方式对复杂系统的运作有非常大的影响。

牛顿学说的方法可以预测结果，复杂适应性系统方法会产生突发结果。"突发是复杂适应性系统的一个特性，复杂适应性系统通过各部分（自组织的行动者的行为）的相互作用，会创造出整个（系统行为）系统的更大特征。这个突发系统行为是不能完全用行动者的标准行为来解释的，突发结果不能以正常的因果关系来预测，但可以通过以前产生类似结果的模式来预见它们的发生"。（海史密斯，2000）创造性和创新力是敏捷团队正常运行的突发结果。

适应性开发流程与优化流程具有不同的特征。优化反映的是说明性的"计划—设计—构建"生命周期，而适应反映的是有机的、进化的"构想—探索—适应"生命周期。适应流程不是以一个解决方案开始的，而是以多个可能的解决方案（试验）开始的，然后，应用一系列的适合性测试（实际的产品特性或模拟，取决于接收测试），根据反馈信息进行调整，从而探索并选择最好的解决方案。如果不确定性较低，则适应性方法的风险在于成本较高；如果不确定性较高，则优化性方法的风险在于太早地确定某个解决方案将会抑制创新。显然，这两个基本开发方法差别非常大，它们需要有不同的流程、管理方法，以及不同的成功评估标准。

牛顿学说与量子学说、可预测性与灵活性、优化与适应、效率与创新，所有这些对立反映了根本不同的方式，用于理解世界以及如何有效管理这个世界。由于迭代的成本很高，传统的观点是预测性的和反对变革的，确定性的流程就会应运而生，来支持传统的观点。但我们的观点需要改变，高层管理者、项目领导者和开发团队必须从不同的角度看待新产品开发世界，新的观点不仅要承认商业世界的变化，还要了解降低迭代成本的威力，从而能够实施实验性和突发性的流程。理解这些差别及其对产品开发的影响是理解敏捷项目管理的关键。

4.2　探索

敏捷是制造和响应变化的能力，能够在动荡的商业环境中创造利润（见第 1章）。拥有响应变化的能力固然很好，如果能给竞争对手创造变化则更佳。当创造变化时，你就是在向对手展开竞争性进攻；当响应竞争对手的变化时，你就是在防守。如果能在开发生命周期的任何一个时点响应变化，哪怕是开发晚期，也会有明显的优势。

> 适应的速率要超过市场变化的速率。

变革是艰难的。尽管敏捷价值观告诉人们，响应变化比遵循计划更重要，拥抱而不是反对变化可以产生更好的产品，但是在一个高度变化的环境中工作对团队成员来说，是极其令人头疼的。探索是困难的，它会引发焦虑、惊惶，甚至有时还有一丝恐惧。敏捷领导需要鼓励和激发团队成员克服这些高度变化的环境所造成的困难。这种鼓励包括保持自我镇静，鼓励试验、吸取成功经验和失败教训，以及帮助团队成员理解愿景。好的领导者创造安全的环境，让人们说出奇特的想法，更何况一些想法原来并不奇特。外部的鼓励和激发可以帮助团队建立内部激励。

伟大的探索来自精神领袖。库克、麦哲伦、沙克尔顿和哥伦布都是满怀愿景的精神领袖。当他们面对巨大障碍时,都坚持了下来,对于未知的东西无所畏惧。麦哲伦与顽固的、试图破坏其计划的西班牙官僚打了多年交道,终于在1519 年 10 月 3 日指挥 5 条船开始了航行。虽然麦哲伦在完成了最危险的一部分航程后死在菲律宾,但是 1522 年 9 月 6 日,他的一条船"维多利亚"号最终驶回了西班牙港口。这次探索开辟了绕行好望角的航线,并且第一次横穿太平洋(乔纳,1992)。

伟大的探索者能够清楚地表述出激发人们灵感的目标,让人们感到激动,从而可以自我激励。这些目标或愿景作为一致的工作重点,激励着人们并在团队中建立团队精神。激发灵感的目标必须是充满活力的、令人信服的、清楚的、可行的,但又是恰到好处的,它可以融入团队的激情中。

鼓励型领导者知道好目标和坏目标之间的区别。有的管理者以自我为中心,他们会指着一座山说:"让我们爬上去吧,伙计们。"其他人会想:"他在和谁开玩笑吧?我们完成这个任务,就好像夏日里见到雪球,希望十分渺茫。""糟糕的宏伟目标(大胆而有难度的目标)是虚张声势的,而优秀的宏伟目标是建立在理解的基础之上的。"吉姆·柯林斯(2001)说。鼓励型领导者知道设定一个产品的愿景需要团队的努力,需要基于分析、理解和现实的风险评估,同时还需要有一点冒险精神。

创新产品开发团队是被领导的而不是被管理的。团队容许他们的领导者是有灵感的,他们将领导者的鼓励变成自我意识的一部分。优秀的新产品、现有产品的显著改进,以及创新型的新业务方案都是由激情和灵感推动的。那些将精力集中在网络图、成本预算和资源柱状图的项目经理,注定他们的团队是平庸的。[①②]

---

① 不应该把这句话理解成这些事情是不重要的。因为如果正确地去做,这些事情对项目经理都是非常有用的,只是在它们变成关注焦点的时候,麻烦才会随之发生。

② 肯·德科尔说:"大多数项目经理被选中并不是因为他们有激发人们灵感的能力!领导力和业务影响力很难通过一次面试就建立起来,大多数经理在识别和评估人员是否具备适当的技能方面都会有一段难熬的时间。"

领导者清楚阐述团队目标，团队成员透彻了解这些目标并以此激励自己。内在的激励可以激发探索。如果没有尝试和失败，如果不探索多个方向并最终找到那个似乎有前途的方向，我们就不可能获得新的、更好的、与众不同的东西。麦哲伦及其船队花了 38 天的时间，航行了 535 公里才穿过现在以他名字命名的海峡。在这个岛屿和半岛之间的广阔区域，在找到正确的航道之前，他们不知探索了多少条死胡同。（凯利，2001）

麦哲伦的"维多利亚"号往返航行了将近 1 600 公里，一次又一次地驶入没有出路的海口，然后又退回。麦哲伦（实际上是他的船员）是第一个绕地球环航的人。麦哲伦可能让生产型项目经理或者高层管理者有点发疯，因为他肯定没有按照计划进行。但在当时情况下，任何详细的计划都是愚蠢的，没有人知道船只是否可以到达好望角，麦哲伦航行之前没有人知道正确的航道，没有人知道太平洋有多大，即使最接近的推测最后也被证实比实际航程少计算了几千公里。虽然他的行动每天都在根据新信息而发生变化，但是他的愿景从未改变。

团队需要有共同的目的和目标，也同样需要有人鼓励他们试验、探索、犯错误、重新编组和向前迈进。

4.3　响应变化

> 我们要预计到变化（不确定性），然后做出响应，而不是遵循过期的计划。

这条声明反映了敏捷方法的观点，可以进一步归纳为：

- 构想—探索与计划—执行。
- 适应与预计。

在 *Artful Making* 一书中，哈佛商学院教授罗布·奥斯丁及其合著者李·德温（2003）讨论了一个花费 1.25 亿美元的信息技术项目失败案例。那家公司一味遵循在项目启动之前制订的详细计划，拒绝临时调整和改变。他们在书中写道："制订计划并按计划实施，对他们来说就像绝对的咒语一样不可改变，但它直接导致了该公司代价昂贵的、毁灭性的行动……我们多么希望这类问题在商界是极少数的，但是事实并非如此。"

每个项目都有已知的和未知的条件，都有确定的和不确定的因素，因此，每个项目都必须在计划和变化之间找到平衡。而且，这个平衡是必需的，因为项目多种多样，从不确定性较低的生产型项目到不确定性很高的探索型项目。与第 1 章中提到的 Sketchbook Pro 公司的产品研发相似，探索型项目需要有强调构想的流程，然后根据该构想进行探索，而不是依照详尽的计划严格地执行。两种风格并无对错之分，每种都或多或少适用于某个特定类型的项目。

另一个影响项目管理风格的因素是迭代的成本，即试验成本。即使非常迫切地需要创新，但如果迭代的成本非常高，可能导致某个流程有较多的预期工作。如前所述，低成本的迭代可以产生适应性风格的开发，这种开发就是计划、架构和设计与实际的产品同步进行演变。

4.4　产品、流程和人员

Sketchbook Pro 团队（在第 1 章中提及）在发布 2.0 产品时面临重大调整，他们用了 42 天时间交付了调整后的产品。我在工作坊中调侃说："我知道团队抱怨了 42 天，说他们不知道自己想要什么，他们总是改变主意。"适应性有 3 个组成部分：产品、流程和人员。需要拥有同心协力的敏捷团队，对变化有正确的态度；需要有能让团队随时应对变化的流程和实践；还需要有高质量、能够自动化测试的代码。你可以拥有清晰的代码和非敏捷的团队，但那样的话改变会很困难。要想拥有敏捷和适应的环境，产品、流程和人员这 3 个部分都很重要。

许多软件组织实施敏捷的障碍是它们没有处理遗留代码中的技术债务。这也是可以理解的，因为解决方案耗时耗钱。然而，不解决这一重大障碍，许多组织将无法发挥其敏捷潜能。遗留代码需要数年的时间才能退化，重新激活这些代码需要大量的时间。所以，对重构和自动化测试需要系统化投资——经过几轮的产品发布——才能开始解决数年的遗留问题。

4.5　障碍还是机会

关于一些敏捷实践，人们常常会辩解、抱怨，或者有一些说辞，如"敏捷实践太耗时间"或者"敏捷实践太耗成本"。这些抱怨针对的是短期迭代、数据库频繁更新、持续集成、自动化测试，还有一系列其他敏捷实践。许多公司往往患上了被伊斯雷尔·干特称为"新玩具"的综合征——把重点放在新的开发上而忽视遗留代码。此类混乱的旧代码，就成了阻碍改变的借口和障碍。有些活动的确成本很高，但有些活动是人为的障碍。经验丰富的敏捷人士会化障碍为机会，他们会问："我们这样做，益处是什么？"

几年前我们与一个大公司合作，当时项目组（有好几个项目，共同开发一个集成产品套件）非常大，大概有 500 多人。我们希望他们在每两次迭代之后就做一次完整的多项目代码集成。他们的回答是："我们不能那样做。那得好多人用好几周的时间去完成，这样就无法继续开发了。"这个项目组在前几次发布周期后期集成产品时，遇到了非常严重的问题。我们回答道："如果你们快速并且低成本地进行迭代，会有什么好处呢？""你们别无选择，如果你们想要敏捷，就必须尽早并经常地对整个产品套件进行集成。" 尽管他们满腹牢骚，但还是努力设法做了第一次尝试，用的时间比他们预计的要少。当进行到第 3～4 次集成时，他们已经找到了用很少的人在几天之内就能完成的方法了。经常集成的好处非常显著，它可以减少许多以前遗留的问题，尽早发现那些直到发布周期快结束的时候才会发现的问题。

大多数情况下（不是所有情况），人们感觉适应变化有障碍（成本太高）是因为做事效率低下，没能抓住机会简化流程并提高组织的适应能力。敏捷开发要求短周期迭代，需要找到快速地、低成本地做重复事情的办法。快速地、低成本地做事情，使得团队必须采用以前从没有想到的方式去适应变化。快速地、低成本地做事情，促进了创新，因为它鼓励团队试验。这些创新扩散并渗透到组织的其他部分。降低变化的成本，能促使公司重新思考它的商业模式。

4.6　可靠，但不重复

"可重复"不是敏捷术语。实施可重复流程已经是许多公司的目标，但是在产品开发领域，可重复被证明是错误的目标，事实上，它还是极其起反作用的目标。可重复意味着按照同样的方式做同样的事情，并取得同样的结果；而可靠意味着无论在前进道路上遇到什么障碍，都能达到目标，也意味着为达到一个目标而不断改变。

可重复流程通过评估和不断地纠正流程，减少变异性。可重复这个术语来源于制造业，它表明结果已经明确定义。可重复意味着如果流程的输入一致，就会产生已定义的输出结果；可重复意味着输入与输出之间的转换稍加变化就可以不断被复制。它暗示着在流程期间不会生成任何新信息，因为我们必须事先知道所有信息，才能准确地预测输出结果。可重复流程用于产品开发项目没有什么效果，因为在产品开发中，精确的结果很少是可预测的，各项目之间的输入差异很大，而且输入与输出的转换本身就是高度变化的。

可靠流程将重点放在输出，而非输入。采用可靠流程，即使输入差别巨大，团队成员也可以找到达到预定目标的方法。由于输入的差异，对于某个项目甚至某个迭代，团队可能使用不同的流程和实践。可靠性是以结果为推动力的，可重复是以输入为推动力的。具有讽刺意味的是，如果每个项目流程都是可重复的，那么该项目将变得极其不稳定，因为输入和转换是多变的。即使有些组织声称使用可重复流程也能取得成功，通常也不是因为那些流程而成功，而是因为使用那些流程的人的适应能力强罢了。

> 可重复流程最多只能交付事先规定的东西，而可靠、涌现的流程可以交付比开始时每个人的设想都更好的结果。只要你足够机敏且具备预见能力，涌现的流程可以产生最初希望的结果。

这里存在一个项目范围定义的问题。对于生产型项目，即服从可重复流程的项目，范围被看作定义的需求。但是在产品开发中，需求在项目周期内不断演进和变化，所以在开始时绝不可能准确地定义范围。因此，敏捷项目中需要考虑的正确范围不是定义的需求，而是清晰的产品愿景———一个可发布的产品。产品经理也许担心具体的需求，但高层管理者关心的是整个产品：该产品符合客户的构想吗？假如高层管理者习惯性地提问"该项目是否符合其范围、进度和成本等目标"，那么，回答应该按照愿景、价值和交付的总功能进行评估。也就是说，评估项目成功的方法可以简化成一个问题："我们有可发布的产品吗？"而不是是否制造出了在项目开始时就规定好特性的产品。

敏捷项目管理是可靠的、可预测的，在不确定性程度相同的情况下，它比其他任何流程更能在有限的约束边界内交付满足客户需要的产品。为什么会这样呢？不是因为一些项目经理规定了详细的任务、事无巨细地进行管理，而是因为敏捷领导者创造了一个让人们都想争先达到目标和倾尽全力的环境。

尽管敏捷项目管理是可靠的，但它不是万无一失的，它也不能消除不确定性的反复无常，以及在探索中遇到的出乎意料的事情。敏捷项目管理可以将这些可能性转变为成功。如果高层管理者每次都期望项目按照产品愿景在规定的时间和成本约束之内成功地交付，那么他们应该去经营一条装配线，而不是从事产品开发工作。

4.7　反思和回顾

适应变化需要具备一定的理念和相应的技巧。如果希望有较强的适应性，就必须愿意认真严格地评估个人和团队的绩效。有效的团队在回顾时会涉及4个方面：产品——从客户的角度和技术质量的角度；流程——团队正在使用的流程和实践的表现如何；团队——作为高绩效团队，这个小组的工作情况如何；项目——项目按计划进行得如何。在每次迭代结束和项目结束时，对这些方面进行回顾和反馈，然后适应，可以提高绩效。如何进行反思和回顾，将在第10章"适应和收尾阶段"中进行讨论。

4.8　从原则到实践

> 我们根据需要调整流程和实践。

人们所做的事和做事的方式，最终会决定是否能产生伟大的产品。原则和实践是向导，它们有助于识别和加强人们的行为。

尽管原则指导敏捷团队，但是实际完成工作还是需要具体的实践的。一个流程结构和具体的实践组成最小的、灵活的自组织团队的框架。在敏捷项目中，既要有预见性，也要有适应性的流程和实践。发布计划根据已知信息来"预见"未来。重构根据随后在项目中发现的信息来"适应"代码。罗恩·杰弗里斯曾经说过："我对自己的适应能力比计划能力更自信。"敏捷人士的确也会采用预见性流程和实践，但是他们总是想方设法地了解预见的局限性，从而减少犯错误的机会。

4.9　结束语

开发伟大的产品需要探索，而不是遵循计划。探索和适应是创新的两个行为特质——拥有探索未知世界的勇气，拥有承认错误并适应形势的谦逊。麦哲伦有一个愿景、一个目标，以及一些初步想法，即从西班牙航行到南美洲海岸，尽量避开葡萄牙船只，探索一条又一条死胡同，最终找到绕行好望角的航线，然后穿过太平洋到达无人知晓的东南亚群岛地区。伟大的新产品来自大胆的目标和粗略的计划，这些目标和计划往往包含"诞生奇迹"的大裂谷，就像发现麦哲伦海峡的奇迹那样。

第 5 章

一种敏捷项目管理模型

本书的第 1 版重点介绍了敏捷流程框架，其聚焦于几个主要的项目阶段。然而，在过去的 5 年中，敏捷方法已经开始广泛应用于较大型的项目和组织中，因此构建一个较为全面的敏捷企业框架显得尤为必要。例如，在大型跨国组织中，项目并非都是敏捷项目，即使都是，某些地区可能使用不同于其他项目的敏捷方法。一个地区使用 Scrum，另一个地区使用极限编程（Extreme Programming，XP），而第三个地区使用特性驱动开发（Feature Driven Development，FDD），这种情况一点也不稀奇。并且，应该鼓励使用多种方法，因为很有可能的情况是，在中国的项目可以得到 Scrum 的良好支持（如培训、教练等），而澳大利亚的项目得到 FDD 的支持会更好些。

敏捷开发的信条之一是适应不同情况。《相互依赖声明》的 6 个原则之一是："我们通过因地制宜的具体策略、流程和实践，来提升有效性和可靠性。"因此，很难在一个跨国组织中，只使用单一的标准化敏捷方法。然而，使用一个共同的框架，而且能在其中选择各自不同的敏捷方法，对于较大型组织来讲，无疑具有很大的吸引力。

5.1 一种敏捷企业框架

敏捷企业总体框架如图 5-1 所示。投资组合治理层提供一些常见的检查点，项目管理层对各种项目的管理提供指导。项目管理层和迭代管理层有所不同，可以帮我们了解运行项目和制订发布计划与日常短周期迭代管理的不同。最后，区分迭代管理层和技术实践层，有助于把核心技术实践融合到几个项目或者迭代管理方法中去。

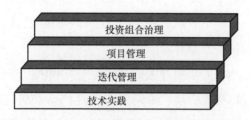

图 5-1　敏捷企业总体框架

这个结构有利于组织采取混合的敏捷方法，即每层使用不同的敏捷方法，以满足组织的特定需要。该框架倡导底层（技术实践层）具有较大灵活性，上层（项目治理层）灵活性较小。这种结构认同没有哪一种敏捷方法适合所有层次。事实上，组织中使用的所有敏捷方法都是混合型的。例如，一个组织的项目管理层可能采用敏捷项目管理（增加 PMBOK®的相关内容），迭代管理层用 Scrum，而在技术层选用 XP 实践。公司通过汲取几种敏捷方法的优点，可以构建高效的混合方法，或者可以为组织的不同部分构建几种不同的组合方法。

❏ 5.1.1　投资组合治理层

大公司拥有数以百计的项目，其中，有的是敏捷型的，有的是传统型的，有的使用这种敏捷方法，有的使用那种敏捷方法，还有的使用敏捷和传统的混合方法。即使一个组织已经决心实施敏捷转型，在为期几年的转型期间，也将会混合使用各种方法。高层管理者需要的是一个通用的框架，可以用来评估所有项目。这个架构涉及高层管理者所关心的主要问题——投资和风险。高层管理者想知道项目的价值（及投资回报率），以及获取该价值的确定性和不确定性。他们不会真的关心需求文档是否完成了。他们想了解项目进程、投资和风险。因此无论项目是什么类型——敏捷还是其他，都需要创建一个治理机制，从而实现两个关键的代表项目属性的指标。第 12 章"治理敏捷项目"将会详细讨论投资组合治理层。

❏ 5.1.2　项目管理层

许多人认为项目管理就是与核心小组的外围利益相关方打交道，而迭代管理是与核心小组的内部利益相关方打交道。这的确是两者差异的一部分，但只是一部分。另一部分很大的不同是，一个管理发布，另一个管理迭代。一个完整的项目发布计划（见第 7 章和第 8 章）涉及构建产品和团队愿景，制定项目范围，设定边界和制订全面的特性发布计划。

项目管理还包括与核心小组外围的利益相关方和供应商合作。因此，项目管理层关注全面的项目/发布活动，协调多个特性团队和管理项目外围事件。除此之外，凡是对项目有用的实践，如风险分析、合同管理等，无论敏捷与否，都属于这一层的管理范畴（这些做法可能来源于美国项目管理协会的项目管理知识体系）。

需要指明的是项目管理层和迭代管理层可以有同一个领导者，也可以有不同的领导者，取决于项目的大小。例如，一个有 4 个团队的大项目可能每个团队有一个迭代经理，整个项目有一个项目领导者。

❏ 5.1.3　迭代管理层

迭代管理层关注每个短周期迭代的计划、执行和团队领导。本章最后一节会概述一下，区分迭代管理层和项目管理层的原因，是区分发布和迭代工作，以及项目内部和外部的管理活动。

❏ 5.1.4　技术实践层

软件项目中的技术实践，包括从持续集成到结对编程，从测试驱动开发到重构等。硬件项目可能采用一系列工程实践，从电子到机械不等。虽然本书的重点是其他三层，但是项目有效执行的基础在于技术领域。在各种各样的组织中，改造技术实践是实施敏捷方法的关键。例如，持续集成和自动化测试是不能忽略的核心敏捷软件实践。

分离出技术实践层的另一个原因是，可以使敏捷项目管理更适合各种项目和产品类型。尽管很难做到让电子工程师或机械工程师经过热身开始结对编程，但是事实证明，与敏捷软件实践类似的做法在各种产品开发领域都很有价值。此外，除了硬件项目中可能存在较长的迭代时间，投资组合治理层、项目管理层和迭代管理层，也适用于那些想要把敏捷方法应用于非软件项目的公司。

5.2　一种敏捷交付框架

流程也许不如人那么重要，但它绝非不重要。在敏捷圈内，流程被指责为静止的、常规的和难以改变的。就流程本身而言，它不应该是负面的，必须同业务目标联系起来。如果目标是重复性地制造，那么常规性流程是完全合理的；如果目标是可靠地创新，则流程框架必须是有组织的、灵活的和容易适应的。敏捷交付框架需要体现前几章描述的原则，除了支持业务目标，该框架还需要：

- 支持构想、探索、适应文化。
- 支持自组织、自律的团队。
- 根据项目的不确定性程度，尽量提高可靠性和连贯性。
- 保持灵活和易于适应。
- 支持流程的可视化。
- 融合所学知识。
- 融合支持各个阶段的实践。
- 为评审提供管理检查点。

敏捷项目管理模型的结构是：构想—推演—探索—适应—收尾，重点在交付（执行）和适应（见图 5-2）。它基于 *Adaptive Software Development*（海史密斯，2000）一书提出的一个模型。

该架构中各阶段的命名与传统的阶段命名（如启动、计划、定义、设计、构建、测试）存在显著不同。第一，"构想"代替较传统的"启动"，指出提出愿景的重要性；第二，"推演"代替传统的"计划"。每个词都传达一定的意义，而各个意义来自它们长期的系统用法。"计划"一词已经与预测和相对确定性相关联，而"推演"表示未来是不确定的。许多面临不确定的未来的传统项目经理仍在试图"计划"排除该不确定性。我们必须学会推演和适应，而不是计划和构建。

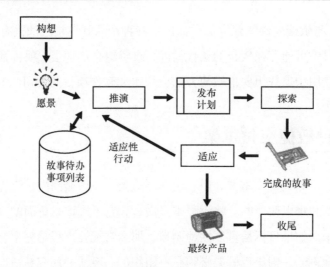

图 5-2　敏捷项目管理交付架构

第三，敏捷项目管理模型用"探索"代替通常的"设计、构建和测试"。探索是以迭代进行交付的，很明显它是非线性的、并发式的、非瀑布式的模型。在推演阶段提出的问题需要探索。鉴于结果不能完全预测，推演暗示着对于所需要的灵活性要基于事实。敏捷项目管理模型强调执行、探索而非确定性。实施敏捷项目管理的团队要密切关注愿景、监控信息，从而适应当前的情况，这就是"适应"阶段。最后，敏捷项目管理模型以"收尾"阶段结束，这个阶段的主要目标是传递知识，当然它也是一个庆典。

总之，敏捷项目管理的 5 个阶段是：

- **构想**。确定产品愿景、项目目标和约束、项目社区，以及团队如何共同工作。
- **推演**。制订基于能力和/或特性的发布计划，确保交付愿景。
- **探索**。在短迭代内计划和交付经过测试的故事，不断致力于减少项目风险和不确定性。
- **适应**。评审提交的结果、当前情况及团队的绩效，必要时做出调整。
- **收尾**。终止项目、交流主要的学习成果，并且进行庆祝。

图 5-2 展示了所有的阶段和工作流程，图 5-3 表示的是两个主要的协作周期（构想周期和探索周期）中的相同活动。构想周期包括构想和推演阶段（产品愿

景、项目目标和约束、发布计划）；探索周期包括探索和适应阶段（迭代计划、开发，以及评审/调整）。图 5-3 强调周期而不是流程，说明在整个项目中，全部或者部分构想周期可能多次执行。例如，可能（应该）每次或每两次迭代就需要构建一个修改后的发布计划。在持续时间较长的项目中，可能定期修正整个构想周期的结果。

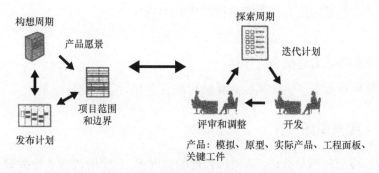

图 5-3　敏捷项目管理的构想和探索周期

5.2.1　构想阶段

构想阶段为产品团队创建愿景，包括愿景是什么、参与人员是谁，以及如何提供。如果没有愿景，其他项目启动活动都是无用之功。用商业用语来说，愿景是项目早期"成功的关键因素"。首先，我们需要构想提供什么，即产品和项目范围愿景；其次，我们需要构想参与者都有谁，如客户、产品经理、团队成员和利益相关方组成的社区；最后，团队成员必须构想他们打算如何共同工作。

5.2.2　推演阶段

"推演"一词首先让人们想到的是不计后果地冒险，但实际上字典上它的定义是"根据不完全的事实或信息猜测某事"，这正是这个阶段要做的事情。[1] "计划"一词具有确定和预测的含义，至少对于探索性项目来说，更有用的"计划"是基于不完全的信息推演或猜测的。同事肯·德科尔有一个非常好的观察："人们认为制订计划就是引进确定性，但事实并非如此。他们带来的只不过是衡量绩

---

① 摘自微软的电子百科全书中的《世界英语词典》，该书 1999 年和 2000 年版权属于微软公司。

效的东西，而一旦这个衡量尺度与现实出现偏差，他们无法重新计划。"敏捷项目管理包括的构想和探索比计划和执行要多，它迫使我们面对这样的现实：不稳定的商业环境和变化多端的产品开发环境。

推演阶段包括：

- 收集初始的、广泛的产品需求。
- 定义工作量，作为一个产品特性待办事项列表。
- 制订一个迭代的、基于特性的发布计划。
- 将风险降低策略融合进计划。
- 估算项目成本，生成其他必要的行政管理和财务信息。

❑ 5.2.3　探索阶段

探索阶段交付产品故事。从项目管理的角度看，这个阶段有 3 个关键的活动：第一，通过管理工作量和使用适当的技术实践与风险降低策略，交付计划的故事；第二，建立协作的、自组织的项目社区，这是每个人的责任，但需要由项目和迭代领导者推动；第三，管理团队与客户、产品经理和其他利益相关方之间的相互交流。

❑ 5.2.4　适应阶段

控制和纠偏是这个生命周期阶段常用的术语。计划制订了，结果监控了，纠偏也完成了——这个流程意味着计划是正确的。如果实际结果与计划不同，则表明结果是错误的。"适应"意味着修改或改变，而不是成功或失败。如果项目是以《敏捷宣言》的价值观"响应变化高于遵循计划"为指导原则的，那么，就不能将失败归罪于计划的变动。那些临时性的流程并不能从错误中吸取教训，而吸取教训是敏捷项目管理的关键部分。

在适应阶段，需要从客户、技术、人员和流程绩效，以及项目状况等方面对结果进行评审。该分析将会对比实际结果和原计划，但更重要的是，要根据项目得到的最新信息，思考实际的与修改后的项目前景。修改后的结果将被反馈并应用到重新计划工作中，以开始新的迭代。

自构想阶段以后，其循环通常是推演—探索—适应，每次迭代都不断地优化产品。对团队收集新信息来说，定期修正构想阶段尤为重要。

5.2.5　收尾阶段

在某种程度上，项目由开始和结束来界定。由于许多组织没有明确项目的结束点，导致与客户之间发生很多问题。项目应该以庆功典礼为结束。收尾阶段（以及每次迭代末尾的小型结束）的主要目标是：学习并将学到的东西融入下一次迭代工作中，或者传递给下一个项目团队。

5.2.6　这不是一个完整的产品生命周期

有人提醒说，本章及后面章节介绍的敏捷交付框架的几个阶段不能构成一个完整的产品生命周期。产品生命周期的前后两个阶段（早期的概念形成阶段和晚期的部署阶段）没被包含在这个敏捷框架中，不是因为它们不重要，而是因为它们超出了本书的范围。

5.2.7　选择和整合实践

接下来的几章将介绍敏捷项目管理交付框架每层的具体实践。这些实践应该被看作"实践系统"，因为只有作为一个系统，它们才能相互补充，从而与价值观和原则保持一致。但它们并不局限于保持一致，它们还着眼于实施。不经实践的原则只是个空壳，而没有原则的实践经常会被生搬硬套。没有原则，我们就不知道如何实践。例如，没有"简化"原则，人们往往会过于看重实践的形式和仪式。原则指导实践，实践用实际例子证明原则，两者是相辅相成的。

使原则和实践保持一致，昭示了这样一个现实："最佳实践"只是虚假的无法实现的梦想。对于某个团队非常奏效的实践，也许对另一个团队是极其糟糕的。实践就是具体做法，它仅是实现一些目标的方式。一个具体实践只有在特定的环境中，才能知道它是好是坏。这个特定环境可能包括原则、问题类型（如探索型）、团队动力，以及组织文化。

> 没有最佳实践，只有适合具体情况的良好实践。

后面章节中论述的实践已经在多个不同场合得到证明，其中一些可能在生产型项目中也非常有用，就像本书中没有提到的一些实践，同样对敏捷项目非常有用。在选择和使用这些实践时，要采用如下指导原则：

- 简单。
- 生成性的，而非规定性的。
- 与敏捷价值观保持一致。
- 聚焦于交付（增值），而非合规活动。
- 最小（刚好可以完成工作即可）。
- 相互支持（实践系统）。

在后面章节中，基本上不会再描述新的实践。其中一些是其他人描述的某类实践的变种，一些是为人熟知的，其他的则是人们不太了解的。例如，风险管理实践在项目管理书籍里被广泛论述，而其他的（如参与式决策）很少被提及。因此，对于风险管理这些通用实践，将做简要论述，或者只提供一些参考资源，而对于其他地方很少涉及的实践（如决策），将在本书中较详细地论述。

❑ 5.2.8　需要具备判断力

因为产品和项目管理长期以来受到顺序式开发流程的熏染，所有看起来像图 5-2 那样的图例都被认为顺序式开发。然而，尽管项目可能遵照一般的构想、推演、探索、适应和收尾这个次序，但是整个模型应该被看作流动的。生产型模型所用的阶段名称暗示着一个线性和重复的模式：启动、计划、定义、设计、构建、测试，而这里选用的敏捷项目管理术语是用来表示迭代演变的：推演、探索、适应。

过分强调线性会导致停滞不前，过分强调演变又会导致无休止的、最终证明是盲目的变化。对于任何模式，开发团队成员、产品团队成员，以及高层管理者在应用时都需要做出敏锐的判断。

关于敏捷项目管理的一个最常见的问题是："计划、架构和需求阶段在哪里？"最简单的答案是："这些是活动而不是阶段。"敏捷方法中这些活动所用时间和传统顺序式方法一样多，只是在敏捷方法中这些活动被分配到多次迭代和多个故事开发中。

第二个令人关注的问题是：如果在初始的软件架构工作中（这节的讨论指的是构建、计划和需求）忽略了一个关键条目，将会导致敏捷开发返工的风险。但是，与其相当的，一个更大的、难以形容的风险——前期架构工作出错，在顺序式开发中也存在。在顺序式开发过程中，早期的架构决策在项目晚期和实际的构建出现时才能得到验证。到那个时候，已经花费了大量的时间和金钱。如果真的还有可能改变这个架构的话，那么它必将成为一项重大的和昂贵的决策。

> 一切工作都应该是循序渐进的，即使架构开发也一样。顺序式开发中前期设计的架构出错，通常意味着长期适应性较糟糕，因为没有人能够承受得起在项目晚期改变架构。

❑ 5.2.9　项目规模

敏捷项目管理的核心价值观和原则适用于任何规模的项目，在后面章节中描述的实践也适用于任何规模的项目。但是，对于超过 100 人的项目团队，可能除了本书中描述的实践，还需要其他实践或本书所描述的实践的延伸，其中一些在第 11 章中会有所论述。随着团队不断扩大，通常需要有更多的文档、额外的协调实践、增加的仪式，或者其他合规性活动（如财务控制）。然而，这些扩展的实践同样也受敏捷项目管理的价值观和原则的指导。例如，"简化"原则仍然适用于大型项目，只不过它意味着采用最简单的、适用于 150 人而非 15 人的团队的实践。

一个 500 人的团队可能不如一个 10 人的团队更加敏捷，但它可以比竞争对手的 500 人的团队更加敏捷。只要聚焦于价值、交付、自组织和自律，即使团队再大，面临的协调问题再复杂，也能随时应对业务、技术和组织的变化。

5.3　一种扩展的敏捷交付框架

图 5-4 展示的是一种扩展的敏捷交付框架。在这个层面上，该框架确定了实践，也有效地成为混合方法的开始。它把探索阶段进行细化，成为在迭代期间的工作。这个扩展版的框架也指出了其他每个阶段的实践。在接下来的几章中，将会详细描述这个框架中的实践。

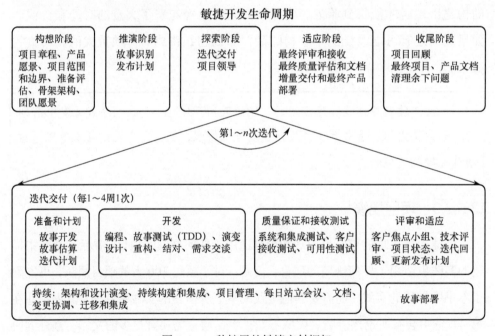

图 5-4　一种扩展的敏捷交付框架

5.4　结束语

像敏捷项目一样，敏捷框架应该在结构和灵活性之间保持平衡。随着组织中敏捷项目的数量和规模不断增大，组织需要有一个通用的框架、一些通用的指导原则、少许标准实践，以及一套通用的价值观。同时，假如一个项目团队在北京，另一个项目团队在华盛顿和西雅图，它们有着不同的团队成员和不同的环境，它们就需要拥有适应这个通用框架和实践的自主权。这就是"敏捷的艺术"，即平衡结构和灵活性的能力。它可以通过有效的领导力和敏捷经验，去发现每个组织的最佳平衡点。

第 6 章

构 想 阶 段

让我们再一次谈及愿景。长期以来，愿景和目标设定被认为项目成功的关键因素。

"在人类行为领域，很难发现非常一致的事情。因此，一旦一个团队被认为高效，人们便将其归功于它对目标有明确的了解。"（拉森和拉法斯托，1989）

但这个对明确愿景的需要，是如何与产品开发的探索本质相协调一致的呢？本书已经用了很长的篇幅来描绘这个易变且模糊的本质。虽然需求和设计的细节可能是易变的和模糊的，但业务目标和产品愿景必须是非常明确的，这个事实足以解答上述明显的矛盾。事实上，愿景的两个关键方面是：清晰明确和令人振奋的目标，这个目标使项目大不相同并给项目增加了紧迫感。没有明确的愿景，敏捷项目的探索本质就会导致该项目陷入无休止的试验当中。明确的愿景必须形成明确的探索边界。

如果每个人都知道建立明确的、引人注目的愿景对项目成功非常关键，那么为什么许多团队仍为缺乏愿景而苦恼呢？答案就是建立明确的、引人注目的愿景是非常困难的事情，需要做大量的工作并拥有高效的领导力。在开发新产品的过程中，想要在如此多的选择中开辟一条明确的前进道路，往往使人感到畏惧。这是一个由高效的领导者引导的活动，他帮助团队摆脱模糊和混乱，建立有效的愿景。然而，更复杂的是，建立一个好的愿景没有固定的规则，它只可意会不可言传，某种程度上是因为一个良好的愿景的实质，是团队对愿景的清晰表述。

图 6-1 描述了项目计划的演变：从愿景到范围，再到发布，使用了 3 个简单却非常有效的实践：愿景盒、项目数据表和发布计划（该计划在推演阶段制订）。每种实践都概念简单、功能强大、不拘形式（非正式），以及基于有限"资产"的原则进行运作。愿景盒迫使团队将有关产品愿景的信息浓缩在两页活动挂图上（愿景盒的正面和背面）。项目数据表迫使团队在一页纸上摘录主要的项目范围和约束信息。故事卡迫使团队将故事的关键信息精简到一张索引卡上。限制记录信息的空间需要有聚焦和选择：需要协作和思考，迫使团队做出有效的权衡决策。

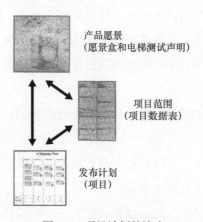

产品愿景
（愿景盒和电梯测试声明）

项目范围
（项目数据表）

发布计划
（项目）

图 6-1　项目计划的演变

本章从新产品和新项目的构想阶段开始，挑选一些适应不同情况的活动和做法，逐渐展开讨论。例如，对于一个软件产品的增强版发布来说，其愿景应该以增强版为主题，而不是整个产品。初步的愿景盒和项目数据表也应该在产品生命周期的早期，即概念形成阶段就开始制定。

6.1　可发布的产品

第 1 章中，敏捷项目成功的基础被定义为：

- 价值目标——构建可发布的产品。
- 质量目标——构建可靠的、适应性强的产品。
- 约束目标——在可接受的约束内，实现价值和质量目标。

这些属于战略目标，不是具体需求。它们有助于团队和管理层在每次迭代结束时回答这些问题："什么是可发布的产品？今天是什么阻碍我们发布这个产品？"这些问题大不同于"我们遵循计划了吗？"。在某些情况下，如果修改业务目标，就会导致产生一个与计划大相径庭的产品。例如，决定在行业大会上发布新版本可能改变对最小可接收发布能力的定义。把重点放在战略的可交付能力的问题上，而不是只关注详尽的需求清单，可以给整个项目团队提供合适的动力，从而适应不断变化的环境。

产品的一个发布标准是特性或故事的完成，既从开发人员的角度（编码、单元测试）完成，也从产品团队的角度（接收测试）完成。项目社区和组织定义了产品质量（双完成）的意义。对于关系到生命的医疗器械，其质量要求高于视频游戏。尽管如此，对一个具体的项目而言，定义产品质量是必须做的事情，而不是可有可无的事。

根据上述3个方面的描述，可以定义一个可发布的产品，以及产品愿景盒和项目数据表中的信息：

- 可发布的产品。产品愿景盒和项目数据表——项目目标声明、业务目标、能力、能力价值（见第8章）。
- 可靠的、适应性强的产品。项目数据表——质量目标。
- 在可接受的约束内。项目数据表——均衡矩阵（范围、进度和成本）。

有许多因素可能导致产品不能交付：缺少某个能力，关键能力不够成熟，积攒过多的技术债务，或者有太多的非固定缺陷等。在接下来的迭代中，这些负面因素成为适应性策略的输入信息。

使用这个"可发布"产品的方法，在与高层管理者讨论进程的时候，内容会有所不同。首先，讨论会围绕着价值、目标、关键能力、目前项目已交付的内容（见图 10-2）和质量问题展开。其次，在这个背景下讨论成本和进度。而在许多非敏捷环境下，成本和进度处于主宰地位。

6.2 构想实践

构想阶段的目的是清晰地确定需要做什么以及如何做。具体来讲，这个阶段需要回答以下几个问题：

- 客户的产品愿景是什么？

- 产品所需要的关键能力是什么？

- 项目的业务目标是什么？

- 项目的质量目标是什么？

- 项目的约束是什么（范围、进度和成本）？

- 谁是项目社区的合适参与者？

- 团队将如何交付产品（方法）？

对于小型项目，构想和推演阶段的许多（即使不是大部分）工作，都可以在一次"启动"制定章程的研讨会中完成。对于较大型项目，制定章程、收集需求、进行额外培训、采购资源和实施架构工作可能需要更长的时间，它们可以包括在第 0 次迭代（见第 7 章）中。对于大中型项目，通常有一定的辩论和讨论期，用来就产品愿景达成一致。在构想阶段，产品愿景经常随着新信息不断演变。在构想阶段后，还需要对愿景定期进行评审，以确保团队能够持续理解愿景。

虽然启动项目还要有其他重要的工作，如预算、人员组织和报告，但是，如果没有共同的愿景，项目就会步履蹒跚。没有愿景，启动就成为官僚作风和缺乏新意的形式。

构想阶段决定了项目的启动，而启动事件可能是对可行性研究的批准。许多公司在启动开发项目之前，会进行可行性研究和营销研究，另一些公司只有简短的项目要求。在构想阶段应该举行一系列的协调会议，让开发和产品团队成员参与进来。

在敏捷项目管理的构想和推演阶段，尤其要记住：

- 团队成员应该经常自问："我们需要的刚好足够的流程和文档是什么？"

- 与团队交付方式有关的所有实践都需要随着项目的进行，不断做出裁剪和调整，以提高绩效。

- 项目社区将会不断演变其团队实践。

本章描述的做法可分为 4 类：产品愿景、项目、社区和方法。

- 产品愿景

　　　　— 产品愿景盒和电梯测试声明。

　　　　— 产品体系架构和指导原则。

　　• 项目目标和约束

　　　　— 项目数据表。

　　• 项目社区

　　　　— 找到合适的人员。

　　　　— 确定参与者。

　　　　— 客户团队与开发团队的接口。

　　• 方法

　　　　— 流程和实践的裁剪。

6.3　产品愿景

　　产品愿景（产品愿景盒和电梯测试声明）激励产品团队成员将各自对产品的不同观点集中成简短的、直观的文本格式。这两种方法（产品愿景盒和电梯测试声明）和产品路线图为市场人员、开发人员和管理者提供了高度概括的产品信息。尽管初步的产品愿景有可能在概念形成阶段就已经制定，但仅有很少的交付团队成员参与该过程。团队可以把愿景看作一种输入，但是团队对初始工作的重新评审非常关键。

　　创新（创造我们无法预测的突发结果）需要一个能够容纳探索和错误的演进式流程。一个良好的产品愿景应保持相对稳定，但在实施这个愿景的过程中需要有一定的变更空间。突发结果通常来自有目的的意外事件，因此管理者必须创造让这些意外事件可以发生的环境。这个流程就好比爬山，到达山顶是个保持不变的目标，是固定的。这个目标同时又有很多限制，如只有 9 天的食物。每个爬山的团队都有各自到达山顶的路线计划，他们也会根据实际情况，在途中改变路线计划，有时是小改，有时则需要大改。

　　同样地，每个产品需要有一个营销主题、一个简明的、视觉化图像和能力描述，其目的是吸引潜在客户对该产品做进一步的了解。在这个设计产品盒的练习

（最初由比尔·夏克福德提出）中，项目和产品团队建立产品的视觉化图像（毕竟，愿景需要视觉化）。对于软件和其他小型产品，这个图像应该是产品包；对于较大型的产品，如汽车或医疗电子设备，愿景可能是一两页的产品说明书或一两个网页。

在设计产品盒的活动中，包括客户在内的整个团队每 4 ~ 6 人分成一个小组，他们的任务是设计产品盒，包括正面和背面。在盒子的正面，需要提出产品名称、图形、3 ~ 4 个关键的卖点用于推销该产品。而在盒子的背面，需要有详细的特性描述及操作要求。图 6-2 是一个在研讨会期间开发的愿景盒示例。

图 6-2 产品愿景盒示例

提出 15 个或 20 个产品功能很容易，但要想确认其中 3 个或 4 个功能以吸引人们来购买该产品却很困难，这通常会引发关于识别真正客户的激烈讨论。即使有简单的产品样本，不同的团队其产品愿景盒也会略有不同。在每个小组递交产品愿景盒后，要讨论如何将不同的关键功能缩减成每个人都同意的几个功能。这种愿景盒设计活动会产生很多有用的信息，而且有助于提高团队凝聚力，也非常有趣。

除了愿景盒，团队应该同时使用电梯测试声明编写产品定位的简短陈述，用几个句子表明目标客户、关键收益和竞争优势。

电梯测试声明，即在两分钟内向其他人解释项目的句子，采用以下格式：

- 对于（目标客户）

- 谁（需要或机会的声明）

- 这个（产品名称）是（产品类型）

- 它（关键优点、引人注目的购买原因）

- 不同于（主要的竞争产品）

- 我们的产品（主要的差异化声明）（摩尔，1991）

以下是一个示例。

　　对于中等规模公司的配售仓库，它需要高级纸箱运输功能，这个"供货机器人"可以自动控制升降和传送系统，它提供了动态的仓储分配，能够利用卡车运输各种尺寸的纸箱，减少了配售成本和装运时间。与其他同类产品不同的是，我们的产品具有高度自动化和价格优势。

　　产品愿景盒和电梯测试声明生动地描绘了产品愿景。它们强调项目的目的是制造产品。有的项目（如内部信息技术项目）虽然不为外部市场创造产品，但是可以将其看作内部市场的产品，可以让团队遵循客户—产品的思维。无论项目结果是与改进内部会计系统有关，还是与新数码相机有关，以产品为中心的思维会有所收益。

　　最后，需要花费几小时讨论记录在挂图纸上的产品愿景。团队可以对一个 1 ~ 2 页的完整产品愿景文档有更好的概括和认识。这份文档可能包括使命声明、愿景盒图片、识别目标客户及其各自的需要、电梯测试声明、客户满意度评估标准、关键技术和操作要求、关键产品约束（性能、易用性、数量）、竞争分析，以及主要财务指标。

　　对于一个历时 4 ~ 6 个月的项目，这个制定愿景的活动可能需要花费半天时间，但它将会带来巨大的回报。最近，一个客户报告说，花费 3 ~ 4 小时的制定愿景会议，让一群对产品方向意见分歧很大的人最终达成了共识。交付进度越关键、项目越多变，团队对于最终需要的结果是否有较好的愿景就显得越重要。如果没有愿景，迭代开发项目就很可能变得摇摆不定，这是因为每个人看到的都是细节，而不是全景图①。

从事新硬件开发的公司还可以采用一系列其他的制定愿景的工具，其中一些可以显著地减少试验成本和缩短周期。例如，AliasStudio，一个由 Autodest 公司开发的图形软件产品，工业设计企业可以用它勾画新产品想法。AliasStudio 的使用应先于 CAD/CAM 工具，它具备了视觉化探索产品可能性的能力（见图 6-3）。

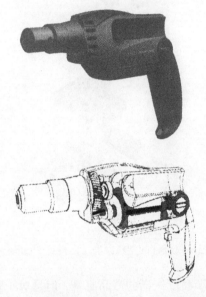

图 6-3　一个产品愿景（已得到 Autodesk 公司的许可）

然后，就是原型或者工作模型，这是像 Stratasys 系统公司之类的公司所在的领域。它的熔融层积成形（Fused Deposition Modeling，FDM）系统通过下载三维图形，可以创建塑料模型（类似制造塑料零件的 3D 打印机）。图 6-4 是一个零件的例子。这个模型自下而上层层建立，这些零件用于迅速而又经济地建造工作模型。Bell&Howell 公司使用 FDM 技术创造一种新的、最先进的扫描仪，并利用 FDM 创造的零件建立工作原型，使得设计周期和产品零件用量都减少了 50%。使用 AliasStudio 之类的制定愿景工具，将数据提供给 FDM 之类的自动原型制作

---

① 肯·德科尔评论说：“无论是什么开发方法，这个声明都是真实的。迭代开发的优势在于如果没有愿景，它能够把这个问题比传统方法更早地暴露出来。在人们发觉事情的真相之前，传统方法制造了一个假象，即愿景早已存在几个月了。”

工具，可以极大地缩短周期时间、减少试验成本。

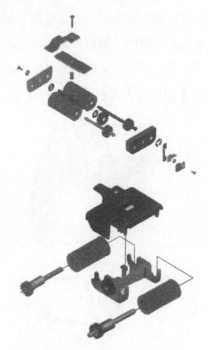

图 6-4　一个新扫描仪设计的塑料原型（已得到 Stratasys 公司的许可）

　　尽管这些实践提供了高度概括的产品愿景，但是对于复杂的项目，这个愿景可能要用其他概念文档和财务分析进行补充。然而，如果没有高度概括的愿景，其他实践往往会无限扩展而且没有重点。如果是一份 25 页的愿景文档，也会颠覆简明愿景的本意。对于较大型的产品和项目，整体产品愿景可以用主要组件的愿景声明加以补充，每个组件团队都应该参与各自的制定愿景的流程。

❏ 6.3.1　产品架构

　　产品架构的目标是描述项目的内部沟通渠道，是一种促进探索和指导正在进行的产品开发的设计。一个早期的"骨架"产品架构不仅能指导技术工作，也能指导执行技术工作的人员的组织工作。它旨在把较大的项目背景传达给开发团队，而不局限于一个设计工作。

在敏捷开发中，架构是指导，而不是紧箍咒。

软件项目可以使用业务领域模型（domain model of business area）（参与者和能力）和技术上的框图概念模型（technical block-diagram conceptual model）。敏捷建模鼓励建立早期架构"骨架"，以便创建一个对方法的总体愿景，也有助于确定成本和估算项目进度。随后就是架构和设计的演变。在敏捷开发中，架构和设计不是一次性的活动，而是随着自身演变在每次迭代中都会出现的活动（对于在开发过程早期进行设计和架构修复的经验丰富的工程师来说，演变技术架构是一个很难的概念）。这个演变必须考虑变化的成本。所以，如平台架构的决策（例如，使用哪个数据库管理系统）可能就不会演变（因为改变的成本太昂贵），数据库模式（应用程序架构）则可能演变。如果在一次又一次的迭代中，主要的架构不断发生变化，很明显，可能是什么地方出问题了。

虽然通常来说，敏捷实践鼓励变化和适应，但是某些变化有较大的影响，需要认真地协作。例如，在汽车设计中，传输和动力传动系统组件定义好了某些接口，改变那些不会影响接口的组件，比改变对接口有严重影响的组件要相对容易些。这不是一个控制问题（由谁做决策），更多的是协调问题（确保团队明白某个变化带来的影响及受影响的群体）。如果技术架构不好，就会使得这种改变的协调工作非常困难。一旦组件之间的协调或集成花费了过多时间，机敏的项目团队就会认识到架构决策不恰当，需要修正。

一般而言，技术架构使用一些由平台、组件、接口和模块等组成的综合体系结构。例如，一种新的体育用车可以从"卡车"或"小汽车"平台开始；软件产品可以利用 Windows 或 Mac 平台，或者两者同时使用；SUV 包括车体、动力传动系统和引擎等组件；一个软件组件可能有应用程序接口（Application Programming Interface，API），规定其他组件如何与它交互；多功能计算机设备可能包括打印机、扫描仪和传真机，每个组件又有附属模块（在这种情况下，指的是集成电路板）。

特性分解结构（Feature Breakdown Structure，FBS）可以用来描述一个软件或硬件项目的产品架构（见图 6-5 和图 6-6）。当然，技术团队也可以使用其他架构方法，但是会把 FBS 用作客户和开发团队之间的沟通渠道，以及联系构想阶段和推演阶段的桥梁。FBS 确定用于制订发布和迭代计划的待办事项列表。

- 销售管理（业务领域）
  - 开拓潜在市场（能力）
    - 建立销售人员登录（故事）
    - 为销售人员列出潜在客户名单
    - 显示各个潜在客户的详情
  - 区域管理
  - 销售分析
- 营销
  - 潜在客户开发
  - 潜在客户跟踪
  - 广告投放
  - 呼叫中心服务

图 6-5 软件特性分解结构（客户关系管理）

- KIT真空泵（功能组）
- 控制面板
- 电器
  - 电力电缆总成
  - 真空系统（部件）
    - 泵槽（功能）
    - 底座
    - 风扇
    - 真空室
    - 插件框架
  - 气体控制
- 系统电子仪器
  - 真空计模块
  - 系统控制模块
  - 励磁机模块
  - 放大器模块

图 6-6 硬件特性分解结构（质谱仪）

项目领导者既要具备技术领域的经验，又要具备项目管理的技巧，原因之一是，他们需要理解技术架构、项目组织，以及计划之间的交互。技术架构不好，将会导致严重的组织问题，就像组织结构不好，有时会导致做出糟糕的技术决策；组织结构不好，会使得制订发布计划和开发路线图困难重重。

在许多项目中，团队结构和技术架构在开始的时候就确定下来，后续再做修正。对此，迈克·科恩评论说："症结在于，为大型项目配备人员太快。如果是

20 人的项目，只要 5 个人就可以开始，人们往往趋向于想为其他 15 人找事情做，认为这样才不至于效率低下。这就意味着系统将会按照 20 人的技术能力划分，而不是按照该项目的适当边界划分。"

一个更好的模式是，在项目早期阶段人力组织和技术架构同时演变。这个模式有利于大型项目中各个项目特性团队与主要的产品组件保持一致。在汽车设计中，可能有车体、车架、动力传动系统、引擎和电子特性团队。尽管这个组织结构可能在项目后期才有用，但是在开始的时候，一个包括所有组件的核心小团队可能更有效。该核心团队制定整体的架构，尤其是接口。一旦通过相互交流和辩论确定了接口，基于特性的团队就可以更好地运作了（注意：基于组件或特性的团队在工程学科领域都是跨部门的）。这个核心团队也可能演变成兼职的架构和集成团队，在各特性团队之间进行协调。这种方法的另一个优点来源于在项目早期阶段建立的跨部门关系，因为在最初的任务完成后，该团队的人员被分派到各个团队，从而促进了协调。

❑ 6.3.2　指导原则

产品架构的第二部分是一套指导原则（Guiding Principles，GP），用来协助开发团队创造产品，满足客户需求。正如敏捷价值观和原则指导人们的工作一样，产品的指导原则帮助产品朝希望的方向演变[1]。指导原则通常不是可衡量的需求或者约束，而只是概念上的指导。例如，要用测量术语来定义普遍使用的"用户友好性"是很困难的，然而如果指导原则规定"该医疗设备的目标用户是初级医师，在经过最低限度的培训后，应该能够使用这个设备的基本功能"，这个原则就可以帮助开发团队设计用户接口。本书的指导原则是聚焦于交付实践而不是合规实践。另一个约束性指导原则是：内容要少于 350 页。

在具体需求和设计决策制定之前，就可以使用指导原则了。例如，早期的指导原则可能是"尽可能多地配置可以重复使用的组件和服务，以加速开发"，这

---

[1] 凯文·塔特向我介绍了指导原则这个观念。详细内容请参见他撰写的 *Sustainable Software Development*（2006）一书。

个指导原则可以用作设计时的一个考虑因素，它可能鼓励选择某个技术平台。早期的指导原则可能在以后的演变中变成具体需求。以前面提到的医疗设备为例，在经过几次试验迭代后，这个"经过最低限度的培训"指导原则可能用具体的用户界面设计需求和可以衡量的培训目标加以补充。

一些指导原则除了可以在项目构想阶段就制定，通常要在早期的开发迭代时才出现。每个原则应该用一两个句子描述，而且在任何情况下，一个项目的全部原则描述不得超过 10 个句子。

6.4 项目目标和约束

产品愿景为产品团队、发起人和开发团队需要什么样的产品确立了基线。产品愿景勾勒出一个没有约束的目标，但是作为一个项目来讲就需要有具体目标和限制。项目需要有明确的业务目标（不同于客户的产品愿景）、质量目标和一系列明确定义的能力，从而界定出可交付产品的范围。

项目的范围和边界可以记录在单页的项目数据表上，用来表述如何根据产品愿景交付项目的核心内容。本节描述项目数据表及其组成部分。

❑ 6.4.1 项目数据表

在项目计划的演变过程中，项目数据表（Project Data Sheet，PDS）是第二个重要的构想实践（见图 6-1）。虽然产品愿景是对产品未来模样的概括，但是项目愿景用目标和控制因素给产品开发设定了边界。同事迈克·科恩将产品愿景定义为"应该有的东西"，而将项目范围定义为"将要有的东西"。产品最终应该有 234个特性，但对于该项目（版本 1.0），将要有 126 个特性。如图 6-7 所示，项目数据表是项目目标和约束的最少文档编制。

> 项目数据表是用一页纸概括主要业务和质量目标、产品能力和项目管理信息。这是一个简单却有重要影响力的文档，它格式简洁，对整个项目社区发出呼吁，并且不断提醒他们哪些是项目的战略方面。

项目数据表	
项目名称：客户关系管理系统开发	项目领导者：布拉克斯顿·奎维拉
项目开始日期：3/1/2009	产品经理：罗杰·琼斯
客户：	高层管理者：安德里安·鲍莱德拉
营销	
呼叫中心	质量目标：
销售	缺陷率：低于行业平均水平 25%
会计	等级为 1 个和 2 个缺陷必须修复
	实施综合自动化测试系统
	整体麦凯布圈复杂度小于 10
	质量评估大于 4（可靠性和适应性）
项目目标声明：	
目标是建立基于网络的客户关系管理应用程序，其中包括销售跟踪、订单管理、销售管理和营销	
该系统需要在 2009 年 9 月 30 日前投入运行，成本花费不得超过 250 万美元	性能指导方针：
	呼叫中心容量为每日接听 3 500 个电话
	全球网络可读取
业务目标：	需要的培训不得超过半天
更优质的客户服务	
减少文案工作	
更准确的订单处理	
整个投资回报率大于 14%	架构指导方针：
	与 ERP 系统有效衔接
权衡矩阵：	组件复用最大化

	固定	灵活	可接受	目标	
范围		×		12 500 FP	
进度	×			不得超过 6 周	

图 6-7　项目数据表

成本			×	±50 万美元	
每月的项目延误成本：50 000 美元					
探索系数：8					
					项目主要里程碑：
能力：					营销（不含呼叫中心） 09/9/30
销售管理					呼叫中心 10/1/15
销售分析					销售管理 10/3/30
开拓潜在市场					订单管理 10/6/30
区域管理					
营销					问题和风险：
开发潜在客户					开发成本难以计算
跟踪潜在客户					销售人员不喜欢新系统
投放广告					让用户群就需求达成一致，看起来可能有些难
提供呼叫中心服务					

图 6-7　项目数据表（续）

根据不同的组织和项目类型，项目数据表可能包括下面部分内容：

- **顾客/客户**：主要顾客或客户一览表。
- **项目领导者**：项目领导者的姓名。
- *产品经理*：产品经理（产品负责人）的姓名。
- **高层管理者**：负责对项目计划和约束做出决策的人。
- **项目目标声明**（Project Objective Statement，POS）：明确而简短的声明（不超过 25 个字），其中包括重要的范围、进度和成本信息（见图 6-8）。

项目目标声明

项目数据表：提供会员网上自动服务系统，包括场地时间表、账单、会员服务费用结算。这个系统需要在2010年6月30日前投入运营，成本不超过15万美元。

图 6-8　项目目标声明

- **业务目标**：执行这个项目的总的财务和业务原因。
- **权衡矩阵**：确立项目范围、进度和成本的相对优先次序的表格（见表 6-1）。

表 6-1　权衡矩阵

	固定	灵活	可接受
范围	×		
进度		×	
成本			×

- **探索系数**：一种度量标准（1 ~ 10 分），用于衡量项目风险和不确定性。
- **延迟成本**：项目延迟所造成的每日、每周或每月成本（进度被列为最优先次序时尤其有用）。
- **能力**：关键能力（或特性）一览表。
- **质量目标**：一个可发布的产品的定量和定性质量目标。
- **性能/质量属性**：产品主要性能和质量属性清单。
- **架构指导方针**：指导设计决策的主要架构指导方针。
- **问题/风险**：对项目有负面影响的因素。

❑ 6.4.2　权衡矩阵

权衡矩阵帮助开发团队、产品团队及高层管理的各利益相关方管理项目期间的变化，它告知所有参与方变化的重要性，是团队做决策的依据。这个矩阵显示出敏捷三角形（价值、质量、约束）所确定的 3 个约束（范围、进度和成本）的相对重要性。如果组织必须适应变化，那么它需要知道哪方面最具有灵活性。

当项目启动的时候，项目计划在价值、质量和约束三者之间保持健康平衡非常重要。当这个平衡被打破的时候，权衡矩阵就开始发挥作用。

——肯·科利尔

项目权衡矩阵的行（见表 6-1）描述了项目的主要约束——范围、进度和成本。矩阵的列显示了各个方面的相对重要性，并且分别用固定、灵活和可接受标示出来。固定表示某方面（如进度）是固定的或受限制的，权衡决策不应该影响到该方面的执行，它还意味着相关方面的优先级别最高。灵活仅次于固定，虽然非常重要，但在权衡时没有固定那么重要。可接受表明某方面（如成本）可接受的容许度比较广。事实上，随着重要性从固定、灵活到可接受逐步降低，变化的容许度逐步增加。

在这个矩阵中，每列只能选择一项，如果优先级别最高的是范围（固定），那么其他方面只能是较低的优先级别。进度可能被指定为第二优先级别（灵活）。同样地，团队也会致力于保持可接受的（可接受）项目总成本。

许多经理和高层管理者认为，项目的成功在于按时间、按预算和按范围完成。他们定义每个特征，而没有给出任何容许度，并且想当然地认为项目团队可以对任何形式的业务变化做出响应而不改变项目。软件工程度量方面的权威卡佩斯·琼斯（2008）指出，客户非常普遍地"坚持比美国正常标准要少得多的成本和时间，而从技术角度看，按时和按预算完成是不可能的"。如果这 3 个方面都被列为最优先级，那么团队如何才能做出权衡决策呢？高层管理者和客户要求团队对变化做出响应，而不给予它们处理这些变化的合理容许度，无疑将团队推入难以招架的境地。

如果客户高层管理者断定交付进度是最重要的，那么应该调整其他方面的优先级，例，如，削减特性比将进度时间放宽更有效。团队努力完成所有目标，但也需要知道各个方面的相对重要性，以便能够在拥有充分信息的情况下，做日常的和迭代结束的决定。

另一个协助团队做项目决策的有效信息是延迟成本。我曾在一个项目团队工作过，其计算出的延迟成本为每日损失近百万美元。了解延迟成本有助于推动项目决策，并且帮助避免无限制地增加营销部门提出的新特性。当利益相关方坚持进度是项目最重要的因素时，让他们计算延迟成本就可以从思想上认识到进度的关键性。

❏ 6.4.3 探索系数

探索系数是用来表示项目的不确定性和风险的指标。大项目不同于小项目，高风险的项目也不同于低风险的项目。在选择项目管理实践和流程时，项目团队必须考虑哪些具体问题领域是必须处理的。探索系数为 10 表示问题领域是以探索为主的（高风险），系数为 1 则表示环境比较稳定。找出各个问题领域的因素非常重要，但更重要的是根据问题裁剪相应的流程和实践，并且对期望值进行相应的调整。

> 阐明项目的探索系数有助于管理客户和高层管理者的期望值。

　　探索系数是从产品需求（目的）的易变性和技术平台（手段）的新颖性（也就是不确定性）派生出来的。表 6-2 的探索系数矩阵展示了 4 种类别的需求易变性：无规律、波动、常规和稳定。无规律的需求表示虽然了解产品愿景，但业务或产品需求仍很模糊。例如，在版本为 1.0 的新产品开发中，特性将随着项目的推进而不断演变，在这种情况下，需求可能随着项目的进行有巨大的变化，不是因为需求收集不够，而是因为对产品本身有了更加深入的了解。波动的需求在不确定性方面排在第二位，无规律的需求的变化为 25% ~ 50%或更多，波动的需求的变化则稳定在 15% ~ 25%，表 6-3 归纳了这些变化的百分比。常规类别的需求变化适用于普通的项目，在这些项目中，预先的需求收集为未来的工作确立了合理稳定的基线，而稳定的环境就好比联邦政府规定的工资体系一样，经过了很好的定义，是不容易变化的[①]。这种分类方法也适用于发布计划中的具体能力或特性。

表 6-2　项目探索系数

产品需求维度	产品技术维度			
	极其尖端的	尖　端　的	常　见　的	熟　知　的
无规律	10	8	7	7

---

① 肯·德科尔评论道："这将指导项目经理管理个人需求和项目需求。例如，无规律的需求需要用迭代方法，而且不管其余需求的整体状况如何，都应该预先按照迭代方式进行计划。并不是所有需求都属于这一类，区分需求类别的诀窍在于了解哪些需求是整个项目成功的关键。在关键的、高风险的需求是无规律或波动的情况下，匆匆忙忙指定稳定的需求是不合适的！"

产品需求维度	产品技术维度			
	极其尖端的	尖 端 的	常 见 的	熟 知 的
波动	8	7	6	5
常规	7	6	4	3
稳定	7	5	3	1

表 6-3　需求变化范围

类　　　别	需求变化
无规律	25%～50%或更多
波动	15%～25%
常规	5%～15%
稳定	<5%

技术方面的探索系数同样也分为 4 个类别：极其尖端、尖端、常见和熟知。极其尖端是指某项技术非常新，几乎没有人尝试过。因为基本没人知道该如何使用极其尖端的技术，所以摸着石头过河是唯一可以采取的策略。尖端技术是相对较新的，但有很多专家可以依靠——虽然获得这些专家的成本和是否可以得到这些专家还是个问题。采用尖端或极其尖端技术的项目，比采用常见或熟知技术的项目的风险要大。因为即使在同一个项目中，也不是所有组件都是采用尖端的或极其尖端的技术的，所以开发团队应该仔细评估产品技术风险属于哪一类。

综上所述，我们可以发现，无规律的需求和极其尖端技术的难度探索系数为10，而稳定的需求、熟知的技术的项目的探索系数为 1。波动的需求、尖端的技术的项目的探索系数为 7。通过确定探索系数，项目团队和客户团队可以从项目整体的不确定性角度讨论问题。探索系数为 8,9 或 10 的项目需要非常敏捷的方法，因为其不确定性和风险都非常高。短迭代、故事驱动计划、频繁与客户进行评审，以及认识到计划是高度推演性的，所有这些都是解决该领域问题的必要方法。相反，探索系数为 1,2 或 3 的项目相对比较稳定且风险较低，其计划可以更确定，迭代期限可以更长，花费额外时间预先进行需求收集和设计可能比较合算。

　　如果没有认识到会有不同的问题领域，整齐划一的项目流程和实践看起来还是有些道理的；而一旦有了这样的认识，按具体的问题量身定制适合的流程和实践将有助于项目团队取得成功。

6.5　项目社区

　　项目社区的主要愿景可以归纳为"找到合适的人员"。安德鲁·希尔（2001）曾经问篮球教练约翰·伍登："你认为哪些教练是最优秀的？"伍登毫不犹豫地回答说："拥有最优秀球员的人。"希尔接着说道："许多高水平的经理自认为有平庸的员工就可以了，但我做了教练才知道，必须有拔尖的人才才能成功。"

　　产品开发同其他大多数工作一样，找到合适的人员是成功的关键因素。这里的"合适的"包含了两层意思：具备适当的技术能力（或专业技术）；表现出适当的自律行为。找到合适的人员并不意味着要找到最具天赋的、经验最丰富的人，而是指针对这个工作最适合的人。

　　也就是说（有许多理由都说明）要找到超出任职资格要求的人，尤其在效率和速度非常重要的产品开发项目中。巴里·勃姆（1981）在他的经典著作 *Software Engineering Economics* 中提出了使用顶尖人才的原则："用更优秀的、更少的人员。"勃姆总结道："20%的顶尖人才创造了大约 50%的产出。"如果你计划承担一些困难的、要求极其苛刻的项目，就需要最优秀的人才；如果你承担的是要求不很高的项目，并且有高于平常人水平的人才，仍然可以做得很好。有人反驳这个观点，说"但你得知道半数以上的人都达不到平均水平"。我的回答是："第一，这句话也许有道理，但对于我的公司或项目来说，它就不一定正确；第二，几乎每个人在某些方面都有超出平均水平的潜力。帮助他们发现自己的潜力是经理的工作。"

　　作者吉姆·柯林斯（2001）不仅坚定地认为要找到合适的人"上车"，而且坚定地认为找到那些合适的人甚至比了解汽车要开往何处更加重要。他宣称：

"'谁'的问题先于'什么'的问题——先于愿景、战略、战术、组织结构、技术。"每个人都知道，在戏剧和电影中，选择演员非常关键。罗布·奥斯丁和李·德温（2003）评述说："很清楚，即使将某出戏编排得很好，也不能期望一个没有多少经验的新人能达到达斯汀·霍夫曼或西格妮·韦弗那样的高水准。"

有两个因素决定了团队是否有"合适的"人员：能力和自律。在过去的 10 年里，对于适当的流程是否可以弥补不合适的人员的问题，存在很大的分歧（有些人推断认为可以将任何人安插到一个定义好的流程中）。实际上，合理的流程可以帮助适当的人员有效地在一起工作，但这并不能解决人员配备不恰当的问题[①]。

吉姆·柯林斯（2001）用那个让合适的人员上车的类比，充分地表达出这一观点："大多数公司通过建立官僚制度来管理小部分不合适的在车上的人员，结果，它将那些在车上的合适的人员赶下车。然后它又需要更多的层级结构，来弥补能力的不足和纪律的缺乏。这又进一步将合适的人员赶走，从而形成了一个恶性循环。"这个观点刚好验证了交付—合规的两个对立面——合适的人员将重点放在交付上，而不合适的人员带来更多的合规工作。

柯林斯的观点针对的是整个组织，但其中许多想法同样适合项目。从能力的角度看，在某种程度上，找到合适的人员就意味着拥有了完成这个项目所需要的想法和技能。团队的能力会影响所选择的产品或项目。大多数人逐渐理解了流程不能代替技能。流程或许可以防止人们去重新发明车轮这种愚蠢的举动，但它不是技能的替代品。流程可以帮助一群有技能的人更有效地共同工作，但前提是团队必须已经具备基本的能力和基本的技能。

几年前，我参与了一个软件开发团队的项目回顾。该项目是外包的 Web 项目，由于应用程序很慢而且很难改变，客户对于技术架构极其不满。该团队承认没有足够的新的网络技术方面的能力，但为了降低风险，它建立了一个架构评审流程。遗憾的是，评审人员没有任何关于该技术方面的经验，他们居然在没有足够能力

[①] 拉森和拉法斯托（1989）比柯林斯更早清楚地表述出这些观点。他们的研究表明："选择合适的人员是势在必行的。"他们将合适的人员定义为"具备必要技能和个人品质（可以在一个团队里融洽工作）的人"。

的情况下建立了一个流程！

找到合适的人员的第二层意思是发现（或培养）有自律行为的人。严格的自律和无情强加的纪律不同。前者来自内部的动机，后者来自组织的专制和告诫，往往带有恐惧色彩。

"找到合适的人员"同样也适用于产品团队。常常有人问我这样的问题："如果我们的项目没有找到合适的人员，那么该怎么办？"答案很简单，不要做那个项目，但大多数组织都不会这样做。在团队没有合适的客户或合适的员工这个基本的事实前，不做项目是成功所要求的严格的纪律的一部分。纪律不严明的组织盲目前进，它们无视现实或虚张声势，面对已经显示出来的不能成功的信息却不以为然，自认为可以成功。

找到合适的人员与找到完美的人员是不同的。团队可能需要地球物理学家，但不可能找到一个同时具备必要的技能和经验的人。如果找到一个人，既有自律的精神，又有足够的技能，那么他将知道如何获得必要的信息。而如果你找到的是一个药理学家，指望他有所飞跃，那么只能是痴心梦想。合适的人员具备所需的能力或足够的成长能力，在项目领导者或团队的技术专家的指导下，这些能力可以发展成为项目所需的能力。同样地，从自律的角度看，合适的人员有足够的动力去学习创建一个良好运转的团队所必需的行为规范。

❑ 6.5.1　确定参与者

在项目计划阶段初期就需要确定所有项目参与人员，以便他们都能了解各自的和其他人员的角色，理解决策结构，从而理解和管理期望目标。

项目参与者包括项目社区的任何个人和群体：从产品的客户（他们能够影响项目并决定需求），到高层管理者（他们能够提供资金并对项目承担一些管理监督的工作），再到核心团队成员（他们致力于交付产品）。

参与者分为 3 类：客户（可能包括最终用户、他们的经理、产品专员、产品经理和高层管理者）、开发团队成员，以及利益相关方。本书中，"利益相关方"这个术语不仅表示内部参与者（如经理，他们不是产品的直接客户），也表示外部参与者（如供应商）。

大致来讲，客户提供需求，项目团队成员构建产品，而利益相关方进行监督和约束。客户是使用产品为自己或自己的组织创造价值的参与者；项目团队成员是积极地从事产品交付的开发人员和管理者；利益相关方提供监督、约束、合规活动的需求和资源（供应商）。例如，审计人员指定某个流程并控制合规要求，财务部门可能要求团队提供某些报告，外部的监管机构可能强加一些产品测试约束。

图 6-9 展示了产品团队—客户界面。这个界面把为外部客户进行的产品开发工作和为内部客户（有些人更喜欢用顾客）服务的项目（和许多 IT 组织一样）区分开来。在图 6-9 中，从左往右看，部分最终用户或客户即使不是产品团队的成员，也被包含在团队的反馈圈里。例如，软件公司可能让主要客户参与评审产品的开发版本，从而能尽早持续地获得反馈。在 IT 项目中，最终用户/客户圈和产品团队圈重叠部分很大，而在软件公司项目中，重叠部分不会那么大。如果团队成员中几乎没有人是真正的客户（重叠的部分很小或没有），他们必须记住他们仅仅是客户的代表，而不是客户。

> 如果产品团队成员忘记他们仅仅是真正客户的代表，而不是真正客户的话，就会发生大问题。

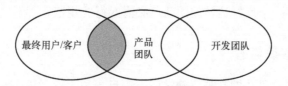

图 6-9　产品团队—客户界面

如图 6-9 所示，有时候客户会成为真正的产品团队成员，特别在一些内部项目里，客户代表兼职或全职在产品团队中工作。即使那样，其他最终用户也会经常被拉进项目里，提供一些专业领域的技术知识或参与迭代焦点小组。产品团队本身包括产品经理、业务分析师或产品专员、主题专家（通常兼职），以及帮助开发自动化接收测试的 QA 人员。QA 人员和其他诸如用户界面设计人员都有可能在产品团队中发挥作用。因为敏捷团队通常比传统团队需要其成员付出更多的努力，所以，为产品团队找到合适的人员，并给他们足够的时间，对于许多组织来说，这是一个非常困难的转型。

作者罗布·托姆塞特将参与者（他称为"利益相关方"）分为 3 个级别，每个级别的参与者对于项目有不同程度的影响。

- **关键的**：无论在实施之前或之后，这些参与者都可以阻止项目成功。换句话说，他们是特别有影响力的人。
- **必需的**：在实施之前或之后，这些参与者可以拖延项目成功。换句话说，要围绕他们工作。
- **非必需的**：这些参与者是感兴趣者，对项目没有直接影响，但是如果不将他们包括在社区内，他们可能变成关键的或必需的参与者。（托姆塞特，2002）

确定项目的参与者是项目领导者的任务，这通常说起来容易，要想做好却最难。很多项目团队没有注意到身份不明的参与者，从而因为意想不到的政治议题而葬送了项目。

确定和管理参与者还有另一个重要的理由：它有助于提高协作性。按照卡尔·拉森和弗兰克·拉法斯托（1989）的说法，组织对团队的外部支持和认知有利于成功，或者更精确地说，缺少外部支持是失败的一个原因。开发项目不是在真空中进行的，而是在一个较大的组织环境中进行的。一旦这个较大的组织拒绝给予认知、资源，或者支持，开发团队将有被孤立、被抛弃的感觉。

项目参与者可能包括：

- **高层发起人**：支持产品、对产品目标和约束做关键决策的人（或一群人）。
- **项目领导者**：负责交付项目结果，关注项目外围的利益相关方，关注基于迭代问题的发布问题的领导者。
- **产品经理**：领导团队负责确定交付什么结果的人。
- **产品专员**：作为主要问题的专家和分析师，为产品团队工作并支持产品经理的人。
- **迭代经理**：带领开发团队，聚焦于迭代活动和团队动态的人。
- **工程师主管**（开发人员、架构师）：指导团队交付的技术方面的人。

- **管理者**：可能包括非常广的一群人，他们可能负责参与者的组织，也可能有预算和技术决策权，或者对项目结果有影响力。
- **产品团队**：全职或兼职的一群人，他们负责确定需要构建的特性，并且排列这些特性的优先级，以及接收结果。
- **项目团队**：由产品和开发团队成员（全职和兼职）组成，负责交付一个可发布的产品。
- **开发团队**：主要负责开发和测试产品（工程）的个体或群体。
- **供应商**：提供服务或产品组件的外部公司或个人。
- **政府**：要求得到信息、报告、认证等的监管机构。

参与者的群体越复杂，项目领导者在管理期望值、做关键的项目决策和防止团队不受到太多牵制等方面花费的时间就越多。确定参与者是将各个参与者融合到项目社区的第一步[①]。

❏ 6.5.2　产品团队与开发团队间的交互

大量项目失败的原因是没有很好地定义产品团队与开发团队间的交互活动。尽管产品专员和开发人员在同一个社区中，但他们通常在不同的子团队中，各自都有自己的职责。如果不能根据信息流和责任正确地定义这个界面，项目离失败也就不远了。

图 6-10 概括介绍了项目中的角色分工。任何项目都应该有开发团队和产品团队。开发团队应该以项目领导者为首，而产品团队应该由产品经理（Scrum 称其为产品负责人）领导。图 6-10 中的箭头表明了开发团队和产品团队之间的主要互动及其各自的责任。在同一个层级上，产品团队和开发团队的责任很相似，前者负责"构建什么"，后者负责"如何构建"。实际上，每个角色、每个人都对整

---

① 正确地确定产品开发工作的参与者，以及让他们在适当的时候参与是非常关键的。例如，软件许可决定会影响设计，所以等到软件项目的后期阶段才将法律部门包括在项目中可能在最后导致延误。对于软件产品开发人员来说，卢克·霍曼撰写的 *Beyond Software Architecture: Creating and Sustaining Winning Solutions* 是有关此话题的一本非常不错的参考书。

个项目有贡献和影响。

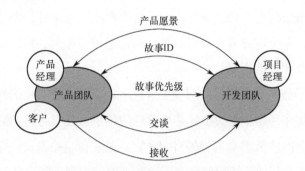

图 6-10　定义产品团队与开发团队间的交互

　　如果没有强有力的产品经理，就会出现最坏的情形——无法确定任务优先级，而开发团队为了防止项目陷入僵局，开始自己决定优先级。这会导致绝无成功可能的局面，因为客户可能总是挑剔这些决策的毛病，并且将失败作为减少进一步参与的借口。当项目不再具有合作关系时，各方都会放弃各自的责任，项目就会陷入巨大的麻烦。这个问题有时出现在公司中，因为产品经理往往扮演营销和开发两个角色。由于营销的角色占据了太多时间，他们几乎没有时间与开发团队一起工作。即使产品型公司，也很少为产品团队配备足够的人员以满足敏捷项目的需要。许多公司不得不让产品专员做内部的工作，让产品经理去关注与客户有关的外部工作。

　　组织内部 IT 项目失败或表现不佳，其中一个关键原因是：错误地理解了这两个角色的本质。产品型公司通常会做足够的工作来区分这些角色，但 IT 项目通常没有产品经理这个角色。在许多 IT 项目中，产品经理的角色往往被默认为 IT 项目组中的某个人，这通常会导致灾难发生。IT 项目的规则应该是：如果没有客户提供的产品经理，项目就不立项。

　　　　组织内部 IT 项目失败或表现不佳的一个关键原因是：错误地理解了项目经理和产品经理这两个角色的本质。产品经理必须来自 IT 部门外部。

　　对于小项目，产品经理可以由一个主要的客户担任。而如果一个 IT 项目有

10 个客户部门，分布在 6 个城市，有 150 个用户提供需求输入，那么就应该专门任命产品经理来协调客户信息流和决策。对于产品开发企业，产品经理需要对从成千个甚至上百万个零售客户那里收集来的信息进行整理，并且提炼成可以使用的形式，然后协调决策流程。

这就引发了另一个更广泛的问题：角色不需要奴隶般遵从的静态描述，而是由每个个人具体体现出来的，担任某个角色的每个人会有各自不同的表现。正如每个扮演麦克白的演员都会基于各自的才智、理解和经验表演一样，担任产品经理或项目经理（或其他）角色的每个人会有不同的表现。某个产品经理的技术知识面可能很广，而另一个可能技术知识较少，如果告诉第一个人不要参与技术决策，就无疑丢弃了宝贵的资源。如果告诉一个在产品领域经验丰富的项目经理或开发人员不要介入制定产品愿景或技术规范的工作中，同样也是浪费人才。

项目管理书籍和公司的工作描述通常包含具体的职责描述，其中也包括决策的权力。尽管角色界定很重要，实际上角色具有灵活性，应该根据担任该角色的人员做出适当调整。最好一个角色用一页纸来描述，角色是固定的，而人是不固定的。角色描述只是在实际的产品经理和项目经理之间建立关系的起点，这种关系会迅速超越静态的角色规定。每个人如何解释自己的角色以及如何与其他人相互交流，会丰富这种关系，使得人们在角色描述方面所做的尝试显得苍白无力。强迫人们遵循僵化固定的角色描述不仅是不可能的，也是违背敏捷原则的。

> 人员不仅比流程重要，也比角色重要。

尽管在客户和开发团队之间没有交流和辩论的情况下，做出的决策通常是不充分的，但是最终"构建什么"的决策要由客户团队做出，"如何构建"的决策要由开发团队做出。优秀的开发团队具有丰富的产品知识，应该积极参与决策"构建什么"，而产品经理和其他客户团队成员通常可以对产品"如何"设计做出重大贡献。最终每个团队有各自的职责，否则项目会因为责任不清而失败。

每个团队的责任和两个团队之间的交流是成功的关键。在项目的早期构想阶段，两个团队都参与制定产品愿景，但是由产品经理最后做决策。而在推演和探索阶段，两个团队相互交流，分析需求，确定特性（或故事）并确定各个特性在开发迭代中的优先次序。客户确定特性需求，并且帮助项目团队逐渐地明确需求。较大的项目可能有很多客户，而且他们的需要和优先次序往往是相互冲突的，任何一个人都不可能了解所有的特性需求。对于这些较大型的项目，或者对于需要广泛客户信息的项目，一个重要的任务是将各种声音合并成一致的"客户声音"，这个任务是产品经理的责任。

图 6-10 中的最后交互是接收。接收产品是产品团队的任务，它通过验证产品是否符合发布目标来确定是否接收。接收需要通过一系列的自动化测试和客户焦点小组的评审来完成。技术质量保证团队可以协助产品团队做这项工作，但最终的接收责任是产品团队的。

和其他实践一样，对于一个 10 人或 100 人或 1 000 人的团队，定义客户—开发人员界面具有不同的挑战。相比面对 1 个客户，试图将分散在不同部门的 100 个客户集中起来要困难得多。同样地，与 100 个工程师一起工作，比仅与 2 个工程师共事肯定更具有挑战性。但是在客户—开发人员界面图中显示的基本交互活动，以及上面描述的各个角色的责任并不会随着规模的增大而改变。

❏ 6.5.3　交付方法

高绩效团队的特征之一是它工作的方法。方法与愿景和目标同等重要，因为它决定了一个团队如何执行、如何交付，以及团队之间如何协作（卡森巴赫，1993）。由于敏捷项目管理强调执行，因此执行的方法就变得尤为重要。团队自律的部分内容是团队就某种方法达成一致，然后实际地应用它。无论是未能达成一致，还是没有执行该方法，都是缺乏自律的表现。

流程和实践的裁剪工作定义了项目团队交付某个产品将使用的方法。团队首先根据组织的标准框架和实践开展工作，然后根据自己的需要进行裁剪。例如，一个公司可能使用敏捷项目管理的交付框架，同时在各个阶段设立组织规定的检查点（审批）。在这个框架内，该公司找出一套必要的实践和交付物（一套简化的集合）（见图 5-4）。然后，再由团队裁剪必要的实践，并且在必要时增加其他实践。

自组织策略将重点集中在人们如何在一起工作、如何协作以及协作的机制上，而流程和各种实践将重点放在人们实际做什么上。尽管该策略和流程看起来似乎是重叠的，但实际上是互补的。例如，每日站立会议这种实践描述了召开简短的、协调团队活动的日常会议的概念和机制，但如果有多个特性团队，项目就需要一个策略，保证这些会议在一个较大的群体内的有效性。

最后，流程和实践是不断演变的。在构想阶段，团队可能制订一个概要的计划，随着在推演阶段制订发布计划的细节，这个计划肯定会被修正。然后，在每次迭代接近结束时，将根据项目自身的反馈信息，调整流程和实践。我们鼓励团队根据实际情况，在最基本的方针和流程框架不变的情况下，做出相应的改变，以适应变化。

❑ 6.5.4 自组织策略

自组织策略这个术语听起来像一个矛盾的说法，因为自组织意味着在没有计划、没有预先考虑的情况下"事情发生了"。一些顾问和实践者将复杂适应系统的观念解释为在一群人内奇迹般地出现自组织。所有群体都是自组织的，但如果想要获得有效的自组织，就必须谨慎地思考如何营造这种环境。

通常，项目经理通过聚焦于组织结构图、详细的流程和活动，以及文档需求，在项目组织内固定一套等级分明的、命令控制式的管理哲学。自组织策略试图打破这种思维方式，让团队将精力首先集中在相互交流上，即与项目有关的每个人如何在一起工作。该策略确定了团队的沟通、协调、协作、决策，以及其他个人与个人和团队与团队相互交流的方法。对此，团队需要提出问题，如图 6-11 所示。一旦知道了人们将如何协作，那时（也只有等到那时）我们才能想出支持该协作的流程和实践。

大多数项目管理方法包括沟通计划。项目管理协会的《项目管理知识体系指南》将沟通管理作为关键知识领域的组成部分。然而，仅有沟通是不够的。沟通一般是异步的——我将信息发给你（即使你也返回一些信息）。协作不仅是沟通，还涉及相互交流，以产生一些"联合"的结果。协作就是把大家的想法综合为一个整体。我们会将进度报告传达给管理部门，在项目团队成员之间的协作，会使用诸如白板、头脑风暴会议之类的实践来产生设计。在整个产品开发领域的众多的行业里，跨部门的团队不断增加，对协作提出了需要。

```
        自组织策略问题

  • 我们如何与客户协作?
  • 来自不同特性团队的项目成员如何相互协作?
  • 亚特兰大的团队如何与西雅图或孟买的团队协作?
  • 授权对我们团队来说意味着什么?
  • 谁需要在何时与谁交谈?
  • 相互交谈的这些人如何决策?
  • 谁负责什么?
  • 他们打算用哪些实践来引导解决上面提出的问题?
```

图 6-11　自组织策略问题

❑ 6.5.5　流程框架裁剪

即使在敏捷项目中，组织也会制定比较宽松的流程框架。例如，产品开发组织经常采用一些产品必须遵循的阶段式生命周期框架（见第 12 章"治理敏捷项目"）。在每个阶段，一些信息、特性或工件必须是可用的并得到批准。为了平衡结构和灵活性，应该对这个共同的框架尽可能地精简，使得高层管理者与团队的灵活性保持一定的一致性。

流程框架应该努力找出刚刚好（可以接受的最小限度）的项目组织标准，当然，这个"最小限度"涉及的范围在大型项目和小型项目中是不同的。这个框架的"重量"越大，即流程组成元素的数量、必要工件的数量、决策门（decision gate）的数量、文档的形式越多，项目团队的敏捷度就越低。

❑ 6.5.6　实践的选择和裁剪

敏捷开发和项目管理是建立在一个基本前提下的，即个人能力是成功的基石，而且个人是独一无二的贡献者。这个前提又是从下列前提得出的：不应该根据一套通用的流程和实践来塑造人；而应该按照团队自身特点，塑造流程和实践。尽管一个组织可能需要其项目团队遵循一个指导框架，但对于用哪些具体实践来满足每个阶段的需要，应该有一定的灵活性。团队应该讨论哪些实践应该使用，哪些不应该使用。一个良好的实践，并不一定要将它用在每个项目中。有了各种实践，每个团队可以按照团队成员的能力、项目规模、客户数量和许多其他因素，以不同的方式进行裁剪。

在团队为某个具体项目选择和裁剪实践时，应该问自己以下 4 个基本问题：

- 哪些实践是必需的？
- 还需要哪些辅助性的实践？
- 需要对所选择的实践做哪些修改？
- 实践的存档、批准和更改需要什么手续和形式？

除了刚好足够的流程框架，组织还需要为每个项目阶段制定一套刚好足够的实践。例如，对于实施敏捷项目管理的公司来说，制订基于故事的发布计划是必需的，而不是可有可无的。当然，这种实践也可能因为迭代长度之类的特征而进行裁剪。

敏捷项目管理实践聚焦于价值交付活动，但如前所述，每个组织同时还需要将合规活动和交付物增加到这套必需的交付实践中。虽然项目经理可以尝试尽可能地减少活动，但在某种程度上，团队必须接受一定的合规工作，并将相关实践增加到那套必需的实践集合中。

在一两次迭代中发现有些实践不再有效，是实施辅助性实践的最好契机。例如，当问题或风险变得模糊时，就需要将记录和监督问题的实践增加到补充清单里——记录到一个便签条上可能就足够了。团队成员和项目经理需要与过早增加辅助性实践的趋势做斗争——需要等到具体而重大的需要出现时才增加。

"重大的需要"在这里是一个重要的限定词。对合理错误（毕竟创新既需要成功，也容许失败）的下意识反应经常是向开发团队增加控制、新报告或新限制。对于大量的这类错误，应该将更多的时间和精力放在流程和程序上，防止错误再次发生，而不是花费在修正策略上。

关于增加辅助性实践，团队应该经常等到尝试一两次迭代后，才对实践进行修改。如果实践自身已经按照刚刚好原则定义，团队就可以开始使用。在大型项目中，团队要尽早确定某种实践是否足够、是否需要改进。

编制文档和审批实践，应将刚好足够与官僚区分开来。根据文档的内容、文档的格式或形式，以及文档的评审和批准流程，可以确定某种实践或流程是否简化。例如，一个变更控制实践（在传统项目中通常反对变更）可能是一个简单的活动——最低限度地讨论变更和存档，也可能是一个精细的流程——编档、分析和评审，这时，这个流程会浪费时间和纸张。作者迈克尔·肯尼迪（2003）讲述了丰田产品开发系统中的编档观点："在丰田，技术规范是记录结果的文档，而不是计划的处方。"

在裁剪文档实践时，团队应该学会区分永久性文档（由于制定了相关的预算，而不断更新）和工作性文件（不需要更新），应该考虑到所需的正规程度——粗略的记录对许多文档来说已经足够了。为了有效地使用关键的工程人员，项目经理应该将几乎所有编档工作移交给行政人员。这个不在于文档的多少，而在于哪些文档对（现今和未来）交付有用，哪些文档是外部合规活动（如监管）所要求的。林恩·尼克斯有一句关于编档精辟的话："如果文档是正确的，即使很少，它也大有帮助。"

> 不是文档的问题，而是理解的问题。

6.6　结束语

构想不仅仅是为了启动项目。启动令人联想到行政管理、预算和详细的进度。虽然这些是必需的交付物，但它们需要以清楚表述的、经过讨论的，并且获得同意的愿景为基础。我们已经在本章开始的时候通过以下个问题表述了愿景的 4 个要素：

- 产品愿景是什么？
- 项目目标及其约束是什么？
- 谁应该包括在项目社区内？
- 团队如何交付产品？

对于一些项目，这个构想阶段在一天或几天内就可以完成；而有的项目，尤其是那些没有经过一定的可行性分析的项目，这个阶段可能要长一些，这不仅指工作量，也指日历时间，只有这样才能让项目社区内的各方明确理解愿景。

在构想阶段结束后，构想并没有停止。在每次迭代（或里程碑）的开始，当团队在一起思考下一次迭代时，团队成员需要重新审视愿景。重新审视的目的是修改这个愿景，或者在紧张的日常工作之余，提醒团队成员他们努力的目的地在哪里。

第 7 章

推 演 阶 段

计划是指南，而不是紧箍咒。敏捷团队也制订计划，但它们认识到现实总是不断产生影响，因此，在此背景下的计划应该成为欢迎变化的工具，而不是去阻止变化。计划必须随时做出调整，因为客户对于他们需求的理解在变化；工作量估算也在变化，因为有人加入或离开项目团队，或者会有各种各样其他原因。计划既是对未来的猜想——在已有的信息基础上猜测将发生的事情，也是对未来的指导——确定想要的事情并促使其发生。开发工作会生成新信息，而新信息又反过来引发重新计划的需要。

制订计划是一项重要的活动，但随着不确定性的增加，用"推演"这个术语更为恰当。推演确立目标和方向，同时也表明期望在项目期间存在许多变化。正如在第 5 章提到的，推演不是狂热的冒险，而是"根据不完整的事实或信息猜想某些事情"。计划通常是对未来的猜想，当我们"计划"时，我们期望实际的项目结果与计划相符，而与计划背离被视为项目团队的错误或表明团队不够努力；而当我们"推演"时，将对实际结果予以肯定，人们会怀疑计划是否错了。计划或推演会产生一些信息，但仅是我们将检验的信息，从而确定下一次迭代中的行动。

推演阶段关注产品和项目——创造和理解产品结构、能力和故事的待办事项列表，以及发布计划。

7.1 推演产品和项目

推演阶段的成果是发布计划，该计划基于要交付的能力或故事，而并非活动（指传统的项目计划中的活动）。本书并不会专门讲述业务或产品分析和定义需求，但还是需要描述一下两者的基本概念，因为能力、特性和故事是项目计划的组成部分。发布计划会用到与产品规格、平台架构、资源、风险分析、业务约束及目标进度等信息。

迭代计划和开发方法有两个至关重要的组成部分——短迭代时间盒与特性。对于软件项目，一次迭代通常持续 2 ~ 4 周，而硬件项目的迭代开发时间一般要更长些，变数也更大。例如，电子设备通常比汽车的时间盒更短。短迭代可以加速项目开发。由于期限较短，迫使团队找出快速完成各个方面的开发工作的方法。例如，在顺序式开发中，重大的质量保证活动是要等到项目收尾才执行一次的；而在迭代开发中，每次迭代都要完成质量保证活动。质量保证人员必须找到更加有效且高效的方式，因为他们需要在项目中执行这些活动 6 次、10 次，或者 40次，而不是 1 次。

基于特性的开发不是软件的专有技术。许多硬件产品的开发工作首先是创建产品结构，然后列出一个广泛的特性列表。此外，由于越来越多的产品包括了嵌入式软件，硬件和软件特性都成为这种基于特性的开发方法的候选对象。

基于特性的计划和开发的首要目标是使流程可视化，客户团队可以理解流程。所有的产品开发计划常常将重点放在让工程团队理解技术工作上，结果导致客户和产品经理必须费力地完成技术活动清单，而其中许多技术活动对他们来说没有多大的意义。一项软件开发任务，如"建立标准化数据模式设计"，对于大多数客户团队来说几乎没有意义；一个硬件特性，如"开发可以播放电影片段的DVD 特性"，却能引起客户团队的共鸣。客户了解这些产品、产品的组件及这些组件的特性，他们也了解如何使用这些产品。产品团队可以为其配上重大价值，可以确定它们的优先级。然后，工程人员把它们从客户的角度转换成技术角度，设计并构建产品。

特性是开发工程师和产品团队之间的界面———一个共同理解的媒介。这个共同的媒介采用故事卡片的形式，每个故事都写在一个单独的索引卡上，也就是把特性拆分成可以执行的小块。索引卡的正面包含需求信息，用于制订计划，而索引卡的背面包含技术任务信息，可以让团队估算并管理其工作（通常技术任务被列在一个活动挂图上，附在索引卡的后面）。

利用这种计划形式，产品经理控制哪些特性应该包含在产品中，开发工程师控制这些特性的设计和实施方式。产品经理没有权力说"我们落后了，让我们缩短测试时间吧"这样的话；相反，他们只能说"我们落后了，让我们去掉 34 号和 68 号特性吧"。同样地，开发团队不能因为某个特性"可能很酷"而任意地增加它。显然，职责的分配需要经过讨论和辩论，产品经理对于产品如何构建可以提出建议（但没有最终决定权），开发工程师对于潜在的特性可以提出建议（但不是最终的决定）。

敏捷项目推演有助于项目团队：

- 确定产品及其特性在当前版本中如何演变。
- 随着项目的开展，平衡预期和加以适应。
- 在项目早期将重点放在价值最高的特性上。
- 考虑业务目标、项目目标和客户期望值。
- 为管理层提供必要的预算和进度信息。
- 为权衡决策建立优先级。
- 协调团队之间的相关活动和特性。
- 考虑其他选择和适应性措施。
- 为分析项目期间出现的事件提供基线。

每个人都接受这样一个前提：业务世界在不断变化。然而，我们仍不愿意去理解变化的含意，期望计划不会改变，至少不会变化很大；我们仍然将变化看作可以控制的，就好像我们对项目之外的世界有一定的威慑力；我们仍然相信减少成本变化的方法是在项目初期就预料到所有事情。

唯一的问题在于如今这种方法行不通了。如果我们不断地按照计划评估人员的绩效，就会损害适应性。如果我们想要具有适应性、灵活性、创新性，以及对客户了解到的新信息做出响应，就需要奖励团队对这些变化所做的响应，不能因为团队成员未能"实现计划"而警告他们。

敏捷项目领导者需要通过行动、绩效评估和愿景，不断地鼓励团队随着项目的进行，不断地学习和适应。演变式的项目是困难的，它充满了模糊性、多变性和不确定性，但是适应交付"业务价值"的回报是丰厚的。

在继续讨论产品和项目计划之前，需要仔细审视一下本章和下一章的目标。本章包括创建产品待办事项列表和制订发布计划的基本内容，下一章将进一步讨论这些主题。例如，本章假设项目规模小、周期相对短，并且可以在单个层级上制订计划，因为可以确定故事并随后放入发布计划。下一章着眼于多层级的计划、能力和故事，以及如何利用长期计划的能力和短期计划的故事来为较大的项目制订计划。下一章也会介绍一些诸如计划主题和价值点等新内容。

7.2 产品待办事项列表

创建产品待办事项列表的目标是通过一个演变的产品需求定义流程，将产品愿景扩充成产品特性清单或待办事项列表。

产品待办事项列表是对构想阶段制定的清单的扩充和提炼，识别和列出那些经过可行性分析或市场研究、初步需求收集工作和产品愿景制定等工作收集起来的特性和故事。对于现有产品，客户、开发人员、产品经理和客户服务人员不断地提出改进建议，并且将其添加到产品待办事项列表中。这个待办事项列表由产品经理维护，它也是发布、里程碑和迭代计划的主要输入。

特性细节随着开发阶段的演变而演变。在构想阶段，团队创建初步的特性或产品分解结构（见图 6-5 和图 6-6）。在推演阶段，团队扩充这个清单，并且为每种特性都建立一张或多张"故事"卡，其中包含基本的描述和估算的信息。在探索期间的每次迭代，都要将故事排入实施计划，详细地确定需求，构建和测试故事。

开发汽车与开发电子仪器、软件应用程序或飞机有巨大的差异，因而，用于分析及规定需求和特性的技术规格也存在巨大的差异。因为产品在开发过程中改变设计的成本不同，所以会要求一些产品比其他产品更早地提供需求规格说明。

由于软件比其他任何产品有更强的可塑性，因此演变的技术规格流程通常最适合它。然而，如前所述，即使最复杂的工业产品也在使用模拟和模型进行演变式开发。

> 软件是最有可塑性的产品。公司需要利用这个特点来增加竞争优势。坚持传统的瀑布式开发方法则削弱了自己的优势。

需求规格说明流程的结果，无论涉及什么样的工程内容，都应该按照产品功能等级（如产品、平台、分组和特性）记录下来。对于商业软件产品，这些类别可能是应用程序、业务领域、能力，特性和故事。小型的软件产品可能只用到故事，而大型的工业产品可能用到所有类别。

随着计算机、仪器和电子产品数量的不断增加，特性等级既包括软件特性，也包括硬件特性。设计流程的一部分工作将是确定在硬件或软件中是否实施低级别的特性。那些带有基本嵌入式软件的产品曾经被视为硬件，但是现在具备了大量的软件特性，可以被看作带有辅助硬件的软件产品。例如，仅仅在几年前，手机带有很少量的软件，而现在手机已发展成拥有成千上万行软件代码的产品，促进了（或者"支持"，这取决于你是硬件工程师还是软件工程师）硬件的各个方面的发展。

从潜在故事列表中，产品团队和工程团队需要讨论这些故事的优先级，列出故事在发布计划中的迭代时间表。敏捷项目的特点之一是，待办事项列表上的这些故事具有易变性。在为每次迭代做计划时，故事列表可能发生改变，以至于不同于原来的发布计划。

❑ 7.2.1　什么是特性或故事

那么，什么是特性或故事呢？一般而言，特性或故事被定义为产品的一部分，向客户提供一些有用的、有价值的功能。软件产品的特性（验证客户信用等级的能力）或飞机的特性（为乘客提供舒适的座位）差异很大，但都将重点放在向客户交付价值。特性和故事的基本区别是，故事是一个小的可交付的有用功能，但是可能无法构成一个完整的功能。还是以客户信用等级评价功能为例，特性的完整交付可能需要几周时间，而一个"故事"的完成只需要 2～10 天的时间。所以在这种情况下，如果要交付完整的特性，需要完成几个故事（见图 7-1）。也可以说，能力、特性和故事构成一个分层结构，该分层结构用来管理越来越大的产品规模。

特性或故事范例

特性：作为信用分析师，我需要能够审查客户的信用等级。

- 故事1：作为信用分析师，我需要能够审查客户以前的付款记录。
- 故事2：作为信用分析师，我需要能够审查客户的信用机构的状况。
- 故事3：作为信用分析师，我需要能够根据记录和信用报告来计算我们内部人员的信用等级。

图 7-1　特性或故事范例

《敏捷项目管理》的第 1 版把特性作为最小的开发模块。第 2 版中将故事作为最小的单位。原因有两个：第一，"故事"这个词已经成为广大敏捷实践者的一个规范用词；第二，也是更重要的一个原因，敏捷开发是不断演变的，所以使用的术语也要尽可能蕴含演变而不是固定的。故事随时间而演变，它们并不代表一系列固定的需求。我们的目标是向客户交付高价值的东西，而不是满足一系列固定的需求。"故事"这个词比其他词更能给人演变的感觉。

❏ 7.2.2　故事的焦点

对于有开发任务经验的个体来讲，定义故事会非常困难。以软件开发为例，团队可能习惯于这样的任务："开发用户界面"或"实现一个数据库模式"。这些任务不是以用户的角度来阐述的，如"能够审查客户信用等级"。图 7-2 表明了两个观点：客户和技术，并且显示了一个典型的技术分层体系架构，包含用户界面、业务对象（业务规则）、中间件和数据库。传统的项目计划关注这些技术任务领域，故事却是以客户为导向的。

对于发布计划，我们以故事为单位分配每次迭代的工作，因为我们想让产品团队参与到这个过程中来，它们与技术任务不相关。对于详细的迭代计划，故事被拆分成技术任务，供开发团队使用。这些技术任务很小，因为它们的实施只是为了满足故事的需要。

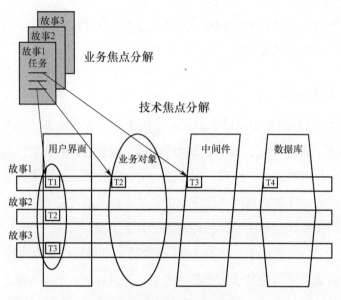

图 7-2　故事的焦点

在一个客户的现场，几个软件开发人员正在抱怨，他们认为把故事拆分成小的技术任务导致效率低下。例如，他们提到为用户界面的小块屏幕编码不如为整个屏幕编码效率高。对此，屋内的产品经理却说："是的，但不要忘记上一个项目。我们投入了 9 个月的时间才看到结果，而结果是错的。"缺少明确的客户能够理解的故事，会导致项目快速地脱离轨道。此外，在一次迭代期间，把几个故事中的任务结合起来做，大多数所谓的效率低下情况就会消除。

> 一些故事不是一次迭代就能完成的，往往需要较长的时间，或者看起来需要较长的时间。通常情况下，当团队被迫把大故事分解成小故事时，它们也就找到了方法。如果不能按这种方式进行拆分，通常是因为缺乏经验而不是故事不可拆分。

然而，在计划产品时，有一些需要交付的条目听起来似乎没有价值，至少对于客户和产品经理如此。如电子仪器的一个接口组件，对于最终用户来讲，用处可能很小，但它是必要的技术领域特性。在制订项目计划或交付项目时，团队需要把这些技术故事包括进去。然而，先于客户构建技术特性的危险是一个"黑洞"。

技术团队"涉黑"时间越长（构建技术人员关注的东西），项目在得到客户团队的反馈之前偏离轨道就越远。

□ 7.2.3 故事卡片

故事卡片[①]的目的是提供简单的媒介，用于收集有关故事的基本信息，记录高层次的需求，估算开发工作和定义接收测试。基于故事的开发目的是面向客户开发。故事卡片的意图是"识别"而不是"定义"细节。故事卡片被用作客户和项目团队成员在一次迭代期间详细需求的讨论（以及制成最低限度的文档）后达成的协议。讨论是理解的关键，而理解是估算的关键。

故事卡片是一个索引卡，如图 7-3（结构型）和图 7-4（随意型）所示。由项目和客户团队成员将讨论需求时收集到的信息记录在上面，以一种非常简短的形式写下来，如"（用户画像）有能力执行（某些功能）"。其关键的部分在于讨论。与其他敏捷实践一样，由整个团队相互交流和制作故事卡片。虽然由项目领导者促进讨论并监督行动，但制订敏捷计划是一项团队行动。

卡片本身很重要。它们为团队成员提供了一个可书写的、移动的和可触的媒介。可以随意地放在桌子上，也可以带着四处交流。如果数据一旦输入一个正式的媒介，就不太可能改变。卡片上的信息就成为团队共同努力的结果，也成为详细了解产品的关键点。在故事卡片上应该记录几个关键信息条目。对于详细的需求信息，可以使用文档另行补充。记录在故事卡片上的一般信息如图 7-5 所示[②]。

通常，客户认可的故事和技术活动提供了对同一问题的直接看法。在计划项目的下一次迭代时，团队首先将故事卡翻转过来，列举出规格说明、设计、构建、测试和归档该故事所需要的技术活动。为了从客户认可的工作，发展到认可的技术工作，可能需要将该工作重新整合。几个客户故事的技术活动可能要结合成单

---

① "故事"这个词来自极限编程。其他敏捷软件开发方法可能使用类似的术语，如组件、特性、用例、待办事项列表条目等。这些术语的概念相近，但并不完全相同。

② 接收测试标准可以在具体的测试案例中实施或包含在客户焦点小组的评审中。制定出接收标准可以促使客户团队明确定义"完成"意味着什么。详细的接收测试及工具（如 FIT）的应用，可以从根本上自动细化需求。

一的技术工作包。

故事卡		计划的迭代：3	
故事 ID：25		故事类型：	客户
故事名称：建立销售区域			
故事描述：			
作为销售经理，可以基于州和都市区域，在美国建立销售区域。			
价值点估算：	13		
故事点估算：	8		
需求不确定性（无规律的、波动的、常规的或稳定的）：常规的			
与其他故事的依赖关系：	无		
接收测试：			

图 7-3　故事卡片（结构型）

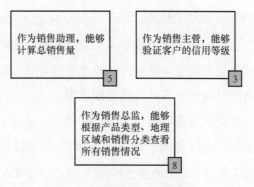

图 7-4　故事卡片（随意型）

　　开发团队也会用任务分解法来估算实施该故事所需要的工作量，迈克·科恩建议用"计划扑克"开展该工作（2006）。每个团队成员都对这个故事进行估算，然后大家都告诉对方自己的估算值。这个办法既快又有价值。如果大家估算的结果有差异，那么说明大家对该故事需求或故事开发任务存在着不同的理解。

> **故事卡片信息**
>
> - 故事ID和名称
> - 故事描述:用一两个句子,从客户的角度描述特性
> - 故事类型（C=客户领域，T=技术领域）
> - 估计工作量:交付该故事所需的工作量的估算,包括需求收集、设计、编码、测试和文档编制
> - 估计价值点（见第8章）
> - 需求不确定性（无规律的、波动的、常规的、稳定的）:每个特定故事采用一个探索系数
> - 故事依赖关系:可能影响实施顺序的依赖关系
> - 接收测试:客户团队用于接收或拒绝该故事的标准

图 7-5　故事卡片信息

对于较大型的项目，如有 1 000 个故事的项目，故事卡片可能需要一定程度的自动化，以便特性团队之间共享。虽然每个团队可以在自己的计划会议上使用故事卡片，但要在多个团队之间共享，还是非常困难的。即使对于较小型项目，分布式团队和正式签订合同的团队可能也需要让故事卡片自动化，或者更准确地说，让卡片上的信息自动化。如同其他敏捷实践一样，团队应该根据需要，规定文档的使用和格式。

需求不确定性的程度和技术风险因素不仅会影响故事进度，而且会影响团队实施该故事的方法。通常，高风险的故事（无规律或者波动的）将被安排在早期的迭代中，这样，团队可以确定:第一，该故事是否可以实现;第二，如果它能够实现，那么它花费的时间和金钱是否比预期要多。如果很难收集或很难确定需求信息，可能需要一系列的发现原型;如果最好的设计选项不是很明确，就可能需要实施一系列的设计试验（模拟、快速丢弃试验）。不确定性高的特性在计划之前可能还需要其他研究工作。即使在同一个产品内，技术领域或特性也从低到高分为不同的风险程度，根据风险程度分别采取不同的方法，可以提高效率和生产率。

❑ 7.2.4　创建待办事项列表

待办事项列表是产品团队确定的产品能力、特性和故事的一个列表。通常情况下待办事项列表信息有限，包括 ID、名称、简要描述、优先级别、探索系数和

估算等条目。发布计划和迭代计划都会使用待办事项列表上的数据（尽管两个计划的详尽程度不同）。该主题分为两个主要部分：一是谁做这项工作，二是识别和定义待办事项列表条目的实践。

谁做这项工作提出了长期困扰敏捷社区的问题，即专家和通才的争论。例如，有些人认为，传统的业务分析师角色就是要介于开发人员和客户之间发挥作用。其他人认为，业务分析师或产品管理组织中其他类似角色（如产品专员），需要完成一些诸如分析业务流程、确认自动化领域和定义需求的任务。

在产品开发过程中，缺少客户参与或客户很少参与始终是一个经常出现的问题。然而，传统问题的根源与其说是专家干预太多，倒不如说是产品团队和客户团队之间协作性差。在瀑布式开发环境中，业务分析师与客户协作创建文档，然后传递给开发团队，开发团队与客户或分析师几乎没有联系。而在运作良好的敏捷团队中，客户、产品专员和开发人员之间的协作比文档更加重要，并且协作能促进和提高对整个需求的理解。

敏捷团队中配备的人员往往通才多于专家。然而，减少专家并不是成功的关键。协作（不是消除如业务或产品专员的专家作用）才是成功的关键。敏捷团队因为其工作紧紧围绕着开发工作的多个方面展开，所以往往会培养团队成员的"通用"技能。提高学习能力，无论是学习技术知识还是专业领域知识，都是相互协作的敏捷团队的好处之一。

分析业务/产品和定义故事有很多方法。许多组织使用用例，另一些使用有关的业务流程分析技术。无论使用什么技术，无论分析水平如何，有 3 个因素与理解程度密切相关：确定涉及哪些人（也就是说，确定存在于客户环境中的角色和人员），确定这些人要履行哪些职责，把功能拆分成若干可执行的块（故事）。角色取决于人员（一种用户配置文件，如哈里特订单处理系统管理员）。功能可以按产品领域细分成若干层次：产品能力、特性和故事（分层级结构将在下一章深入讨论）[1]。

---

[1] 如果想更深入地了解故事开发、用例和故事之间的关系，以及故事估算等知识，请参阅迈克·科恩编著的 *Agile Estimating and Planning* 一书。

对团队来讲，如何创建待办事项列表条目非常重要，然而太多的敏捷团队只是在照搬旧习。在软件开发中，照搬旧习意味着只是把业务流程自动化，并没有仔细考虑这个业务流程是否有效。有效的业务流程自动化，应该是想方设法找出全新的方式来处理该流程，而这种办法对于以前的自动化来讲是完全不可能的（如工作流程自动化和数字图像处理）。

一些敏捷团队似乎正在忘记"传统"开发方式所带来的历史教训，还在盲目地帮助客户照搬旧习。尽管早期交付可工作的软件这一敏捷原则给许多公司带来了巨大的优势，但是许多敏捷方法（动态系统开发方法除外）中还是存在着一个基本的假设，即客户已经做完了他们的功课：一是他们理解了业务流程，二是他们已经完成了必要的业务流程分析和优化，三是他们了解自动化会如何改变流程本身。

从微观层次（单个故事或者特性）开始的需求定义方法，进一步增加了上述假设的危险性。团队成员检查细节并假定客户已了解整体。敏捷团队有时会变得只以开发人员为中心，而遗漏关键的业务流程分析角色（因此不再需要产品专员）。当不了解业务流程的开发人员与只了解当前进程的用户交互时，当需求调查的方法不考虑商业环境、业务流程和更广泛框架内的业务信息需要时，团队就错过了交付额外客户价值的绝好机会。

7.3 发布计划

发布计划展示出一个路线图，用于说明团队如何在项目数据表中所描述的项目目标和约束内实现产品愿景。

敏捷生命周期由迭代和故事驱动，而传统的计划由瀑布式和任务驱动，二者有很大的区别。故事驱动表现在它将计划和执行的主要重点从任务转变为产品特性。大多数传统的项目管理计划使用任务来构造工作分解结构（WBS），以便组织工作。尽管有经验的项目领导者首先将重点放在可交付的产品上，然后关注创建这些可交付产品所需的任务，工作或任务驱动的计划通常演变为非常周详的常规性计划。任何产品都有满足客户某种目的的一组特性，我们将客户与他们所要求的特性联系在一起，得到反馈的速度越快，产品开发工作成功的可能性就越大。

经验丰富的项目领导者知道将项目分解成工作分解结构的方式严重影响项目的管理和实施。每种工作分解结构都有各自的优缺点，一些项目领导者可能认为，特性分解结构更加难以管理[1]，但是它有利于促进项目团队和客户之间相互交流。此外，基于阶段的工作分解结构（需求、设计、构建、测试等）虽然更容易管理，但它们与工程师实际的工作方式并不匹配。

敏捷开发让团队将重点放在交付产品特性而不是中间文档工件上，这并不是要贬低"合理的和刚好的"文档的重要性。没有这些文档，没有人会考虑建造飞机或汽车等。根本问题不在于文档，而在于项目团队在制作中间工件时，往往会迷失方向，这些中间工件与团队制造最终产品的实际过程并无太大关系。

迭代生产出运行的、经测试且已验收的故事。敏捷目标是在任何一次迭代结束时都能具备可以部署的产品，即故事、测试、文档和其他可交付的产品可以打包并部署。迭代结果的实际部署（也称为增量交付）依赖大量的因素。

通过迭代，开发团队将精力集中在较少的增量工作上。在软件开发中，一次迭代可能持续 2~4 周，有些项目时间可能稍长一点[2]。如果你建造飞机，则迭代时间无疑会更长（虽然早期的原型分析可以采用短期迭代）。在特性团队（特性小组的工作人员通常少于 10 人）内开发的特性应该在该次迭代结束之前集成并测试。

里程碑是中间点，通常持续 1~3 个月。里程碑既是项目管理，也是技术功能。从项目管理角度看，里程碑为评审进度和调整项目提供了机会。有关计划的详细内容，包括发布和里程碑，将在下一章讨论。

> 客户价值和风险是推动发布计划的两个主要因素。

---

[1] 基于任务的工作分解结构，任务是相对不变的；而基于特性的工作分解结构，可以在每次迭代期间添加或删除特性。添加和删除特性会给使用传统项目管理工具的资源计划管理和报告带来困难。

[2] 迭代的时间长度在各个产品类型之间差别很大，即使同一个产品，其硬件和嵌入式软件特性的迭代时间长度也是不同的，但它们的里程碑必须保持同步。

发布计划的主要任务是以价值和风险为基础把故事分配到迭代中。

一个故事可能提供高价值但没有多大风险，或者它可能采用有风险的、最终客户不了解的新技术。通常，在将故事分配到迭代中时，最优先考虑的是交付产品团队规定的产品价值，然后是制订故事的进度计划，以便尽早降低项目风险。但有时技术风险需要放在首要位置。例如，如果飞机的性能标准是它必须在不加燃料的情况下飞行 10 000 公里，而达到这个标准的技术还不清楚，那么，除非技术团队有一定的自信，认为可以达到该性能要求，否则让客户排定特性的优先级就无从谈起。至于制订进度计划时需要考虑的其他因素，如资源的可用性、依赖关系及其他，都排在价值和风险因素之后。

发布计划应该是团队（包括产品团队、开发团队和高层管理者）共同协作的结晶。尽管高层管理者可以不参与整个计划过程，但是在开始阶段，团队需要高层管理者的输入，并且参与讨论要实现的最终目标。通常站在高层管理者的视角去理解目标，有助于团队克服巨大的障碍。

❑ 7.3.1 范围演变

敏捷项目管理处理范围管理非常现实。范围蔓延不是问题，虽然许多评论家对需求逐步升级的问题发出了哀叹。现实非常复杂，"避免范围蔓延"这样一个警告还不足以应付它。有一些范围变更的成本很低但很有价值；也有一些范围变更既大又代价昂贵，但对于提供客户价值又是至关重要的。当然，如果范围变更是随意的和恶意想出来的，那么它们对于项目有害无利。但一般而言，从满足不断演变的客户需求出发，在认同它对项目的影响的基础上做出范围变更，会提高项目成功的可能性。

在意大利举行的 XP2002 软件开发会议上，Standish Group 的吉姆·约翰逊提出了一些与范围有关的有趣信息。首先，约翰逊讲述了两个联邦政府委托的州立儿童福利方案，一个在佛罗里达州，另一个在明尼苏达州。佛罗里达州项目开始于 1990 年，最初预算为 3 200 万美元、100 名员工，交付日期为 1998 年。最近对该项目进行了一次评审，该项目估计需要 1.7 亿美元，要到 2005 年才能完成。明尼苏达州项目有着同样的基本目标，开始于 1999 年并已于 2000 年完成，8 个人

员共花费 110 万美元。诚然，造成这个差别可能有很多因素，但其重要的因素是
"镀金"。

正如 Standish 和其他研究所表明（琼斯，2008）的，镀金就是一种范围蔓延，
它成了重大的问题。敏捷开发鼓励逐步深入了解后进行变更，而与此同时，它不
鼓励镀金和需求膨胀，这在传统的预先收集需求时经常出现。约翰逊还报告了其
他两个研究（一个是为杜邦公司做的研究，另一个是一般性研究）。在第一个研
究中，杜邦公司估计其软件应用程序中的特性只有 25% 是实际需要的。Standish
研究估计有 45% 的软件特性从没有使用过，而仅有 20% 是经常或一直使用的。这
说明了部分部署有助于提高投资回报率的另一个原因：它可以让你避免构建昂贵
但从不使用的特性！

这些数字说明，许多传统的需求收集实践谴责"范围蔓延"是开发的主要问
题有多么可笑。我主张的是，让特性随着项目周期不断演变（当然有一定的限度），
这比在开始时幻想需求，又在没有客户经常参与的情况下构建功能，会更快速、
更节省。构建最少特性的策略以及简单、适度地适应变化会使团队受益匪浅。

敏捷开发是关于聚焦和平衡的：聚焦于项目的关键愿景和目标，强迫做出困
难的权衡决策，以保持产品各方面的平衡。敏捷开发按故事制订计划，让客户参
与，从而将计划流程的重点放在客户关心的、很容易确定优先级的事情上。由于
在每次迭代中，都根据实际开发经验、而不是凭空猜想或希望对计划进行调整，
因此，可有可无的故事会放在以后的迭代中进行或经常被彻底取消。

产品范围的关键因素应该包括客户价值、技术可行性、成本和关键的业务进
度需要。它不应该受到我们在对产品和项目仍然不了解的情况下所制订的计划的
制约。

> 以简洁为本，它是极力减少不必要的工作量的艺术。——《敏捷宣言》

敏捷项目中的短迭代结合迭代结束时的客户评审，使整个团队（包括开发人
员、客户和经理）都能够面对现实。我们可以编制需求文档，"估计"开发和测
试代码需要花费的时间；也可以构建一小部分故事，度量开发所需的实际时间。

"是的，我们估计这次迭代可以实现 25 个故事，但实际上我们只能交付 15 个，现在怎么办？"我们不得不丢弃一些故事，增派人手并且/或者延长项目时间。注意，我们要在项目早期，趁还有时间补救的时候就这样做。传统的方法总是将这些困难的决定推迟到几乎不可能采取应变措施的时候。短周期的现实检验，可以防止特性失去控制。通过取消故事或降低故事深度来减少整个工作量，可以对生产效率产生巨大的影响。

> 当进度出现问题的时候，瀑布式方法缩减任务，通常减少测试，而敏捷方法减少功能。前者降低质量，后者缩小范围。

短迭代也让开发人员能够保持专注。由于每隔几周就有一个截止日期临近，因此"增加"故事的倾向就会减少。前面讨论的优先级强调减少故事的数量，而短迭代用于限制故事的规模。敏捷实践将变化融入开发流程中，通过持续、集中地强调核心部分来减小项目规模。

7.3.2　第 0 次迭代

一些人认为，敏捷开发允许开发人员一开始就构建或编码（指软件领域），他们谴责敏捷方法，说这些方法在早期的需求定义或架构上根本没有或几乎没有花费任何时间。另外，他们同样谴责项目在交付客户价值之前整月整月地进行计划、需求规格说明和架构等工作。第 0 次迭代就是尝试找到这两者之间的平衡点。"0"意味着在时间期限内没有任何有用的东西（故事）可以向客户交付。然而，这种做法对于团队还是很有用的。意识到第 0 次迭代不交付客户价值会促使团队尽量使其保持简短。

> 第 0 次迭代有助于团队在预期和适应之间保持平衡。

以下是在第 0 次迭代中要做的几个工作实例。一个项目要开发大型的业务软件应用，必须集成其他业务应用程序，在第 0 次迭代中可能需要做一些数据架构的工作，以便适当地定义与其他应用程序的接口。对于电子仪器项目，团队建立初步的组件架构会非常有用。团队如果要使用不熟悉的技术，可能需要在项目启动之前，花一些时间进行培训。在签订合同之前，客户可能要求一些需求文档。所有这些实例都表明，在进入实际的迭代的故事开发之前，需要做一些工作并花费一定的时间。对于上述各项，应该建立工作卡片（它通常指一个明确的工件，如骨架结构图）并放在第 0 次迭代中。显然，在项目实施之前需要第 0 次迭代，也有可能将它作为构想阶段的一部分。

尽管相关的问题可能并不同，但结果是一样的：一些项目比其他项目需要更广泛的初始化工作。有效利用第 0 次迭代的关键在于，既要考虑进一步计划的潜在好处，也要考虑缺乏客户可交付故事这个缺点，这通常需要做出权衡决策。下一代巨型喷气式飞机的第 0 次迭代的时间范围，与便携式 CD 播放机的时间范围有很大差异。

❏ 7.3.3　第 1 ~ N 次迭代

对于大多数项目来说，团队需要创建一个计划，将故事分派给项目期间的各次迭代，以便掌握项目的进展情况，确定完成日期、人员配备、成本和其他项目计划信息。开发团队和产品团队（包括产品经理在内）共同制订发布计划。制订发布计划涉及以下活动：

- 确定已知的风险对迭代计划的影响。
- 确定进度目标（"理想"的进度目标是从产品管理的角度进行考虑，不考虑可实现性）。
- 为每次迭代编制主题。
- 将故事卡片分派给每次迭代，必要时，平衡价值、风险、资源和依赖关系。
- 汇总故事卡片布局（见图 7-6，通常贴在墙上）、完整的发布计划（见图 7-7）或项目停车场图（见图 7-8）[1]，形成发布计划；
- 运用权衡矩阵作为指导，在必要时调整已制订的计划。

---

[1] 项目停车场图由杰夫·德鲁卡开发，他是 *Feature-Driven Development* 的作者之一。

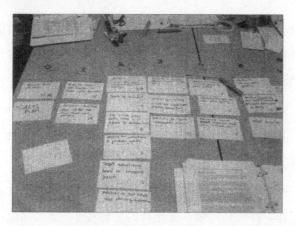

图 7-6 发布计划（小项目）

	第0次迭代	第1次迭代	第2次迭代	第3次迭代
	任务……	故事1　3	故事6　5	故事4　4
	任务……	故事2　4	故事8	故事14　4
	任务……			
	任务……	故事12　5	故事11　2	故事3　4
计划		12	11	12
容量		12	12	12

图 7-7 完整的发布计划（部分内容）

如前所述，客户价值和风险是制订故事进度计划的主要因素。例如，在一个需求风险无规律（团队意识到需求很难确定并易变）的项目中，决定首先实现哪些故事，可能与技术风险高（团队以前从没有使用过的技术组合）的项目有所不同。有些时候，为了降低风险，会首先实现高风险的故事，而推迟开发正常情况下应该首先实现的高价值的故事。因此，应该认真检查风险清单，确定风险降低对发布计划的影响，特别是改变故事的顺序和纳入高风险的条目对发布计划的影响。

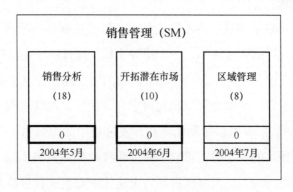

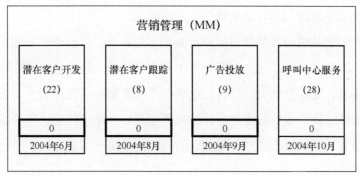

图 7-8　发布计划停车场

　　每个项目都有一些目标交付日期，由营销部门、管理层或客户选定。该目标确定项目团队之外的人想要得到什么东西，因为他们理解外部的业务。虽然确定这些日期的理由各不相同，有些是根据深思熟虑的市场分析的，有些是即兴猜测的，但这些日期是重要的，无论它们是即兴猜测的还是深思熟虑的，都代表了利益相关方的期望。每个项目还有一个计划的日期，它是工程团队制订的发布计划的一部分。这两类日期都会在协商流程中使用，项目团队需要理解利益相关方的期望，哪怕它是稀奇古怪的。

　　在很多情况下，目标日期成为项目的约束。例如，虽然经过充分计划和协商，确立了一个日期是两个月，但产品经理和高层管理者都认为这个时间太长了。一旦每个人都了解这些日期的意义，较早的那个日期就可以设定为约束日期。由于项目有许多未知因素，每个人（包括开发团队、客户团队和高层管理者）都致力于解决这些未知因素，以使项目尽早完成。例如，每个人都会去削减特性以缩小范围。一旦表明在较早的日期内不可能完成，就要重新评估项目[①]。

对于每次迭代，团队应该制定一个指导主题，这有助于团队确定重点并确保在特性的深度和广度两者之间保持平衡。主题的制定通常是从分配故事到迭代的流程中演变而来的，但有时也可以预先设定一个主题。这些主题（如"演示基本的仪器数据采集能力"）可以帮助团队在开发过程中保持聚焦，而单个故事清单是无法起到这个作用的。主题也可以用来反映风险缓解策略（如"证明我们的高风险价值设计是可行的"）。大型项目在每次迭代中要完成许多故事，确定主题尤为重要（有关主题的内容在第 8 章中会详细讲述）。

索引卡仍然是敏捷团队制订发布计划的主要工具。索引卡很有效，因为其可触、可视，在每次迭代计划会议期间便于查找。对于小型项目，团队可以将这些卡片放在桌上；而对于较大的项目，这些卡片可能要被贴在白板上。也可以使用电子表格，显示整个项目和维护资源的概要信息。尽管我们应该尽可能在这些卡片上列出独立于其他故事之外的功能，但依赖关系是不可避免的，并会影响故事的实现次序。

还有一些其他技巧可以帮助制订更可靠的计划。在每次迭代中为迭代评审期间找出的已知变更分配额外的时间，在每次迭代中放入一个标记为"返工和应急"的故事卡。我经常看到一些计划带有检查或评审任务，但没有为评审中发现的变更分配任何时间！在每次迭代的结尾，敏捷项目要经过几次快速的评审，包括客户的和技术的。因而，即使细节的东西尚不知道，也应该在每次迭代中增加一个返工和应急的"故事"（例如，占迭代 10% 的工作时间），以便留出时间来应对不可避免出现的变更。这些返工和应急卡，应该和其他故事卡一样，安排相应的时间。

> 预留迭代总工作量的 10% 用于安排返工和应急，可以构建更加精确的发布计划。

---

① 目标日期和计划日期之间的协商过程只有在所有利益相关方协作努力、对目标达成共识的情况下才可行。在各方都很武断和反复无常的情况下，它是行不通的。

增加进度计划可靠性的第二个技巧，尤其对于探索系数高的项目，是在项目结尾留出一个或多个"空的"迭代。这些缓冲区可以用来应对变化、修复缺陷或重构。另外，分配到最后才进行迭代的故事，应该是优先级别较低的、一旦出现情况就可以放弃的故事。

不管表面看起来如何，发布计划不是说明性计划。即使一份完整的发布计划将要开发的故事分配到每次迭代中，看起来像说明性的，该计划也需要在每次迭代和里程碑结束时加以评审和修订。敏捷发布计划是用来成功地适应不可避免出现的变化的，不是用来遵循的一成不变的计划。

❑ 7.3.4　第一个可行的部署

由于早期的产品部署有重大的好处，所以产品团队应该确定第一个可行的部署，即确定第一个可以部署产品的迭代。例如，一个公司可以为需要某个产品的主要客户部署该产品的早期版本，客户理解该产品只有某些特性，但他们愿意使用这些有限的功能。对于开发团队来说，早期部署既可以获得收入，也有助于验证产品概念并得到用户反馈。早期部署有一定好处，但也有潜在的成本，如果部署成本太高，就可能抵消一些好处。

可部署和已部署的问题，一直困扰着敏捷人士。迭代开发创建产品的可部署部分。这些可部署的部分在随后的开发中会根据不同情况逐步实现或不被实现（部署）。实际部署更受欢迎，但并非必需。

想采取早期部署策略的团队需要在最初的制订发布计划期间就考虑到它，因为它会影响故事实现的进度。例如，早期部署策略可能建议将某个特定领域的所有特性安排在项目前期，以便该产品在该领域充分部署。此外，还要同时考虑早期部署和测试策略。

在某些类型的软件开发中，如基于网络的系统，每次迭代的结果可能都需要进行部署；其他类型的产品，则很难进行部分部署。例如，如果竞争对手已经在市场上有了具备某种功能的产品，在具备相当的功能前，部署你的产品或许是不可行的[①]。毫无疑问，我们不建议部署一架部分完成的飞机。

❑ 7.3.5 估算

几乎在每个展示会上或工作坊中，我都会被问到这样一个问题："你如何估算一个敏捷项目？"最简单的回答是"使用你已经采用的技巧"。"如何估算"这个问题暗含着以下几个微妙的问题：

- 估算未知因素。
- 按故事而非任务进行估算。
- 循序渐进地估算。
- 估算会非常浪费时间。
- 估算与设定规模。
- 使用故事点和工作小时数。

首先，由于敏捷方法通常用于探索系数高的项目，关键的估算问题变成了"你如何估算未知因素？"答案是"不能"。当面对未知因素时，你是在猜测而非估算，这也是我们唯一能做的。这正是为什么在敏捷项目中，进度和成本通常被看作约束而非估算的一个原因。敏捷组织学会了与不确定性共存，而不是试图在一个快速变化的世界里要求确定性。

敏捷项目是按照产品的能力和故事制订计划的，而许多项目经理可能对基于任务的估算更熟悉。这些经理必须学会将他们估算任务的经验运用到估算故事上。例如，他们逐个地估算故事，而不是估算整个项目的需求。与基于任务做计划的团队成员相比，花几天时间来确定故事并将它们分配给各个迭代的团队成员，通常会对产品有更好的了解。因而，在大多数情况下，基于故事的计划可以提供更好的估算。

减少浪费是精益思想的一个原则，它包括观察各项活动，从而消除或减少不

---

① 另一方面，肯·德科尔表示："等待一个特性齐全的产品可能是一个错误。部分部署迫使你找出哪些特性对于客户来说是重要的。大多数软件产品具备太多的功能，客户都极少使用它们。当竞争对手有了完整产品的时候，部分部署可以让你了解你和竞争对手都不知道的、关于客户的事情。"

直接产生客户价值的活动。估算可能是一个浪费时间的活动。在项目早期对功能进行过于详细的估算很浪费时间，因为有很多功能随后会被放弃。对某些只是列在待办事项列表上的条目进行一遍又一遍的估算，也是在浪费时间。对于许多小的维护功能来说，完成它们和估算它们所用的时间几乎一样。所以，估算（特别是经常进行详细的估算）应该与估算所带来的利益密切相连。一些采用看板（一种较新的实践，第 8 章将要介绍）的软件团队，已经完全摒弃了估算这一活动。

一个减轻估算负担的方法是把估算和设定规模区分开来。对于一个为期 12 个月要完成 125 个功能的项目，大多数敏捷团队都会尝试设定边界，而不是进行精确估算。设定边界基于拥有足够的有关项目规模的信息，从而感觉发布计划是可行的。规模的设定有助于回答这样的战略问题：团队是否有能力在项目的约束内交付可发布的、高质量的产品？

许多敏捷软件团队估算故事点而不是估算工作小时数。故事点试图确定一个工作单位而不是工作量，这跟油漆工用墙面平方米来估算工作类似。在软件开发中，人们过去尝试用代码行数和功能点来提供测量方法。这两种方法都有问题，最大的问题是早期估算需要做太多的工作。故事点是一种相对测量的方法（例如，这个故事比那个故事看起来大 3 倍）。与试图估算工作小时数的团队相比，有经验的团队做这种相对测量速度要快得多。相反，某些时候管理层通常需要进行总体工作量估算或成本估算，所以就需要对故事点进行一些转换。一些组织对发布计划使用工作小时数进行估算，而对迭代计划使用故事点进行估算[①]。

作为一个优秀的项目经理，如果采用基于任务的计划，他们都知道根据任务或功能的详细估算累计得出的项目估算，会导致整个项目的估算值过高。虽然有很多技巧（如自下而上和自上而下估算、对比类似项目估算）可以帮助团队获得较合理的整体项目估算值，但都不能弥补不确定性。虽然这些技巧为整个项目提供了更准确的估算，但下一次迭代计划应该使用团队成员的估算。在团队开发和保持一致性中，重要的一点是团队成员要对迭代计划负责。随着项目的进行，团队成员应该在下一次迭代的估算时做得更好，从而能够改进对发布中其余部分的估算。

---

① 有关故事点与工作小时数估算的深入分析，请参阅迈克·科恩编著的 *Agile Estimating and Planning*（2006）一书。

随着项目规模增大，估算需要更多的团队成员估算故事。虽然团队对于开发故事要花费多长时间可能有合理的推算（至少对于项目早期的迭代），但他们通常会低估与其他团队协作所涉及的工作量。随着团队不断壮大，生产率会降低，有时甚至降得非常厉害。例如，在软件开发中，一个拥有优秀工具的小团队的生产率可能达到每人每月 50 个功能点（一种规模度量单位），而一个 100 人的团队极有可能达不到其一半的生产率。了解行业规范和使用估算软件可以为团队估算提供较为理想的验证方法。即使最好的团队也不可能比其他团队提前一半的时间交付产品。

像敏捷开发中其他的任何工件一样，估算和设定规模也是随着时间的变化而不断演变的。衡量最初发布计划的开发能力和估算一个为期两周的迭代计划的任务有很大差异，认识到这一差异，团队才能缩短重新估算的时间。

❏ 7.3.6　其他卡片类型

尽管用户故事卡片主导发布计划，但是所有其他工作在这里也需要有所交代。否则，会因为遗漏了某些工作而导致计划出现差错，到最后团队成员就会奇怪为什么他们没有完成计划的故事。其他类型的计划卡片有性能卡片（此工作是为了计划并执行压力、性能和负载测试）、任务卡片（必须做但并不直接产生用户故事的工作）、技术卡片（非面向用户的故事）和缓冲区卡片（预留时间给预期的变化）。这几个其他的故事类型将在第 8 章中介绍。

7.4　结束语

产品开发取决于管理信息和该信息在项目过程中的演变方式。信息的累积需要一个框架或模型，用来帮助适时地从适当的人员那里获取恰当的信息、指导项目参与者并监督项目实际的进展。

在故事开发开始之前，需要完成 3 个主要的活动：清楚表述产品愿景，定义项目的目标和约束，制订一个迭代的、基于故事的发布计划。在构想和推演阶段生成产品的特性/故事待办事项列表，发布计划就是基于该列表而建立起来的。当发布计划制订完成之后，其他通用的项目管理计划工件（如开支预算），就可以最终确定。事实上，当完成待办事项列表和发布计划后，其他的事情就相对容易了！

　　虽然推演阶段可能听起来有点投机取巧，但实际上，在开发初期提取有用的计划信息方面，本章列举的实践已经被证明是非常可靠的。基于特性的计划强迫工程团队和客户团队了解产品，这是在基于任务的计划中很少使用的方法。在迭代和里程碑结束时，会重新进行计划，计划和产品会随着试验中得到的信息和不断的反馈而演变。

第8章

高级发布计划

自《敏捷项目管理》第 1 版出版之后的 5 年里，有关发布计划和待办事项列表开发的新思路大量涌现。上一章中包含了第 1 版中有关这些主题的基本思想和一些更新。本章是新增内容，进一步介绍一些在多数组织中被证明非常有用的观点，包括发布计划的价值、基于能力的计划、价值点分析、计划主题、处理不确定性，以及在制品与吞吐量。

8.1 发布（项目）计划

缺乏好的发布计划在部分敏捷社区中是很常见的事情。团队似乎只投身于迭代开发和构建待办事项列表的活动中，而忽略了整个发布或项目计划。即使有些团队制订了最初的发布计划，但也未能使其保持时效。当然，这样做也使得团队能够抵制管理层对于一些"虚假"信息的要求，如"这个项目会花费多少钱？"或者"我们什么时候有可发布的产品？""这个项目会需要多长时间？"

缺乏对于上述业务问题的合理回答，会让经理和高层管理者对敏捷团队感到不满。在过去，一些项目把进度强加给团队，从而导致该项目方法功能性失调，于是许多开发团队把敏捷方法看作能够解决这种功能性失调的方法。一些团队就试图从强加的进度表转变到没有进度表。

管理层之所以批准项目是因为他们想要解决一个业务问题。他们想知道这个问题如何解决、成本多少、历时多长时间、将面临多大风险等。当敏捷团队或其他团队回答不出这些问题时，就会被认为缺乏责任心或缺乏信用。这也是灵活性与稳定性的问题——"对于承诺的东西如何做到既保证交付，同时又留出变化、学习和惊喜的空间？""如何在固定期限内进行创新？"只有最优秀的团队才能解决这些看似矛盾的问题。

强加的进度表和没有进度表都不是正确的做法。敏捷和适应性意味着整个项目社区（包括经理、开发团队、项目领导者等）必须知道自己将走向哪里，也必须理解调整计划（适应性）是正常的事情。但是，在更传统的计划活动中，"计划"变得非常具体并成为一个确定的目标。坚持按计划行事，将成为对开发团队和经理的一场意志的考验。

那么，如果摒弃传统的计划，我们如何能够做得更好呢？这同样也是一场意志的考验，经理想知道（对于业务理由的真正需要）什么时间能够交付什么价值，开发团队却说"你们不能问我们这样的问题，因为我们是敏捷团队"。我的观点是我们没有做得更好，事实上，我们反而更差了。

无论是固定的计划还是根本没有计划，都不是解决问题的办法，这样只能阻碍敏捷方法更广泛地被人们接受。让每个人把计划当作可以适应变化的指南并不容易，也不会很快做到。但从长远来看，这个方法可以让管理层知道开发团队是能够理解企业经营的约束的，也会让开发团队了解经理们能够理解项目在不断演变，固定的计划是不可行的。要想解决"有计划和没有计划"这个两难的问题，所有参与方必须理解敏捷发布计划的目标，即：

- 促进更好地理解项目的可视化和可行性。
- 概述风险评估和缓解风险。
- 增强团队排列能力和故事优先级的能力。
- 让团队对项目有一个整体的"感觉"。
- 回答管理层有关价值、进度和成本的问题。
- 创建一个让管理层和团队成员都感到舒适的项目状态。
- 创建一份部分部署的计划。

8.2　基于愿望的计划（平衡容量和需求）

许多公司在容量计划方面做得很差，也就是无法平衡组织的实际容量和工作需求之间的关系。计划常常不是基于容量的，而是基于愿望的。一些行业文章中有关项目成功的光鲜故事，使得经理们认为只要他们的团队足够努力，就会非常卓越。通常，这种激励的把戏最终导致团队不仅没能达到高绩效，反而功能失调。在各种公司工作的经验让我明白，有些经理不理解拉伸极限和完全不合理之间的差别。随着时间的推移，拉伸极限的项目计划就发展成非理性的、基于愿望的计划。

平衡容量和需求是复杂的工作，因为它既涉及诸如估算等定量问题，也涉及诸如不断升级的客户需求和员工激励等定性问题。解决定量问题需要具备估算和计划的技能，在高风险和高不确定性的情况下，则需要具备较高的估算和计划技能。组织往往基于愿望做计划，而没有基于自身容量。例如，团队经理希望下次能够发布 50 个特性以满足市场需求，尽管开发人员清楚地知道发布 30 个特性才是更现实的做法。许多经理把压力作为一种激励技巧，让员工满负荷地工作似乎是经理们最广泛使用的方法之一。

如今公司所面临的巨大压力导致经理们基于愿望做计划。市场需求增大，产品经理想要应对竞争压力，就挑战极限，一旦"我这么说过，所以必须做"代替现实的计划，问题便随之而来。基于愿望做计划是一件危险的事情。首先，计划建立在需求大大超过容量的基础上，开发团队被迫接受这些需求（但它并非真正接受这些需求）；其次，如果计划不切实际，就必然忽视进度和特性等因素。然而，不能按时交付产品的话，就会被认为"绩效"出了问题，而不是计划出了问题，从而导致人们对开发团队的计划或交付能力失去信心。当愿望再次战胜现实，营销或管理人员就会忽略开发团队提供的信息（因为没有可信度），而是继续下一轮的基于愿望做计划。各方之间产生不信任，使得在进行下一轮的计划工作时产生更有争议的想法。

不可避免地，组织会尝试通过解决错误的问题来修复问题。最常见的解决方法几乎总是提高估算和计划的技能，因为基于愿望做计划和激励的方法是管理文化的一部分，很难改变。许多组织投入数百万美元用以提高估算和做计划的技能，却无济于事，因为它们缺乏解决这些问题的意志。

在基于愿望的文化中，无懈可击的估算总是被愿望所压倒，所以估算的准确性几乎没有什么区别。

在这种情况下，开发组织也并非没有过错。它们的估算实践和技能经常比较低劣，尽管有时很难区分低劣的技能和强加的非现实主义。许多开发组织总是喊"狼来了"，结果导致较低的可信度，这也实属应得。它们不停地说"不"，从而将自己置身于劣势位置。但这种消极态度也并非总是开发组织的错。如果有人不断地让你做不可能的事情，你不断地说"不"，于是你就被贴上消极的标签，但那些人也必须被贴上"不切实际"的标志。

开发组织往往缺乏的另一个技能是良好的谈判技能。史蒂夫·麦克奈尔（*Software Project Survival Guide* 等书的作者）在几年前的一次谈话中提到了这个非常有用的技能。许多管理人员和营销人员拥有久经磨炼的谈判技巧。开发团队试着与这些技艺娴熟的谈判专家沟通项目进度，结果往往草草达成协议。工程师对他们能够完成的事情持乐观、热情的态度，他们也会坚持执行计划，他们会说"我不知道我们是否能做到，但我们会尽力的"。人们只记得这个项目花费的时间和金钱，而不记得执行这样的计划有多么困难，这样的计划从一开始就注定不可能取得成功。

另一个有关计划（需求）的大问题是，计划总是被当作"激励"团队的基本因素。一个经过认真估算和合理计划，从而判定周期是 9 个月的项目，有人也许说"我们给他们 6 个月的时间吧，这样能激励他们"。这样做的后果是导致单个项目出现问题。当投资组合中多个项目都受到影响并且团队间的合作消失时，这个问题就会被放大数倍。最好的激励是激发内部动力，而不是外部强加。把不现实的进度表强加给项目，不但起不到激励作用，反而更容易起反作用。

为了使现实满足愿望，上述所有这些因素都致使软件团队在产品发布晚期才开始去掉一些故事。这种做法导致效率非常低下，因为团队在尽力去掉不易实施或测试较差的故事时，会引起代码库出现巨大问题。压力通常也会转化为不良测试，而不良测试会导致在发布晚期问题进一步恶化。最后，当人们开始面对现实并意识到发布计划真的只是一个幻想时，有人受到了奖励，有人受到了惩罚。那些没有制订自己的计划、只是毫无怨言地执行不切实际的计划的团队，经常会因为其辛勤工作而最终获得奖励；而那些在一开始就试图反对不现实的计划的团队会被认为"阻挠者"和不具备团队合作的精神。奖励错误的行为会导致下一轮的绩效和交付活动进一步受损。容量与需求的不平衡，产生动态的螺旋，使得组织越来越深地陷入功能失调的行为中。

8.3　多层级计划

对于大中型项目，第 7 章提到的基于故事的计划太过于精细。例如，在汽车开发中，整个汽车包含成千上万个零件。同样地，一个大型软件应用程序可能包含成千上万个故事。虽然开发团队需要详细地制订计划并交付，但对于时间超过3 个月的项目来说，更高层次的计划会更加有效。因为计划随时间变化而变化，所以为一个历时 8 个月（17 次迭代）、每次迭代为期两个星期的项目制订基于故事的计划，就是在浪费时间。计划的确需要足够详细才能回答关键问题，但太过详细的计划只是提供了一种确定性的错觉。

图 8-1 展示了两种产品分层图，一种是软件产品，另一种是硬件产品。层级数取决于项目的大小（巨大的项目可能还需要另加一层）。小型的为期 3 个月的项目完全可以把计划做到故事层。一个 200 人、为期 18 个月的项目，其计划工作必须在几个层面（如业务领域、能力、故事）展开。在客户关系管理应用开发中，层级依次是业务领域（销售）、能力（销售经理能够做盈利能力分析）和故事（销售经理能按产品生成地区销售报表）。对于汽车项目，层级可能包括平台（SUV 车体）、小组（动力传动系统）、组件（传输）和特性（变速杆）。

多层级计划有助于解决一个关键的两难问题：计划既需要预测性，又需要灵活性。高层管理者和经理需要在一定程度上预测诸如财务和营销计划等事宜，同时他们也需要能够适应新的形势和信息。他们负有通过进度报告监督组织项目的责任。该问题的一个部分解决方案（很遗憾，在不确定的条件下，没有一个绝对可靠的解决方案）是把能力层看作较为固定的，而把故事层看作灵活的。例如，在能力层，团队可以制订计划，努力负责地按计划交付能力；在故事层，团队在实施哪些故事（功能范围的窄或宽）及每个故事的实施深度等问题上保持灵活性。

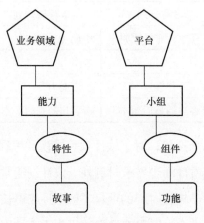

图 8-1　产品层级（示例）

❏ 完整的产品计划结构

一个完整的产品计划结构包括 4 层（见图 8-2）：产品路线图、发布计划、里程碑计划和迭代计划。表 8-1 总结了后 3 种的特点。

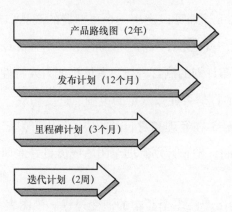

图 8-2　完整的产品计划结构（时限不同）

如前面章节介绍，迭代计划是为开发团队所做的日常工作计划。对于软件项目来说，迭代时间为 1～4 周不等，但是过去几年的敏捷项目经验使得大多数团队把时间都缩短到 1 周或 2 周。迭代计划由开发团队和产品/客户团队共同制订。迭代计划使用故事并把故事拆分成任务，因此它们是最详细的计划。

表 8-1　产品计划结构

特　　点	发布计划	里程碑计划	迭代计划
时间范围	长期（大于 6 个月）	中期（3 个月）	短期（1～4 周）
详细度	能力	故事	故事/任务
承诺类型	项目可行性	承诺能力	承诺故事
部署	给客户的最后版本	给客户的临时版本	客户评审流程

里程碑计划跨越几个迭代，对于软件项目来说，里程碑计划的典型长度是 3 个月，如果需要跟其他项目同步需求时例外。该计划通常具体到故事层，而不是任务层。里程碑计划对于较长时间的项目（9 个月或更长）尤其有用，如有可能则应该进行部分部署的发布。里程碑经常被用作重大的同步点和集成点，特别是对于那些既有软件也有硬件的产品。使用外部供应商组件的软件团队或许会计划从里程碑二（项目开始 6 个月后）开始集成组件，之后每次里程碑集成一次。另外，如果不经常同步集成效果很差，就说明团队应该更加频繁地同步集成。通常把里程碑看作"中间"层的计划。

发布（或者项目）计划可以产生一个可部署的产品。对于短期项目，3～6 个月的发布和迭代计划就足够了。对于长期项目，里程碑计划是必要的。除了时间非常短的项目，发布计划的制订一般只具体到能力或特性层。发布计划试图回答这个问题："这个项目是否能按规定的范围、进度和成本交付有品质的可发布的产品？"发布计划经常在经理和发起人的协作下由开发团队和产品团队共同制订。高层管理者参与制订发布计划有助于团队成员更好地理解战略问题和管理关键的发布标准。

产品路线图勾画出产品多个版本的演变过程。该图表示的时限可以历时几年，是对产品能力进行的一种概括汇总。产品团队通过构想产品如何随时间演变而勾勒出路线图。路线图是一种可能性而不是可行性，它大概设定了边界而不是精确的估算。路线图也包括技术组件。

　　一家大型金融产品软件公司使用了所有 4 个层次的计划。它的产品管理小组制订了一个为期 2~3 年的路线图，包括业务领域和需要实施的能力。我们制订了一个为期 18 个月的可行的发布计划，其中包含 300 个能力的开发，需要几个团队共 75 个人来完成。然后每个团队制订了为期 3 个月的具体到故事层的里程碑计划和详细到故事层与任务层的迭代计划。随着开发工作不断推进，每个计划都会得到定期更新。

　　尽管每个产品和业务不尽相同，但有一个指导原则是相同的，即尽可能地缩短每个周期。2 周的迭代要比 4 周的迭代更受欢迎。频繁发布是应该严格奉行的做法，但其频繁程度也要与业务需求相匹配。替换现有产品与不断改进产品的版本是不同的发布策略。替代产品通常需要完成原来产品的绝大部分能力后才能发布。这种类型的项目通常会历时 18 个月或更久，因此制订一个每 3 个月一个里程碑计划的整体发布计划是最合适的。当每个里程碑中可发布的特性快要成形的时候，就项目即将结束向客户实际进行部署的时候。这种方法的危险在于直到项目晚期才会得到真正的客户反馈，尽管可以通过定期让客户评审产品能力来降低这种风险。

　　相反，有些软件应用程序项目可以每 3 个月发布一次，或许只需要一个产品路线图和一个 3 个月的发布计划。有的产品更有意思，团队计划是里程碑计划，发布却非常频繁，几乎每周一次。团队计划是按里程碑制订的，发布却是在每次迭代后进行的。一个拥有巨大的信用卡处理应用程序系统的金融服务公司，平均每月发布 100 个新特性。

> 　　随着公司快速发布新版本的能力不断增强，做详细计划的时间被缩短了，响应客户需求的能力得到了提高。

8.4　能力

　　能力描述了一个高层级的业务或产品功能，它是完整和有价值的；而故事是指向客户交付的某一项有用的和有价值的功能（有些人用史诗代替能力，表明史诗是由许多故事组成的）。区分能力和故事并不容易，因为完整功能和部分功能的概念都是不明确的。然而，大型项目最好按功能分层做计划。区分各个层次的最好办法是以其大小为根据。故事应该需要 2 ~ 10 天的工作量，能力应该需要 20 ~ 200 天的工作量。另一个指导方针是每个高一级功能的大小大概是低一级的 3 倍。完成一个特性需要 6 ~ 30 天，而完成一项能力需要 18 ~ 90 天。

在第 7 章中，图 7-8 用停车场图的形式显示了客户关系管理系统的计划，其中包括两个业务主题领域（销售管理和营销）和 7 个能力，在这些主题领域内的每个能力用方框表示（如销售管理下的销售分析、开拓潜在市场和地区管理）。在能力名称下面的括号中的数字表示该能力的详细故事数（如销售分析中的 18），方框底部的日期表示完成该能力的年月。与客户关系管理一样，大型应用程序可能有 200 ~ 500 个能力、几千个故事，以及 20 ~ 30 个业务领域。使用这种多层计划方法，客户和开发团队能够制定一个基于能力层的路线图、一个基于故事层的里程碑计划，以及一个基于故事层与任务层的迭代计划。

❏ 8.4.1　能力用例

另一个定义能力的途径来自 *Capability Cases: A Solution Envisioning Approach*（2005）一书，该书由艾琳·伯利克夫、罗伯特·科恩和拉尔夫·霍奇森合著。作者把能力用例看作商业愿望（和需要）与为商业用户所提供服务的系统的桥梁。能力用例包括商业愿望或需要和一系列可能的技术解决方案。一个能力用例可以看作一个"大"用例。如今无数的现有技术几乎能解决任何问题，在能力层拟提几个备选解决方案是必要的。

美国和加拿大的军事部门很早就采用被称为"基于能力的计划"方法。它们用此方法采购武器系统，把它们想要获得的能力定义为速度、距离和装备交付等，承包商再据此制定详细的规格以满足上述能力。如果我们把能力用例看作有明确解决方案的高层次业务需求，那么团队就能在一定范围内对它们进行估算。团队可以"承诺"交付一组能力，而把有关实施（故事）的要求和细节都交给项目团队处理。按这种方式工作要求管理层和项目团队都了解流程并拥有合适的预期。

公司既需要有可预测性，又需要灵活性。使用能力—故事的方法既可以在能力层提供可预测性，又可以在具体交付这些能力的方式（故事层）上保持灵活性。

8.4.2 创建产品待办事项列表和路线图

产品待办事项列表是待开发的工作条目列表，涵盖所有产品结构层次。许多产品管理团队用电子表格来管理这些列表，但也有开源软件和商业软件工具既能管理待办事项列表条目，也能协助制订发布计划和迭代计划。随着时间的推移，出现了更详细的分类（如从能力到故事），产品待办事项列表也随之调整和添加新的条目。待办事项条目的信息也伴随着现有资料的完善（更准确的描述、更精确的估算）而不断改进。由于信息是在开发过程中收集起来的，因此应该奉行及时的哲学——不要等到真正需要的时候才收集太多的详细信息，因为情况是会发生改变的，并且会浪费时间。

产品待办事项列表，特别是对于传统应用程序来说，也会包含系统变更请求。尽管这些诸如维护请求、持续的缺陷、小的改进、技术债务减少等条目，可以由单独的系统变更请求管理，但这些也是产品待办事项列表中的一部分。

尽管待办事项条目可能有多种来源，但是管理待办事项列表的责任要归于产品团队（这个可能与系统变更请求情况不同）。图 8-3 显示了产品的生命周期，从产品概念阶段开始，在此阶段产品团队开始开发高级路线图并匹配以各种能力。来自开发团队的人员，如高级开发人员和架构师会在此时介入，主要着手进行技术可行性分析和提供总规模的估算。

在概念阶段将要结束的时候，会召开由整个产品和开发团队参加的项目章程会议，讨论产品愿景、项目范围和边界，以及发布计划的各种活动。根据项目的规模大小，经过大家共同努力，在这次会议中可能产生发布计划、第一个里程碑计划和第一次迭代计划。在项目章程会议上，随着确定新的故事，产品待办事项列表将进行更新。

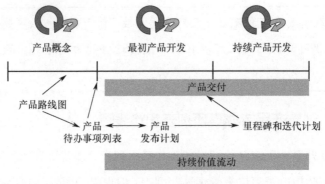

图 8-3　产品生命周期

　　制定产品待办事项列表和路线图需要团队具有分析技巧，能够分析谁在使用这个产品（用户画像和角色）、产品领域和产品组件。对于需求分析技巧，虽然大量的书籍或其他来源都有讲述，但秘诀是用一种敏捷的方式使用这些技巧。最重要的是，要尽量奉行简单原则，因为这些技巧当中有一些支持顺序式开发。例如，UML 建模作为文档编辑技巧很有价值，但它也导致许多组织为图疯狂。因此推荐一本比较适合建模的参考书——斯科特·安布勒编著的 *Agile Modeling*（2002）。

❏ 8.4.3　一个最优的计划结构

　　由于项目类型和大小各不相同，因此要想推荐一个最优的计划结构几乎很冒昧。此外，如果某一个计划结构适合不成熟的敏捷组织，那么对于成熟的敏捷组织，它就不是最优的。从我与多家公司打交道的经验来看，我向大家推荐两个适合成熟的敏捷组织的最优计划结构，它们适合的两个场景分别是：①一般产品开发的工作，其场景是产品随着跨年的时间周期而不断演变；②主要产品开发或重新开发的工作，其场景是其中最小的可交付（给市场）功能需要 12 个月或更长时间才能完成。

　　许多软件公司都使用第一种计划场景——所开发的产品，每 1～2 年进行一次更新并发布一个新的版本（硬件往往比软件周期更长）。适合这种情况的公司如果再采用敏捷方法，就能够缩短发布周期。随着这些组织不断成熟，它们倾向于采用这种优化结构：制定具体到能力层的战略路线图和待办事项列表，时间从 3 个月到几年不等；制订基于故事层的为期 3 个月的发布计划和 1 ~ 3 周的迭代计划。路线图的制定在早期时间范围中应该较为周密，而能力估算可以不用那么细致。虽然并非每个客户都想要或需要每次发布的产品，但实际上还是会每 3 个月向客户进行一次产品发布。即使产品发布得更频繁，如每次迭代后就发布一次，但是每 3 个月的发布计划还是可以向团队提供合理的中期视角，而这种视角是迭代计划无法提供的。从每年发布一次转变到每季度发布一次（或更频繁），不仅产品公司自身需要改变，与客户交互的方式也会发生改变。

　　第二种场景产生在 IT 组织和产品公司中，其产品需要进行重要开发或重新开发。在这种情形下，产品在绝大多数功能开发之后才能进行首次发布。我在很多软件公司工作过，它们的产品当时正经历着从一个技术基础设施到另一个基础设施的转变。它们的客户所能接受的最少功能数量，是原有产品所能提供的绝大部分[①]！这样的项目往往压力大、投资大、周期长（12 ~ 24 个月或更长）。财务压力、市场压力和较长的项目周期使得人们总是关注这样的问题："我们能否满足这个发布日期？"

　　用火车站比喻这两种情况进行分析。第一种：每 3 个月有一次发布（火车到站），准备好的故事上车，没准备好的等待下次火车（发布）到来。第二种：火车需要经过很长时间才能到站，因此经理比较关心能上车的功能，因为这些功能需要经过很长时间才能再次上车。

　　所以第二种情况的计划应该包括这些内容（假设第一次发布是 18 个月后）：一个基于能力层的、为期 3 年的产品路线图；一个基于能力层的、为期 18 个月的项目发布计划；一个前 3 个月的里程碑计划，以及相应的迭代计划。尽管大家都知道 18 个月的发布计划会发生变化，或许变化会非常大，但是制订该计划（在产品团队确定能力之后，制订该计划只需要花费几天的时间）将有助于大家回答这个关键问题："这个项目可行吗？"这样的项目通常会需要有一个概念阶段，

---

① 有时候这个门槛也没公司想象的那么高。它们需要重新核查这个最小可接受的、能够发布的功能的数量，以便缩短首次发布的时间。

然后制订发布计划（参见第 12 章中对概念阶段的解释）。

8.5 价值点分析

"价值胜过约束"是第 2 章的主题。敏捷方法高度关注价值，但是有关团队如何获取甚至评估价值的具体做法却寥寥无几。产品团队通常确定故事或能力的相对价值，但是要具体量化该价值，特别是具体到能力层或故事层的价值量化是很困难的，我们需要继续探索。丹尼和克里兰德合著的 *Software by Numbers*（2004）一书中涉及了这个问题，但是缺乏对两种关键方式的讨论：一是计算方法不够简单，二是没有为小块功能单元（故事、特性等）提供分配收益的机制①。但是，无论如何，他们的书中还是提出了这个问题并促使人们用定量的方式思考价值。

如你所见，故事是小块的用户功能。它们既可以做相对估算（故事点），也可以做绝对估算（小时数）。然而，对于一个在项目结束时总共有 1 500 个故事点的产品来说，这个总数代表什么？尽管有些组织用故事点的燃尽图（计量交付情况，见图 10-3）来表明项目进展（间接说明了燃尽图代表交付的价值），通常故事点的总数代表项目的总成本。如果项目成本是 60 万美元，那么每个故事点代表了 400 美元的成本。为什么不用类似的方法来衡量价值并且创造一种叫价值点的东西来代表相对价值或货币价值呢？

有几个问题导致价值点比故事点更难实施，但理论上讲，如果价值的确重要，难道我们不应该多花一些时间，像进行成本估算一样来获取价值估算的更好方法吗？理解故事和能力的价值和成本，哪怕是相对值，也能提高团队较早交付最高价值故事的能力。然而，在本章接下来的讨论中你就会明白，需要分开考虑价值和优先级，因为最高价值的故事并非总是拥有最高优先级的。

那么底线是什么呢？我们为什么不辞辛苦地寻找另一种计算方法？故事点

---

① 公司中的成本分配可能很困难。例如，在汽车行业，应该怎样把开支分配到汽车成本中去？但还是有成本会计规则来制定合适的分配依据。分配收入更为困难，因为分配依据更难（如果不可能）确定。

难道不够好吗？答案是多方面的，这将在第 13 章中详细讨论。如果想要构建敏捷组织而不只是构建敏捷开发团队，那么在这个转变中的一个关键因素是变革绩效评估方法。如果我们因循守旧，坚持用传统的范围、进度和成本作为管理评估指标，并且将这些方面都纳入计划，那么构建敏捷组织的追求将会变得非常困难。而如果我们相信价值、质量和约束这个敏捷三角形，那么必须向高层管理者和经理展示一些具体的和可度量的东西——即使这个度量方式有点模糊。适合的模糊度量方式，要好于不适合的精准度量方式。

价值点是表明我们非常关注价值的一种方式。

总而言之，以下 4 个理由表明价值点是有益的：

- 使用它们可以向管理层展示一个严肃的、定量的价值估算方法；
- 有助于团队在制订发布、里程碑和迭代计划时做出优先级的决策；
- 有助于团队深入讨论故事功能（3 个价值点的故事是否等值于 21 个故事点？）；
- 有助于尽早推进高价值的能力和故事，从而提高投资回报率。

尽管本节有关价值点的讨论属于定量研究，但必须反复强调的是，价值点是相对值或分配值。在一个部件上花费 56.75 美元，这种表达方法既定量又明确。把所有这样的成本累加起来就构成项目的总体花费。价值数虽然略显模糊，但正如用故事点来计划所显示的，用模糊数字表示一些重要的东西比用精准数字描述一些不重要的东西更有用。

❏ 8.5.1　价值点确定：角色和时机

确定价值点的两个关键问题是：谁确定？什么时间确定？谁确定的问题显而易见，产品经理带领下的产品团队负责价值点估算。在执行这个任务时，许多团队面临着潜在问题：通常情况下客户团队人员太少，有时甚至只有一个人，因此计算这个价值点非常耗时。然而，就像产品经理参与讨论故事点（没有最后的决策权）那样，整个团队（包括开发人员）也应参与价值点的讨论。让整个团队参与价值点的讨论非常重要，因为这可以使团队成员对于价值的相对重要性有一个统一的认识，就像讨论故事点有助于团队成员理解彼此的相对工作量那样。

> 成本和价值同等重要。如果团队没有时间估算价值点，也就没有时间估算成本。

尽管团队需要在一定层次（故事层、能力层）上估算制订完整的发布计划所需要的工作量，但总体来讲，价值点的估算可以是准时制（Just-In-Time，JIT）的。对于里程碑或迭代计划，需要估算下一轮里程碑或迭代的故事的价值点；对于发布计划，工作只涉及分配能力层或功能层的价值点。

❑ 8.5.2　计算相对价值点

可以在多层级中计算价值点，但我们仅讨论能力层和故事层。故事点（成本/收益方程中的成本）的计算可以自下而上：定义故事，估算其点值，汇总这些点。项目中对于故事点没有最高限制。价值点则不同。价值点估算的潜在困难在于缺少能够修正错误估算的反馈机制，而故事点拥有这种机制。如果团队估算一个有着 35 个故事点的故事，开发过程只用了 25 个点，则表示需要采取自适应行动。如果产品负责人头脑一热把高价值点分配给所有故事，那么没有类似机制能够修正这种荒谬的分配。例如，如果不同团队正在着手开发两种能力，就需要有一种方法能够防止其中一个团队人为地抬高价值点。

因此，需要对总价值计算后再分配价值点。有两个方法有助于保持价值点的相关性和有用性，并且不会是团队头脑发热人为控制价值点。首先，单个故事的价值点应该仅限于几个简短的数字（1,2,3,5,8,13）；其次，总价值点应该基于百分比分配给能力，这样一系列故事的价值点的总数就是上限。应该为能力分配一个能力点值（1,2,3,5），然后为每个能力计算其能力点值占总能力点的百分比。例如，一个项目有 5 个能力，能力点分别为 2,3,3,5,1，那么各个能力的百分比分别是 14%,21%,21%,36% 和 8%[1]。价值点被分配到各个故事中，因此每个能力的价值点的总数必须接近其对应的百分比值。继续前一个例子，百分比限制有助于防止团

---

[1] 随着能力的增加或删除，需要不时地重新计算能力的百分比。然而，在大多数项目中能力是相对稳定的，因此，此项工作不会占据太多时间。

队人为地抬高价值点。然而，在最后的分析中，如果团队坚持说"所有的故事都是 13 个价值点"，那么它将失去这种做法的大部分益处。

此处提供的这个分配算法有些武断，但是任何分配方案都有点武断。这个算法对于个别组织应该进行调整（例如，你可能想用 1 ~ 21 这些数字来表示可能的价值），但是只要分配似乎是合理的，就会大有裨益。因为我们主要是想对比相对价值以改进计划和决策，所以不赞同让这种算法变得更为复杂（希望其更为精确）。付出额外的时间和精力开发复杂算法会减少边际收益（如果有的话），对于做决策也几乎没有任何改进。

应该指出的是，故事层的价值点与能力层的价值点彼此相互独立，也就是说，它们只是表明故事和故事、能力和能力之间的相对优先级。不要忘记价值点是对总收入流的一种"分配"。如果没有实际的总收入数值供分配，能力值的百分比就能起到防止故事层的价值点分配的膨胀和变得没有意义。

在使用相对价值点时需要牢记很关键的一点：它们不能与进度报告上的故事点直接对比，因为它们代表不同的单位。可以稍作对比的唯一时间是在讨论故事功能的时候。例如，研究一下图 8-4 中既有价值点又有故事点的故事卡片。如果在迭代计划期间，具有较低价值点的故事普遍拥有较高的故事点，那么这种错配（21 个故事点和 2 个价值点）可能引发一场讨论："这个低价值的故事真的值得这么辛苦地付出吗？"

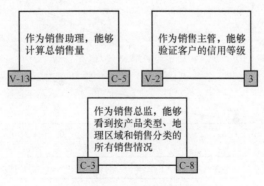

图 8-4　带有价值点的故事卡片

❏ 8.5.3　计算货币价值点

有些组织并不想把相对价值点转换为货币价值点。但是，如果你的组织为项目做业务案例分析，就能提供所有有关收益和成本的数据，那么把这些数据分配给产品能力就是一项非常容易和简单的事情了。进行良好的业务案例分析和投资回报率计算很难，然而在完成之后再分配数据就很容易了。这样做也大有裨益，其中一个好处是，货币价值点和货币故事点一起使用，可以提供利润与成本报告。

货币价值点的计算是把业务案例分析中使用的收入流表中的净现值（Net Present Value，NPV）基于能力的百分比进行分配。再看上面提到的例子，如果收入净现值是 250 万美元，那么第一个能力的价值是 35 万美元（占 250 万美元的 14%）。如果第一个能力的迭代计划开始之后，用 35 万美元除以所有故事价值点的总和（假设是 125 个），那么每一个故事价值点是 2 800 美元。一个有 15 个价值点的故事的货币价值就是 42 000 美元（2 800 美元乘以 15）。

尽管分配收益或净现值对计算价值点是个很恰当的方法，但是实际的成本支出应该用在成本方面（因为更容易获得这个数据），因此可以给管理层提供交付价值与成本支出图（见图 8-5）。

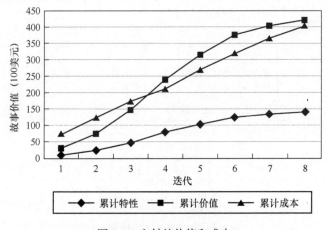

图 8-5　交付的价值和成本

❏ 8.5.4　非面向客户的故事

那些不直接面向客户的故事怎么计算其价值呢？如减少技术债务的故事、技术故事或重构故事，难道它们是零价值吗？正如你将看到的，这些故事在优先级设置和计划过程中都是被区别对待的。我的建议是根据不同情况给这些故事分配相对较小的值，如 0,1,2 或 3（0 可能分配给非常小的故事）。虽然技术故事为直接面向客户的故事提供技术支持，但似乎没必要专门为它开发一套复杂的算法，否则会适得其反。给这些故事分配较小值的做法正好也符合"简单就好"原则[①]。

❏ 8.5.5　价值和优先级

团队在进行发布和迭代计划活动时，需要认识到价值和优先级的差异。本章的计划主题概述了很多因素，从业务流程因素到缓解风险因素，都可以导致把某些能力和故事的开发提前纳入计划中。例如，即将举行的贸易展销会有可能促成一个里程碑计划，以优先开发某些特定的能力，而从长远来讲，这些能力并非是最有价值的。产品经理就会用短期价值（贸易展销会）替代投资回报率的降低。

尽管价值永远是决定优先级的最主要因素，但是其他诸如主题、风险、依赖关系和政治等因素也同样决定着是否把某些能力和故事分配到计划中。不同因素的重要性在整个项目周期也有所不同，例如，缓解风险在项目早期是极为重要的。

给非面向客户的故事设定优先级是一个非常棘手的问题。第一个争议就是谁负责设置这些故事的优先级。虽然产品团队了解用户功能，但是它不了解诸如技术债务减少、维护项目和技术基础设施等方面的故事。敏捷社区的一部分人建议产品团队负责设置所有功能的优先级，我认为这是不现实的。

例如，假设团队正在开发一个遗留产品（已经上市有一段时间了）的新版本，管理层已经同意把减少产品内部的技术债务作为一个很重要的目标，实现这个目标最好的方法是投入一定比例的资金用来减少技术债务，如项目成本的 15%。如

---

① 同事伊斯雷尔·干特提醒到，不成熟的敏捷组织使用不直接面向用户的故事是一件危险的事情。如果这类故事超过总数的 20%，就应该亮红牌警告了。

果开发团队的速度是每次迭代 100 个故事点，我们就可以预期，通过几个迭代的执行，平均来看每次迭代中有 15 个故事点是用在减少技术债务故事上的（重构代码或数据、改进自动化测试）。

减少产品现有技术债务是一种投资决策，它使产品更具有适应性，因而更能响应客户并降低商业产品的品牌风险。尽管产品团队和开发团队都会参与制定是否投资解决技术债务的决策，但人们还是习惯在制订迭代计划时把新故事的开发放在首要位置。组织解决这个问题并确保技术债务能够减少的唯一办法是，投入一定比例的补贴资金专门用于此项工作。

然而，总是会有不执行资金补贴的问题，使得产品优先级工作几乎没有多少能留给产品团队来做。所以，如果使用投入资金百分比的办法（重构故事的优先级是由团队来确定的），这类故事可以最多占到20%左右。

8.6　发布计划主题

本节有关发布计划的主题是在过去 5 年间，约见客户时所谈论到的。这些主题一般但并不总是与大型项目有关的，或者是初步经历过敏捷项目的客户提到的。这些客户发现了问题或想出了更好的发布计划的方法。

❏ 8.6.1　计划主题和优先级

团队在短迭代（数周）中为了急于交付，对于业务价值的追求往往做不到最优化。尽管某一特定特性的业务价值比其他特性大，但最好先合并实现几个较低价值的特性。为了能合理关注价值，项目既需要有一个总体"愿景"，也需要有实现该愿景的短期"主题"。主题对于迭代和大型项目的里程碑都非常有用。几个不同类型的主题可以单独使用或联合使用，如业务职能、业务职能的广度或深度、业务流程、风险缓解和部署计划等。

业务职能是一组满足既定商业目标的能力、特性或故事。在把需求分解成小故事时，有时我们会忽视所追寻的商业目标。当我们说"能力 xyz 在这次迭代（或里程碑）中拥有最高优先级"的时候，我们就向团队确定了这次故事实现的中心主题。

在实现业务职能的过程中，我们首先关注广度或深度，这取决于业务价值和风险的分析。在某些情况下，首先深度开发某一特定业务功能可能更有益；而在某些情况下，首先实现一系列众多功能的框架结构，然后在随后的迭代中填充内容会更加适合。

业务流程是产生一些最终结果的一系列业务职能。有关业务流程有一些标准类型，如订单—发货或账单—支付等，还有许多专门的流程。对于在每次迭代和里程碑结束时开发出可交付的软件来说，完成一个完整的特定业务流程比完成多个部分流程更好。

在项目早期，关注风险比关注业务价值更重要（这也是交付价值的方式）。例如，可能需要攻克某个技术障碍，否则整个项目就会失败。广泛实现业务功能，然后再去攻克技术障碍，完全是在浪费资金。风险缓解主题，特别是降低那些非常重要的风险，在项目的早期就应该予以考虑。

最后，部分部署计划会影响实现特性/故事的优先级和创建里程碑主题。例如，假定一个 9 个月的项目，分别在 3 个月和 16 个月的时候进行部分部署。这种部署的时间安排可能就决定了在前 3 个月首先实现最基本的能力（在后 3 个月升级），尽管这些能力并非具有最高业务价值。

如前所述，这些主题经常会重复使用。使用部分部署做主题可能意味着把业务流程作为副主题。在实施每次迭代计划时，如果再使用这些较高级的主题就不合适了。完成全部发布计划，却用一个非常草率的主题，可能对整个项目尽早交付最高业务价值产生重大影响。

> 在每次迭代快要结束的时候，团队应该问自己一个很关键的问题："是什么原因导致我们不能立刻交付产品？"

团队应该一直考虑如果削减项目资金，就能够交付什么产品。任何项目都有可能被裁剪或推迟进行。有一位同事曾经与一家客户团队合作，他们的项目在大约 100 个项目中被列为高度优先开发的项目。然而，因为某种情况这些项目中除了前两个被保留，其余都被裁剪了，只给这个项目组两个星期的时间对他们的项目做扫尾工作。尽管这个项目只完成了全部项目能力的 20%，但是可交付的产品足以对客户产生非常有用的价值。团队应该避免使自己处于一种只能交付多个部分能力，而不能交付任何对客户有价值的能力的境地。

❑ 8.6.2　提高生产率

有两种方法可以提高生产率：做得更好或做得更少。第一种是做得更好，即提高每单位投入的产出，如第 1 章中迈克尔·马赫的绩效研究所表明的那样，完全可以通过敏捷方法来实现。第二种提高生产率的方法有点难以掌握，但非常重要：识别那些我们不做或少做的特性。有研究表明，64% 的软件功能很少或从来不被使用，只有 20% 的功能会经常或一直被使用[①]。但是如何考量这些不被使用的功能的生产率呢？答案又回到价值上：我们是否正以做较少的工作而交付客户的预期价值？项目变得越来越大的一个原因是，对已完成的某个特定产品特性缺乏及时的反馈，因此出现了"特性蔓延"。

MDS Sciex 公司业务能力和集成副总裁保罗·杨说起过有关生产率的问题：一个用户需求列表通常会有 50～200 个条目不等。你们需要所有这些条目吗？好，我们给你们 200 个。没有问题，没有争论。你们最先需要哪 3 个？他们会问："你们什么意思？"我们说："我们会给你们所有这些，但是这些条目每次只能开发一个。你们最先想要哪 3 个？"我所见到的最有趣的事情发生了，我对此也感到非常震惊。当说到只需要 20 个条目的时候，没有人会对剩下的 80 个再感兴趣。他们会说："别提那些了。我们不知道我们写那个的时候我们在说些什么。"如果你雇用一个服务提供商，让其按照合同构建所有需求条目，那么无异于把钱放到屋子中央再放把火烧掉它[②]。

敏捷项目通过减少两个维度的工作来提高生产率——广度和深度。保罗·杨的评论涉及广度——削减用户需求列表上的条目数量。减少深度的工作是指实现

---

① 来源于吉姆·约翰逊在 XP2002 大会上所做的 Standish 研究报告。
② 源自保罗·杨的 *Risk Management & Solution Acceptance Using Agile IT Project Methods*，信息管理论坛，2005 年 9 月 19—20 日。

需求或故事，但是改变其功能的深度。团队在做迭代计划时通常会出现这种情况。当产品团队面临容量限制时（如这次迭代仅能开发 30 个故事点），它们就会选择简化故事（用 5 个故事点而不是 13 个故事点的版本），从而保证开发更多的故事。

❏ 8.6.3 风险分析和风险降低

由于敏捷项目管理是用来处理高风险、不确定的产品开发项目的，单独的风险分析似乎是多余的。不管多余与否，关键在于风险分析和风险降低成为每个敏捷项目管理阶段和流程不可分割的部分。

在最终产品成形之前，产品开发流程基本上是收集信息和协作的流程。产品设计从了解需求和约束，以及基本的科学或工程知识开始，然后不断演变。"这个专门的芯片可以完成我们规定的一切吗？这个铁制元件能够通过我们的压力测试吗？"产品开发要回答成百上千个这样的问题。对每个问题的回答、每个新的信息都会降低项目失败的风险。计划不会消除项目风险，不断系统地收集信息才会降低项目期间的风险。收集信息是要花费资金的，因而我们需要不断地知道哪些信息具有最高的价值。收集信息的策略在某种程度上应该在风险分析的指导之下进行，风险分析是产品开发流程的组成部分，也是发布计划的关键部分。

在此，我不再总结其他人有关风险管理的文章，而使用现有材料讨论敏捷项目管理如何解决各类风险。在关于软件风险管理的 *Waltzing with Bears* 一书中，汤姆·狄马克和蒂姆·利斯特列出了软件项目中的 5 个关键风险：

- 进度计划固有的缺陷。
- 需求膨胀（蔓延）。
- 员工流动。
- 技术规范的分解。
- 生产率低下。（狄马克和利斯特，2003）

两个作者指出："我们所知的降低风险的最佳策略是增量交付。"当要开发的产品规模被错误地估计或者工程团队得到的数据是基于幻想而不是现实时，就会出现进度计划固有的缺陷。对于高度不确定的产品，没有遵循计划规定的进度表可能不是一个缺陷，而只是因为我们不可能为未知的事情确定进度表。在这些情况下，高层管理者和产品营销部门（和工程团队）必须了解探索流程涉及的内容，以及哪些是合理的期望值、哪些是不合理的。尽管敏捷项目管理在许多材料里提到了进度表缺陷的问题，但任何流程，无论是敏捷的还是其他的，都对不切实际的企业无能为力。

解决进度风险的敏捷项目管理技巧有：

- 团队参与计划和估算。
- 尽早获得有关交付速度的反馈信息。
- 不断施加压力以平衡有容量限制的特性的数量和深度。
- 工程团队和客户团队之间密切交流。
- 尽早检测/纠正错误，保持工作产品无缺陷。

需求膨胀必须与需求演变区分开来。需求演变在探索项目中是不可避免的，事实上它是人们所希望的，因为在敏捷项目中变化成本被保持在较低水平，因而需求演变的成本并不高。需求演变是一个理性的流程，其中开发团队和客户团队不断地演变产品的需求，同时会考虑其他限制。需求演变是所有各方参与特性决策的共同努力的结果。如果不是共同努力，客户或者开发人员随意添加功能，需求膨胀就会出现。需求膨胀也因此得到了一个负面的含义，因为在许多开发工作中，变更成本很高。消除或者大幅减少该障碍，演变需求就会变成一个优点，而不是缺点。

员工流动，尤其是流失关键人员，对于任何产品开发工作都是风险因素。交叉培训（很少出现）和文档（它对于成功的关键知识传递很少）可以减少人员流动的影响。敏捷项目强调协作，所以本身就可以减少人员流动。例如，在软件开发中，使用结对编程已经证明可以在团队内更好地共享知识，这也减少了人员流动的影响（威廉姆斯和凯斯勒，2003）。在敏捷环境中，对自组织的重视及频繁迭代交付产品所带来的兴奋感，可以普遍提高员工士气。

技术规范分解在客户或者产品经理就技术规范未达成一致的情况下出现。例如，如果内部 IT 项目有十个客户部门，而他们又不能就业务流程或者业务规则问题达成一致时，就需要技术规范分解流程。但是，在许多顺序式开发项目中，人们认为可以在以后做出这些决定，在这样一个错误的前提下，项目继续进行。

优柔寡断的结果（冲突的技术规范或者多个近似的功能）是对项目造成破坏性后果。敏捷项目管理坚持通过增加产品经理这个角色来减少该风险。在高层管理者的协助下，产品经理负责阻止技术规范的分解或者中断项目，直到技术规范流程固定下来为止。创建一个可行的技术规范决策流程是产品经理和团队的职责。

狄马克和利斯特谈到的最后一个风险是生产率低下，它有下列 3 个原因：团队用人不当、团队不能很好地协作及士气不振。敏捷项目管理中的一些实践，如找到适当的团队人员、指导和团队开发及强迫接受项目现实，这些做法都有助于抵消这些风险。类似地，使用短期的迭代，将精力放在特性、特性深度和特性价值上，这些做法虽然不直接贡献生产率，但通常会减少产品的工作总量，提高投资回报率。

了解项目并且了解可以安全地承受多大风险靠的是经验。陷入大麻烦的登山者往往是不了解风险的人。经验丰富的登山者知道自己的极限，他们拥有第六感，他们知道何时继续——到达主峰的顶端意味着将自己和自己的团队推上悬崖，但不能越过悬崖，也知道何时返回。项目团队和经理需要有远见卓识和积极的态度，同时还要对风险有清醒的认识。对于处在高风险项目这个悬崖的项目团队，如何管理风险并没有公式化的答案。

对于项目经理来说，风险管理是棘手的问题。一方面，他们必须非常现实地接受项目所面临的危险，拒绝将会导致更令人惊讶的结果，从而导致最后时刻的混乱和救火。另一方面，对风险的抱怨会降低团队的士气。关于产品开发，存在许多困难问题：产品能够销售出去吗？客户究竟想要什么？我们的竞争对手在做什么？我们能够按时交付吗？我们可以在目标成本之内构建它吗？新的电子控制系统会及时准备好吗？等等。项目领导者要对项目的积极结果有信心，同时也不要掩盖危险。同领导艺术的大多数方面一样，风险管理是微妙的平衡艺术。

敏捷方法的选择，尤其是迭代开发的使用，会减少一些风险，但也会增加另外的风险。例如，敏捷项目管理提倡较少进行预先计划、架构和需求收集，因为随着项目的展开，这些信息自然会被收集到。短期计划和交付迭代可以减少在以下几个方面的风险：失去客户参与、因项目变化而废除先前工作、遭遇分析瘫痪，以及推迟盈利。从另一方面看，最初计划太少会增加因疏忽而造成的重大返工和因匆忙与客户交流而造成的范围摆动等风险，以及频繁的评审和变更带来的成本增加。

"完全可预测的流程不会生成任何信息。"工业产品设计专家唐纳德·雷纳特森（1997）这样写道。他认为，设计流程就是要产生经济、实用的信息。在最后的制造工程计划完成前，没有人确切地知道该产品是否能满足客户要求的技术规格。然而，产品越接近"投入制造"阶段，开发团队就应该越自信。产品开发首先而且永远是关于生成和处理信息的，而不是预测信息的。如果一个流程是可以预测的，如果考虑了所有变数，如果流程可以重复（统计质量控制术语），那么它不会生成任何新信息。面对产品开发现实，"倚重"流程的人所追求的可重复性理想将会在产品开发现实面前烟消云散。

❏ 8.6.4 计划和扫描

首先，敏捷方法旨在管理不确定性，这里的不确定性是指与"目的"（客户目标和需求）相关的不确定性和与"手段"（技术和人）相关的不确定性。敏捷方法用来应对不确定性的一个方法是，基于在迭代开发中获得的进展和收集到的新信息，进行频繁的重新计划。第 6 章介绍了不确定性和衡量不确定性的探索系数的概念，并用表 6-2 说明这些探索系数。敏捷方法积极的一面是鼓励在项目早期应对不确定性并关注可工作的软件（或产品）而不是编制文档，从而确保收集到的信息是非常实用的。

> 敏捷团队十分强调适应或演变，而几乎不关注预见性的活动（如计划、架构、设计和需求定义）。不充分利用已知信息会导致计划草率、思维重复、过度返工和工作拖延。记住：敏捷是平衡的艺术。

可惜的是，正是敏捷的这些积极的方面同时也能产生潜在的负面结果：计划草率和思维重复。所有敏捷项目都将预见（早期计划）和适应（基于反映做出修正）结合起来。太过强调适应（我们总是能够修复或稍后重构）意味着没有充分利用已知信息（或者付出很少的努力就能获得的信息）。例如，在项目开始阶段用一个星期的时间来定义客户需求和构建骨架数据模型可能极大地提高计划的质量和开发的速度。

其次，尽管培养适应技能对于敏捷方法至关重要，但太过强调适应将导致过度返工和时间的拖延。一个简单的例子是无视一个众所周知的软件设计模式，认为召开一系列编程和重构会议就能产生最佳解决方案。过分强调敏捷口号"我们对适应能力比对预测未来的能力更有信心"会导致过犹不及、目光短浅，这也是人们批评敏捷的共同主题。

太过强调适应胜过预见，会产生潜在问题，而解决这个问题的一个方法是拓展我们的实践——既做计划（用我们所知道的知识）又做扫描（展望未来以尽快学习未知的东西）。

扫描可以采取以下几种形式：试验、管理风险、监督假想和预见决策。扫描基本上是通过系统地、主动地尽早收集信息或者识别在将来某个时刻要收集的信息来减少不确定性。

当团队发现未知的东西，或者不知道一个设计是否适合时，他们可以就多个选项做试验以判断是否有一个或多个选项能最终使他们满意。在软件开发中，试验可以采取（潜在的）抛弃型代码的形式。在硬件开发中，可以采用工程面包板或模拟的形式。

管理风险是扫描的另一种形式。由于风险属于概率事件，因此它们本质上是识别潜在的未来信息状态。如果一个风险是：掌握主要资源的某个人有 50% 的可能性离开项目，那么它所识别的未来信息状态是，团队将失去这个人。团队应尽量在早期降低这个风险或者找出潜在的未来对策。这些都是项目计划的"可替代方案"。

管理假设是第三种扫描方式。尽管风险可以识别潜在的信息状态，但是假设定义了团队将会一直使用的信息，直到证明该信息是错误的。例如，客户在项目早期可能不知道网站流量会达到每天 50 000 条或 100 000 条。但是为了尽早构建这个骨架体系结构，团队会"假设"这个流量是 75 000 条。团队是基于一条假设的信息在向前行进。但在行进过程中，团队需要不断地"扫描"这些假设并与当前信息对比，以提醒团队关键的假设在什么时候会变得无效。

最后，团队还需要保留一个清单，列出将来需要做哪些关键决策。例如，团队可能意识到为使项目继续按计划进行，两个月内必须就一个关键的架构做出决策。一旦列出这些关键决策，团队就可以着手收集与之相关的信息。前面提到的假设网站流量的例子，团队在确定这是一个关键的假设之后，在做出最终架构决策的前一个月就需要验证该假设是否有效。

主动扫描可以防止团队陷入"适应"（或者重构）的陷阱，即认为适应能解决任何问题和纠正任何错误。尽管适应的确是敏捷开发的主要部分，但是它也不应该成为草率项目管理的借口。优秀的项目经理知道坐视不管、等到有事了才采取适应措施会造成非常严重的后果。良好的计划和扫描，以及必要时的适应能力构成强大的项目管理组合。

❏ 8.6.5　时间盒框定规模

建立时间盒一直是敏捷实践之一——为所有的开发工作设定一个固定的时间期限，而诸如范围等其他要素可以变化。建立时间盒也可以用于另一个非常有趣的做法：给能力和特性建立时间盒。

曾经与客户合作开发一个大型（超过 40 人）、长期（超过 2 年）的项目，在项目开发的早期阶段运用了在发布计划中给能力建立时间盒的做法。我们制订能力层计划，但是其中一些能力的定义非常明确，而其他仍然模棱两可。事实上，大量的能力其潜在范围非常广泛（例如，估算工作时间为 50～600 天）。此外，有一些能力的开发暂定在项目晚期进行。因此与其花费大量的时间界定范围和估算无论如何都有可能发生变化的能力，不如采用这种用约束（用时间盒定规模）而不是估算来确定其规模。

约束通过注重业务价值而不是需求来处理这种规模问题。问题就变成了："对于这个能力，你认为我们开发多少小时或者多少故事点就能达到其价值？"对于可能范围介于 50～600 天的能力，实际上产品经理只是简单地说："我认为我们应该把这个能力的开发时间盒定为 75 天。"预估的 600 天工作量与该能力的相对价值有些脱节。75 天的"时间盒框定规模"相对于整体产品目标似乎是一个合理的成本。

记住，这是在制订一个大型的为期两年的项目发布计划（实际上不只是制定路线图加额外的一些估算），召开计划会议的目的是确立项目的可行性并尽早制订出计划。确定约束而不是估算规模比试着讨论并就范围达成一致意见更快。约束产品能力使团队能快速降低项目的不确定性。同时也使团队，包括产品和高层管理者在内都明白为了实现项目目标必须给某些产品能力限定边界。

在许多项目中，因为范围的模糊性会导致不同的两个小组对将要交付的产品产生不同的预期。一个小组，通常是产品的管理层，在构想一个镀金的能力时，另一个小组可能把它构想成只是具有骨架结构的能力。用时间盒框定规模有助于人们在项目早期就能拥有相同的期望值（不管花费多少时间界定范围）。毕竟，理解一个表示规模的数字（如 75 天）要容易得多！

不管使用什么方法，在项目早期制订发布计划时，都不能精确地估算出项目的规模。界定范围和估算规模的尝试往往会随着项目的开展和团队对需求信息的了解而最终证明是错误的。同样，通过约束来确定规模能给人一种看似正确的假象，特别是在几乎不考虑能否在这个能力时间盒内交付足够功能的"合理性"的情况下。因此，对于早期发布计划工作，两种类型的确定规模方法应该结合使用。界定范围和估算对于某些能力更适合，而时间盒框定规模的方法适合另一些能力，甚至可以同时使用——先建立时间盒以定出球场的大小，然后在这个球场里界定范围并进行估计，并且有必要记录到底哪些能力适合用哪种方法来确定其规模大小。

用时间盒框定规模的方法来工作，所有参与各方（包括开发团队、产品和管理层）都需要了解该方法的优点，也需要了解其局限。用时间盒框定规模代替估算规模可以成为敏捷团队工具箱中另一个非常有用的工具。

❑ 8.6.6　其他故事类型

尽管发布计划中 80%～90%的故事应该是面向客户的故事，但不要忘记还有另外的 10%～20%。这些不直接面向客户的故事既危险又有必要。说其危险，是因为不成熟的敏捷团队将使用这些故事重新陷入非敏捷的习惯。太多的技术故事或者太多类似任务的故事，表明团队不理解故事的定义是"对客户有价值的功能块"。相反，不把非面向客户的故事包含在内会导致低估整个工作量。更为重要的是，会忽视关键工作。虽然敏捷团队需要注意精益价值流原则（每个任务都寻求交付客户价值），但是如果团队忽视其他故事或任务也是在冒险。的确，这个工作的大部分可以当作故事内部的任务来处理，但是其他几种做法有助于制订更完善的计划。

> 压倒一切的理念是：在发布和迭代计划中，一切工作都很重要。

1. 维护故事

尽管最佳的敏捷策略要求由专职工作人员来做，但在许多组织中，事实并非如此，如维护遗留系统的工作。像这样的维护或者改进工作也应该列入待办事项列表（系统变更请求待办事项列表），并和其他故事一样排列出优先级。

人们经常会问："敏捷方法适合维护工作吗？"答案是肯定的。维护和改进请求可以列为故事（故事可以是多个维护和改进请求的集合），然后和新的开发工作一样列入迭代计划中，唯一变化的是待办事项列表中条目的属性。然而，还有另一个不同点。敏捷团队对于新的开发总是以小组协作的形式进行，而"维护"工作通常是由个体独自完成的。维护工作也应该和其他新开发工作一样通过小组协作来完成。

2. 任务卡片

两个概念——故事与任务、短期迭代把敏捷计划与传统计划区分开来。有些人进行短期迭代，然后基于技术任务计划短期迭代。然而，故事计划优先于任务计划并不意味着可以完全淘汰任务。在迭代计划中拆分故事时就显示出任务的存在。有些时候，把几天的工作都囊括在一个小小的故事卡中也是不现实的，如调研工作。一个或者多个团队可能花费 40 小时的时间调研一些新技术，然后再做最终决策。这个最终决策可能影响许多故事，如果是 10 个故事，则每个故事分摊 4 小时。为方便起见，还是会把所有这些工作都纳入一个任务卡中。

3. 变更卡片

在每次迭代快要结束的时候会进行产品样本或者交由客户焦点小组讨论（见

第 10 章）。来自客户或者产品经理的反馈通常采取变更请求的形式。安排时间来解决这些请求不仅能使工作更加明确，还能向客户表明团队非常重视处理他们的要求。添加这些变更卡片的另一个原因是，这些卡片能更好地控制和排列优先级。变更请求级别高可能意味着流程的另一部分存在问题，如需求对话的分解出了问题。

4. 团队间承诺故事卡片

团队间承诺故事卡片用于在大型项目（有多个团队）中记录一个团队承诺为项目组内的另一个团队所做的工作。这个概念将在第 11 章中详细解释。

5. 决策里程碑

决策里程碑，如图 8-6 的方框所示，记录了项目的一些关键节点。这些决策里程碑并不代表决策活动。许多项目因为没有预见到依赖关系，特别是决策与决策之间的依赖关系，从而导致进度问题。敏捷和精益方法的原则之一是，推迟决策，直到最后获得了所有信息，但是时间也不要太长。例如，自动化测试和重构，团队进行演变式设计，设计决策随着时间的推移和出现的新信息而不断演变，因此就不需要太早做决策。

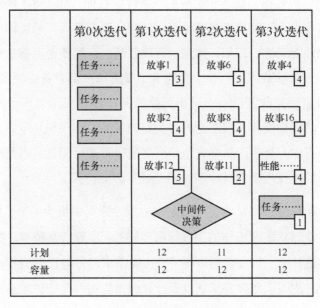

图 8-6　一份完整的发布计划

不管任何项目敏捷与否，都需要监控决策点，这样做的关键在于提高项目的敏捷性。跟踪记录决策时限和这些关键的节点，团队和经理就不会错过这些关键点，从而避免出现进度的拖延。

6. 性能卡片

性能卡片记载产品的关键操作和性能需求。这些卡片很重要，因为性能方面的考虑是设计决策的推动力，还因为团队成员必须花费时间开发并进行性能测试。尽管一些性能需求可以作为接收测试包含在故事卡片上，但是在许多情况下，还是需要专门的性能卡片，列出明确、可视化的性能和操作需求。例如，无数的设计决策（事实上是重大的设计决策）围绕飞机的重量进行。重量不是单一特性的功能，既不是航空电子设备，也不是发动机，而是整个飞机的属性。同样，互联网站点上的预计负载是所有性能的功能，而不是某个单一的故事或者性能的功能。在这种情况下，把性能需求作为接收测试列为某个故事就不太合适。虽然在飞机设计案例中，会给每个子系统团队一个目标重量，但如果子系统超重，团队就必须相互协调，就重量问题做出权衡并协商其他性能标准。

性能卡片包括名称、描述和定量的产品性能目标，如图 8-7 所示。卡片可以标记为"数据库大小"或"飞机重量极限"或"训练时间"等。团队应该关注推动设计流程的性能属性。比如，重量、有效载荷、航程和速度都是至关重要的飞机设计参数：每个参数都配有一个性能卡（显然每个都会备份更多的文件）。性能卡片也应该包括接收测试——列出团队如何向客户演示以表明产品达到性能标准。当某一性能标准涉及现实世界中关键的风险（如飞机从空中跌落）时，这些测试就必不可少。有些产品在完全建成之前很难进行测试，因此应该考虑建造过渡阶段的测试（使用模拟、原型、模型或者历史计算）。

有一些性能属性可以从构想阶段建立的指导原则中衍生而来，其他一些性能属性是为一些专门从事此工作的工程师所熟知的。尽管产品特性的技术规格会告知工程团队建造什么，但在任何情况下，性能需求经常与设计流程本身有很大的相关性：它们迫使团队在项目早期就设计和做出权衡。性能需求是产品开发团队在计划和实现特性时必须收集和分析的一部分信息。

性能卡片	进行演示的迭代：6
性能 ID：	PC-12
性能名称：	飞行航空电子重量
性能描述：	飞行航空电子包重量为 275 磅，不包括驾驶舱的显示屏，驾驶舱的显示屏重量包含在驾驶舱显示包内
完成难度（高、中、低）	M（中等难度）
验收测试：	从第 3 次迭代开始验收所有部件的重量，到第 6 次迭代时测试完所有仪器包的重量

图 8-7　性能卡片

8.6.7　在制品与制成品

在制品与制成品问题最初来自制造业。那些没有把精力放在制成品的公司是因为启动了太多并行的项目。这种并行的启动会严重拖延项目时间。有关在制品与制成品的概念来自艾利·高德拉特（《关键链》，1997；《目标》，1984）所著的 *Critical Chain Project Management* 一书。高德拉特的观点对 20 世纪 80 年代和 90 年代的制造业产生了极其深远的影响，他指出传统的会计数字使得制造工厂生产的制成品越来越少而在制品越来越多[1]。在软件开发中如果太多的项目同时启动并迫使人们不得不同时从事多种任务，那么会出现类似的问题——大量的工作都在进行中，但是不能实际交付任何产品（往往是那种大块的功能）。减少项目数量、尽可能地让专人负责项目（正如敏捷方法所推荐的）和为项目配备足够的工作人员（而不是有多个项目，每个项目的人员配备都低于平均值）可以对制成品的吞吐量产生重大影响。

组织（而不是项目）的"容量"问题，源自对制成品的忽视。每个人都认同但无人处理的问题在于团队同时开发太多的项目——因为工程师对于每个项目

---

[1] 想从面向软件的角度了解这个问题，可以参见大卫·安德森的 *Agile Management*。

都开发一点点，从而导致在制品多而制成品少。敏捷团队反对这种趋势，因为敏捷强调团队的全职参与，但问题仍然存在。基于愿望而不是事实的容量计划和对人员不做最优化配置，都是由于没能排列出基本的优先级顺序而导致的。

举一个例子说明这个问题。有 3 个项目，每个项目都包含 10 个任务，每个任务需要两天才能完成，这 10 个任务分别是 3 个分析任务、4 个设计任务和 3 个编程任务，给每个任务配备 1 个人力资源。完成这个项目有两个基本策略：一是让每个人力资源跨项目同时进行多个项目的操作（比如，分析师在项目 1 工作两天，项目 2 工作两天等）；二是每个人力资源一次只做一个项目直到完成该项目（分析师在项目 1 工作 6 天，然后转到项目 2）。图 8-8 和图 8-9 表明使用同时操作多个任务的策略（不把任务转换的时间计算在内），完成项目 1 需要 48 天（分析、设计和编程任务按顺序进行），项目 2 需要 50 天，项目 3 需要 52 天。使用第二个策略，完成项目 1 需要 20 天，项目 2 需要 28 天，项目 3 需要 36 天。同时操作多个任务不可避免地会有等待时间。此外，任务转换时间甚至对项目造成更大的拖延。

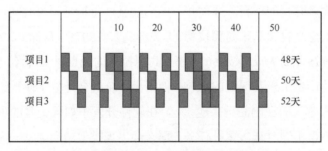

图 8-8　多任务的策略（想让每个人都高兴）

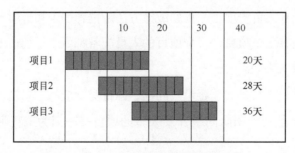

图 8-9　集中人力资源策略（强调制成品）

许多公司发现专注于制成品是非常困难的，因为其延迟了项目的启动时间，但到期时又必须销售产品给客户。实际上，团队很容易告诉上级管理层或产品经理说："我们正在努力做这个工作。"即使这个"正在努力"只是意味着一周几小时的工作。问题是管理层以不同的方式来诠释"正在努力"。

回顾一下第 1 章中迈克尔·马赫的绩效研究度量表（见表 1-2），BMC 软件公司使其项目进度比行业平均水平减少 58%，部分原因是员工人数增加了一倍。因为它们公司高效的敏捷测试实践（还有其他）使团队能够保持较低的缺陷率。马赫也讨论到对于一个既定规模的项目，人员不足会极大地拖延进度[①]。这些度量为"减少同时操作多个任务能够大大提高制成品的数量"这一结论增添了更多佐证。

这似乎是一个每个人都认同但又非常难以实施的问题。设定优先级、延迟项目，以及让员工专注于一项工作，对于大多数公司来讲，因为看不到同时操作多个任务的不良效果，所以实施起来会非常困难。每个人看起来都很忙，所以这样一定不错——对吗？事实上，再看看制造业的那个比方，当资源的利用率过高时，制成品的产出数量就会减少。敏捷实践的原则是让组织开发出更多的制成品而不是在制品，但是除非管理人员明白这一点，否则他们不承认敏捷的这一优势。

8.7　新涌现的实践

除了已经讨论过的话题，还有一些新的行业实践很值得一提。本节的信息旨在抛砖引玉，更详细的内容可以参考其他一些资料。这些类型的实践有助于解答这个问题："我们（敏捷运动）出发要奔向什么地方？"这些想法的实施从小型的 ISV 到大型 IT 机构各不相同，但都有助于推动建立敏捷组织这一战略举措并潜在地改变整个商业模型。

❏ 8.7.1　看板

看板这个词来源于日本的持续改进流程，现在这个名称已应用到软件开发的

---

① 此处引自与马赫的私人谈话。

方法上。前面已讨论过由于员工同时操作多个任务而导致越来越多的在制品和越来越少的制成品，并降低了生产率的问题。看板系统因为着手解决这个较高在制品的问题，从而在软件界越来越受欢迎。正如在越来越多的软件组织中得以实践一样，看板结合了精益开发运动和高德拉特的约束理论（1999）发展而来，并由大卫·安德森（2004，2009）和其他人一起推广。

看板把信号系统引入进度流程中，根据资源设定一个在制品的上限，当在制品完成后再引入新的工作（故事或其他工作内容）。工作通过这个"拉动式"系统完成（当完成了一个条目，就把下一个条目从待办事项列表中拉进来）。看板不适合所有项目，它因为取消了固定长度的迭代而在组织中引起了争议，但看板可以减少估算工作从而精简计划（安德森，2009）。在看板系统中，故事在一系列的阶段（需求、工程、开发和测试）中，通过已经完成的前一个阶段的工作一步步拉动而完成本阶段的工作，从而使故事不断演变。故事可以是各种各样的长度，在这个"系统"中可以停留各种各样长度的时间。尽管看板系统有定期发布的时间范围，但它们不使用能完成所有故事的严格的迭代长度。

由于没有固定的迭代长度、看起来又有点像瀑布式阶段（尽管非常短）、工作人员还必须是专业的（在每个阶段）等因素，因此一些人认为看板不属于敏捷做法，而我不这样认为。看板从根本上来讲是敏捷做法——以价值为导向、自组织团队、反思、短期迭代（尽管不固定）和适应能力（看板系统甚至比其他敏捷计划方法更具适应性），所以，我认为看板恰恰就是敏捷运动的一部分。当敏捷组织成熟并寻求其他的提高绩效的方法时，看板系统非常值得考虑。

❑ 8.7.2　联合开发

我经常在想为什么在敏捷世界中人们把新开发、改进和维护分割开来。尽管独立软件销售商（Independent Software Vendors，ISV）和 IT 组织处理这些开发阶段的方式不同，为这些开发阶段配备工作人员的问题却在它们中共同存在。IT 组织往往把人员分成新开发人员和维护人员，而 ISV 往往把新开发人员、维护人员和改进人员归为一组，但把向特定客户提供定制服务的人员另归为一个组。然而，随着质量的下降，ISV 趋向于把维护人员组成一组以便能进行快速修复，这样压制正在努力开发产品的下一个版本的开发小组。底线是多个小组在多个地点经常使用相同的代码库，但是每个小组使用不同的日程表。

让多个小组像这样工作似乎也有很不错的理由，最好的理由是，为了管理新开发、定制和维护工作的冲突优先级。新开发团队似乎陷入维护工作而停滞不前，关键客户又想要他们的定制工作尽快完成以到期能交付。与其直接处理冲突优先级，大多数组织宁愿把团队分成小组来分别对待。当组织正在使用大块开发方法（如瀑布式方法）并且要求代码质量时，这种多组织的方法几乎是必需的。

然而，多个组织使用同一个代码库产生很多问题，最糟糕的是领域和技术专长的分离，以及创建的多个代码流导致混乱和严重影响 QA，从而进一步造成质量下降。让多个组织使用同一个代码库还引起多种其他问题。

解决这一问题并创建一个真正集成开发团队的想法来自杰夫·萨瑟兰[①]。但该解决方案不适合不成熟的团队，应该只由成熟的敏捷团队尝试，并且其实践也能极大地提高效率。在杰夫的方法中，一个单一的组织（在他的医疗保健软件公司 PatientKeeper 中实施）负责完成交付工作的各个方面（新功能、改进和系统变更请求），该组织由一个战略优先级系统进行指导，并分配给 3 个同时相互交叉迭代（用 Scrum 术语是冲刺）中的一个。

3 个迭代长度同时使用——每周、每月和每季度。以周为单位的迭代，其目标是维护和微小改进工作；以月为单位的迭代，其目标是专项改进；以季度为单位的迭代，其目标是重要的新功能的开发。这种方法使 PatientKeeper 公司在 2004 年中发布了 45 个产品版本。这种模式有多种影响，无论是对开发组织还是对客户，但大部分都是积极的影响。

对于这样一个方法，大多数人会问的第一个问题是："如何平衡不同类型工作的优先级？"这个问题也正好表明为什么只有真正尽职和真正有经验的组织才适合这种方法。优先级是一个战略性的组织进程，不仅涉及公司的产品经理，还

---

① 杰夫·萨瑟兰 "Future of Scrum：Parallel Pipelining of Sprints in Complex Projects"，2005 敏捷大会。

涉及 CEO 和其他关键高层管理者。只有在这个级别上才能就诸如 "x 客户的产品改进优先于新功能 y 吗？"这样的问题做出决策。在其他公司中，所需做的投资组合管理决策之一是，确定不同产品线优先级的责任高层管理者（首席技术官、产品管理副总裁、首席运营官等）。

这种先进的敏捷开发模式要想取得成功存在巨大的障碍，无论是技术方面还是组织方面。比如，它仅在敏捷交付已经证明有效并且管理层对这种流程比较舒服和满意的地方奏效。它仅在开发流程中持续集成和自动化测试根深蒂固的地方奏效。它仅适用于运作良好的集成的产品管理、良好的开发和优秀的 QA 的团队。这些都是实现这一先进模式的先决条件。

❏ 8.7.3　超开发和发布

超或者超快开发、分布及部署，它们对业务的影响会是什么？上一节将重点放在集成多个故事类型，并将不同的迭代长度整合在一个快速开发的环境中。伊斯雷尔·干特（前 BMC 软件公司副总裁）又对此做了进一步发展——从高速开发到高速分布和部署[①]。干特引入了使用虚拟设备技术来加速分布（快速打包版本适应多种部署环境）和在客户端进行部署。通过使用超快开发和部署，干特接下来推断这两种实践如若结合起来，可以使高端客户以能够负担得起的成本，获得定制化软件包成为可能。

在这一点上，联合的快速开发结合快速分布和部署，为变革商业模式提供了一系列可能性。如果你是一个 ISV，新版本的发布周期是传统的 12 ~ 18 个月，那么关键客户或许必须等上数月甚至数年的时间，才能得到关键业务软件的更新。如果你能让顶级客户在等待 3 个月就能得到关键功能的更新，那么会怎样呢？干特得出的结论是这种能力可以极大地改进与客户的亲密程度，从而加强战略合作关系。

[①] 引自伊斯雷尔·干特的 "To Release No More or To 'Release' Always", Cutter Agile Product& Project ManagementAdvisory Service, Executive Updates, Vol.9, No.21、22、23（2008 年 11 月和 12 月）。

8.8　结束语

发布计划是最重要的，有时也是最不受重视的敏捷项目管理实践之一。根据不同的时间范围（例如，在为期 18 个月的项目末期制订的计划应该不如初期那样详尽），可以制订不同详细程度的发布计划。发布计划为团队提供了一个游戏计划，弥补了敏捷项目总是关注短期迭代的不足，同时为产品营销部门提供了依据，使其能够据此做出有关能力和故事的关键优先级的决策。最后，发布计划为管理层和高层管理者提供了一个基准，据此他们可以判断在既定的约束内交付高质量、可发布产品的可行性。

第 9 章

探 索 阶 段

探索阶段旨在交付可运行的、已测试和已接收的故事。敏捷项目管理关注敏捷领导如何创建自组织和自律的团队，从而交付可发布的产品，而不关注实现这一目标的技术细节。探索阶段包括了第 5 章介绍的 4 个敏捷开发方法论层级中的 3 个——项目管理、迭代管理和技术实践。如前所述，迭代管理涵盖短期迭代和领导特性团队制订计划和管理，而项目管理涵盖较长时间范围的发布管理和与外围利益相关方的合作。对于小型项目，一个人通常兼顾项目领导者和迭代经理两种角色。对于大型项目，这些角色可以分配给不同的个体。即使这些角色由不同的人来担当，项目领导者和迭代经理都协助构建项目社区。

敏捷领导（包括项目、产品和迭代）必须在更广泛的组织中发挥作用。他们需要管理内部（确保职能经理和高层管理者了解敏捷方法的好处和差异）、管理外部（确保客户了解他们在敏捷项目中的主要角色和责任），并且管理团队（鼓励他们接受并充分理解敏捷原则和实践）。

从构想阶段到探索阶段的过渡，如图 9-1 所示。该图表明在构想周期内所制订的发布计划与探索周期的迭代计划是连接在一起的。探索阶段的主要活动包括：

- 迭代计划和监督：
  - 迭代计划。
  - 工作量管理。

　　— 监督迭代进程。

- 技术实践:

　　— 技术债务。

　　— 简单设计。

　　— 持续集成。

　　— 无情的自动化测试。

　　— 不失时机的重构。

- 项目社区:

　　— 教练和团队开发。

　　— 参与式决策制定。

　　— 合作与协调。

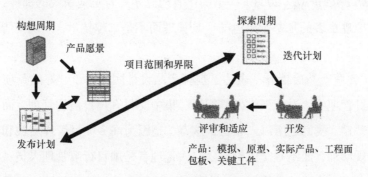

图 9-1　敏捷项目管理构想和探索周期

　　复杂适应系统（CAS）是由这样一群行动者组成的：他们按照一套规则与其他人交流，并通过探索实现目标（用生物术语讲，就是适合度）。CAS 试验各种备选项，然后选取并执行可行的选项，将结果与其适合度目标（系统目标）进行比较，并在必要时进行适当的调整。如果将项目团队看作一个复杂适应系统，项目领导者的工作就是以新的尺度，不断地帮助团队清楚地表述和理解目标和约束、帮助团队有效地交流、推动决策制定流程、确保收集到适当的反馈信息并将这些信息融入新的迭代中，以及在偏离正轨时，记录并面对现实。每个项目都是如此。

9.1 敏捷项目领导力

本章的核心内容是关于敏捷领导力的。即使在讨论诸如重构这样的技术实践时，关注的还是领导者需要知晓什么知识来管理重构，而不是开发人员需要知晓什么知识来进行重构。

敏捷项目领导者关注增加项目价值。但是，许多开发工程师认为项目管理是一个路障——是阻碍而不是帮助。项目经理被看作管理人员，他们收集所有详细的任务进度信息，创建彩色的资源量变曲线，经常用细小的任务折磨团队成员，并写下大量的工作进度报告交给高层管理人员，他们并不作为向客户提供价值的直接贡献者。开发团队通常认为项目管理是日常管理。正如 *Product Development for the Lean Enterprise*（2003）一书的作者迈克尔·肯尼迪所说的那样："我们的产品开发原理更多的是基于出色的行政管理而不是卓越技术，但现在情况变得越来越糟。"

"买了比萨，然后走开"表达了很多产品设计团队对于"好的"项目管理的观点。项目管理应该看作提供鼓舞领导、集中交付客户价值的管理，而不应看作日常管理开销。我们之所以未能看到这点，是因为许多项目管理实践和项目经理都关注合规活动，而不是交付价值。这些管理者是项目行政管理人员，而不是项目领导者。客户购买的是价值，其他所有事情都是日常管理开销——虽然有的是必要的，但终究还是日常管理开销。符合政府监管条例的团队活动是必要的，但它们很少增加客户价值；符合监管条例的需求文档也是必要的，但不能增加价值，至少不是直接增加价值；工作进度报告帮助经理完成其受托的责任，但不能增加价值；无数重要事件的审批权会迷惑管理人员，让他们以为一切都在控制之中，但它们也不能增加价值。

最后，无论是最好的项目领导者，还是最好的团队，都不可能超越组织的政治。任何方法都对过高的幻想或者独裁的法令无能为力。这些特点导致了艾德·乐登（1999）所说的"死亡竞赛"项目，即开始之前就注定失败，并从此迅速走下坡路的项目。敏捷项目管理不能交付幻想的东西，并且其管理风格与独裁相反。

对于"死亡竞赛"的项目，敏捷方法不会有任何帮助。

9.2　迭代计划和监督

迭代计划和监督包括 3 个主要活动：迭代计划、工作量管理和监督迭代过程。主要负责管理此项工作的是迭代经理。迭代经理也可以在每次迭代结束时组织召开诸如回顾等内容的会议（见第 10 章"适应和收尾阶段"）。

❑ 9.2.1　迭代计划

团队在制订项目全面的发布计划之后，就开始为下一次迭代（或者是第 1 次迭代，如果是在项目开始的话）制订详细的计划。团队从发布计划中摘出每个故事卡片，确定实现这个故事所需要的技术任务和其他任务，并把这些任务记录下来。团队接下来会重新估算工作量，必要时将调整这次迭代计划中的故事。图 9-2 显示的是分配给该次迭代的故事。故事任务通常列在一个挂图上（见图 9-3），或者按照进展的序列（见图 9-4）。根据不同情况，图 9-4 中的进展既可以用作故事也可以用作任务。

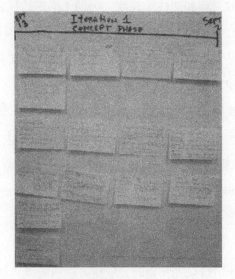

图 9-2　故事层级的迭代计划

图 9-3　一个故事的任务列表分解

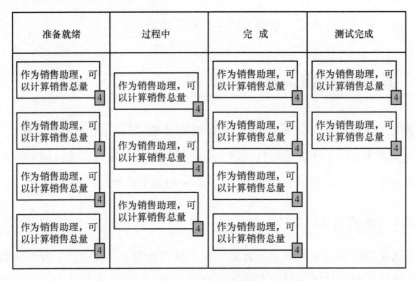

图 9-4　一个迭代中的故事进展

　　整个项目团队（包括产品经理、产品专员、客户、开发人员、测试人员、迭代经理和项目领导者）应该全部参与迭代计划会议，这样大家都能对该次迭代中要完成的工作有所了解。职能经理的参与有助于团队更好地理解一些战略优先级问题，同时展示出对项目的承诺和支持。

　　迭代计划会议所需的时间基于项目的类型和迭代的长度，为期 1 周的迭代，建议的计划会为 1~2 小时。以此类推，一个为期 3 周的迭代就可能需要 3~6 小时。如果团队正在用 2 天的时间计划一个为期 3 周的迭代，就说明事情有点不正常了。团队应该尽量减少迭代计划时间，只是让其"刚好够"即可。

　　在制订发布或者里程碑计划时，团队或许已经确定了迭代"主题"（第 8 章"高级发布计划"中已讨论过）。如果是这样的话，还应该重新审视一下该主题，必要时再做调整。迭代主题确定了迭代的聚焦点，防止团队陷入某些细节任务中。该主题既可以以客户为导向（如"完成信用验证能力"），也可以以技术为导向（如"完成重构上次技术审查确定的数据库"）。

　　敏捷方法（或任何方法）都可能存在一个问题：团队缺少对结果的承诺。既然敏捷的原则是灵活性，那么团队如何承诺结果呢？当时，敏捷方法不能成为缺少承诺的借口，因此从迭代开始就应该注重结果。团队非常积极地参与计划、估算和执行，但是团队成员也应该认识到参与意味着责任——他们应该对实现计划的结果负责。如果在这次迭代中他们计划交付 6 个故事，团队中的每个成员都应有所承诺，交付这些故事。[①]

1. 估算和任务规模

敏捷计划旨在匹配容量与计划，而不是基于愿望制订计划。许多敏捷团队使用故事或者故事点的开发速度（每次迭代交付的故事个数或者故事点数）来表示容量大小，如果这个故事数目小的话，速度差别就很大。一些团队使用速度来初步测量迭代容量，随后对任务进行研究并估算，如果他们认为能够做得更多（或更少），就会再次调整容量。在任何情况下，敏捷计划的目标都是使容量与计划匹配，并且在整个项目周期中通过提高生产率来提高容量。[②③]

团队也试图努力确定任务的合适"规模"。原则上来讲，故事通常需要 2 ~ 10 天的工作量，而任务不超过 8 小时。然而，在成熟、高效、自组织的敏捷团队中，难道任务分解及其大小不应该由团队成员来确定吗？一个团队可能想把任务分解得更细，而另一个团队或许做起高层级任务来更加游刃有余。

> 只要团队正在履行其承诺，他们应该自己决定任务的详细程度。

2. 迭代长度

敏捷人员中似乎流传着这样一句口头禅：迭代越短，团队越敏捷。尽管通常

---

① 源自伊斯雷尔·干特的私人邮件"我们在制订计划时让团队成员使用'5 指拳'来表示信心和做承诺，这非常奏效"（5 指拳：1 个指头=不支持该计划；3 个指头=支持该计划；5 个指头=完全支持该计划）。

② 关于更多估计的内容，参见迈克·科恩的 *Agile Estimating and Planning*（2006）一书。

③ 源自伊斯雷尔·干特的私人信件："或许应该谨慎看待敏捷线性学习曲线效应。在成功地交付了产品的 3 个版本之后，我原以为我们的容量会呈线性增长。然而接下来的版本是一团糟。出于某种原因，我们在后两次发布中没能提高生产率，虽然后来提高了。因此，我们努力提高生产力，但在制订计划时不能有多高的预期。"

情况下短期迭代更好，但有时"越短越好"的说法会阻碍进程，这也说明团队过于以开发人员为中心。

设定迭代长度时应遵循 3 个标准：交付对用户有价值的功能块（故事）、构建和测试故事（可工作的软件）和产品团队对故事的接收。还有一些其他因素影响着迭代长度，如时间范围、探索系数、管理开销和学习需要。

如果故事未能通过"用户价值功能"测试（因为它们似乎是技术性故事，所以对于客户团队没有太多意义），那么迭代长度可能太短了——故事更趋向于技术性（像对待任务那样）而非面向用户。一个 4 小时的故事，常常就可以是一个变相的任务。

决定迭代长度的另一个因素是用在单元测试、集成和 QA 测试上的时间。迭代长度并不只是开发人员完成开发工作所用的时间，而是整个团队完成所有必要工作所用的时间。如果在迭代中开发用了 2 个星期，为下一次迭代而做的 QA 测试用去了 1 个星期的时间，那么迭代长度实际上是 3 个星期。同样，在迭代开始之前，产品团队经常用几天的时间来确认故事，并做一些初步的需求定义工作。但如果产品团队总是在正式迭代开始之前花费整个星期的时间来做这些事情，那么真正的迭代是多长时间呢？

在短期迭代中，遗留代码库也会严重影响软件测试所需 QA 的能力。针对一个大型遗留的代码库，为了使团队在两周内能够完成测试，需要时间，需要投资一些自动化测试工具，还需要进行大量重构。在这种情况下，迭代长度稍微长一些可能非常有用。甚至在测试代码库中遇到困难，一些测试可能必须在迭代之后进行。在这种情况下的目标是，重构产品使之足够成形，在迭代后将不再需要进行测试。

设定迭代长度需要考虑的其他因素有发布时间范围、探索系数、准备和评审时间及学习需要。一般来讲，发布时间范围越长，迭代时间也就越长。比如，12 个月的项目可能使用 4 周时间的迭代，而 3 个月的项目可能使用 2 周时间的迭代。20 世纪 90 年代，我们曾经与一个工具供应商合作，一个为期 4 周的"演示"项目就使用 1 周时间的迭代。随着探索系数的增大（不确定性），迭代长度应该缩短。高探索系数的项目是有风险的，因此团队成员需要尽快学习使用短周期的构建–审核周期。

准备和评审时间也影响迭代长度。准备工作包括需求定义、迭代计划和一些待办事项列表的管理。评审包括客户焦点小组评审、回顾和技术评审。如果这些活动需要 3 天时间，那么长度为 1 周的迭代是非常低效的。相反，能够 2 小时就完成迭代计划、3 小时就评审完所有活动的小型、高效和成熟的团队才可能有效地使用为期 1 周的迭代。

短期迭代的一个主要原因，特别是当团队处于敏捷学习模式中时，是重复能够加快学习速度。频繁做事能提高学习速度，也能迫使团队学会如何快速做事。例如，如果迫使一个团队从每日构建一次转为每小时构建一次，他们就会找出使其过程自动化的方法。所以，对于不成熟的敏捷团队，在开始阶段尝试短期迭代有助于促进学习。新团队总是希望迭代期更长一点，因为他们对于在那么短的时间范围内交付产品感到紧张。他们紧张于学习曲线的上升，而该曲线，与直觉相反，迭代期越短，上升也越快。另外，迭代长度应该是个常量，不能这次迭代 2 周，下次迭代 3 周。迭代长短不一，团队就不能保持较好的开发节奏，并会使速度估算工作变得非常困难。

说到底，短期迭代（2 周似乎在许多组织中逐渐成为一个标准）总体上是好的，但也并非放之四海而皆准。任何项目在确定最佳迭代长度时都应该考虑每个因素——良好的面向用户的故事、所有工作能够完成、遗留代码和接收测试等。为期 1 周的时间可能对于开发人员来讲很合适，但对于 QA 或者产品管理来讲就非常困难。确定迭代长度时需要考虑整个团队。

❑ 9.2.2　工作量管理

工作量管理旨在让团队成员自己管理必要的日常任务，以便在每次迭代结束时交付故事。团队成员应该尽可能地管理自己的工作量。每个人和整个团队都对交付他们在迭代计划中承诺的结果负有责任。至于如何（在团队设计的流程和实践框架内）实现这个目标、哪些团队成员承担哪些任务，这些应该由团队成员集体决定。同许多敏捷实践一样，自律的个人和团队可以有效地做到这点，而其他人或团队不能。

在制订迭代计划时，团队成员针对要交付的计划故事，确定所需的任务并自己领取这些任务——项目或者迭代经理并不分派任务。然而，问题是团队成员需要在什么时间领取任务？有些人推荐在迭代计划会议上领取，但是在迭代期间出现变化怎么办？有些人建议即时领取，但是团队成员就不能预先几天制订工作计划。所以，建议是试用不同的方法，找出适合你的团队的领取任务时间，然后让团队成员自己决定。

工作量管理也涉及团队成员在迭代期间（一部分是在每日站立会议期间）监督自己的进度，并进行必要的调整。这并不意味着项目领导者放弃了他们的管理责任，当团队始终如一地履行其承诺时，领导者几乎不必干预。然而，在团队实施新实践或者新技术时，在新的或者没有经验的成员加入团队时，领导者的干预或许是必要的，但通常是采取教练的形式。

项目领导者主要是通过制定业绩目标（故事、质量目标、所需的实践）并监督其实施（不用微观管理），而不是通过制定任务进行监督管理。微观管理人员试图规定详细的活动，然后不断地监督活动是否按时完成。从根本上讲，大多数这类管理人员认为不能完成这些微型任务是动机问题，他们认为员工工作不够努力、不够迅速。敏捷领导者遵循第 3 章阐明的原则，即"团队胜过任务"。敏捷领导者把任务留给团队成员自己去管理。

敏捷领导者明白只有少部分员工才存在动机问题（毕竟，他们已经努力获得了适当的人员），他们将业绩看作能力问题，并首先假设，没有完成任务的员工是因为手头没有相关任务的信息、工具或者经验。他们并不将自己的角色看作设在走廊的监视器，而是帮助提供资源、信息或者技术指导的老师。

> 教练型领导者的态度反映在如下问题上："我如何才能帮助员工交付结果？"微观管理人员的态度则是"为什么 412 号任务还没有完成"。

项目领导者拥有特殊的技能、能力和经验。如果让其站在一边监督，使团队苦苦挣扎，将是对他能力的浪费。领导者（项目或迭代）在指导和教练以进一步培养团队能力方面被寄予了厚望。敏捷项目领导者引导而不是控制，轻推而不是强迫。领导者的连续干预是失败的象征。

❑ 9.2.3　监督迭代进展

迭代经理因为天天与团队并肩工作并参与每日站立会议，所以很了解迭代进展。团队都保留有进展图（见图 9-4）或者故事/任务检查表（见图 9-5），对于迭代经理掌握进展情况很有帮助。图 9-5 中的故事审核标记为"进行中""开发完成"和"已接收"。对于任务来讲，审核框代表"进行中"和"完成"。对于迭代管理来说越简单越好（管理费用低）。

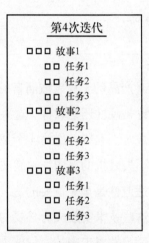

图 9-5　故事/任务检查表

许多敏捷实践者使用类似图 9-6 所示的任务燃尽图来显示每天完成的迭代任务数，以此监督进程。我认为，如果项目领导者或者迭代经理使用任务燃尽图，则会阻碍团队的自组织。尽管团队可能想要使用其自己的燃尽图，但是如果一个领导者每天都监督任务，势必导致团队不再进行自我管理。在任何情况下，如果使用燃尽图，则建议使用一个统一的任务燃尽图，只表明完成的全部任务，而不是许多人使用的那种表明总的迭代小时数的燃尽图。如果迭代长度是 3 个或者 4 个星期，使用燃尽图或许很合理；如果迭代长度为 1 个或 2 个星期，则记录燃尽小时数似乎是一种"重度"管理而不是"自我组织"管理。

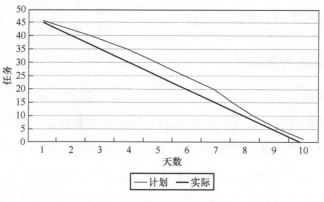

图 9-6   任务燃尽图

9.3   技术实践

大多数技术实践都是针对产品的工程领域而言的。然而，有几种实践对于多种类型的产品是通用的，无论是硬件还是软件。这些技术实践的采纳，是为了保持较高的质量和较低的变更成本。本节讨论的 4 个技术实践——简单设计、持续集成、无情的自动化测试和不失时机的重构，它们彼此相互支撑。虽然有很多的其他技术实践，但这 4 个对适应性是至关重要的①。

首先，我们思考一下使这些技术实践成为必要的现象：技术债务。较高的技术债务会降低当前的开发速度，并对未来的交付能力产生负面影响。

❑ 9.3.1   技术债务

当产品开发团队对技术卓越技术做空口承诺时，当项目和产品经理促使团队仓促而不是迅速地工作时，就会招致技术债务。技术债务可能在初始开发、持续维护（让产品保持其初始状态）或者改进（增加功能）期间出现。如图 9-7 所示，技术债务是产品的实际变更成本（Cost of Change，CoC）与其最佳变更成本之间

---

① 这不是一本有关工程学（软件、电子、机械或者其他）的书籍，因此，本书不包括特定的技术实践。然而，各个领域的基本技能对成功至关重要。软件产品若没有良好的、基本的软件工程技能，则不会构建。电子仪器若没有良好的、基本的电子工程技能，也不会构建。项目领导者和团队领导者需要了解团队的技术能力。

的差额。管理技术债务有助于确保今天可靠的交付和准备适应明天的客户需要。管理技术债务有助于交付敏捷三角形中的质量。

> 增长技术债务是影响产品可行的最大障碍。

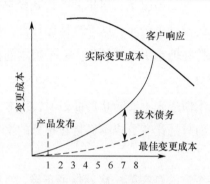

图 9-7　技术债务

尤其对于软件产品，实际的变更成本曲线先是缓慢地上升，几年之后，上升势头会迅速加快。对于使用超过 10 年左右的软件，开发人员都不愿意触及那些现在已经变得非常"脆弱的"代码。缩短改进时间和减少改进成本的持续压力、没考虑定期重构，以及对自动化测试数据的不良维护，都会导致这种脆弱性，并使变更成本上升，这种情况的实例就是，公司具有 10 ~ 15 年的老产品，其质量保证期会延长 1 年或者更长。每个产品，无论是软件还是其他产品，都有如图 9-7 所示的曲线，但它们的形状和业务含义不同。

关键在于技术债务的不断增加会直接减少对客户的响应能力。客户和产品经理，无论是内部的还是外部的，不明白为什么一个看似简单的改进会花上数月时间。他们无休止地索要特性、特性、特性，以及要求更快、更快、更快地实现该特性，通常这就是问题的根源。如果企业不致力于长期的技术债务管理，开发群体就会被迫陷入不断增加的技术债务的陷阱。债务越糟糕，延迟就会越长，压力也随之增加，通常会导致下一个特性匆匆忙忙地完成，这样再次增加技术债务，从而形成恶性循环。

要终止这个向下的循环非常困难，因为技术债务周期越长，弥补它所需要的花费就越多。弥补技术债务是一个政治噩梦，因为在花费了大量的时间和资金后，产品的功用并没有比以前提高多少（虽然减少了缺陷）。这个债务越大，弥补它的代价就越昂贵，也越难以修正，因而这个死亡循环会继续下去。

然而，在产品生命周期的早期，减少技术债务的动力不大（尽管这时做不会很昂贵），因为这时技术债务造成的延误时间还很短。然而，减少长期技术债务的秘诀在于，在成本还很低的情况下，尽早并经常减少它。债务越小，弥补它的费用就越少，从而修正的难度也较小，这个良性循环自身就会得到加强。减少技术债务、使变更成本保持在低水平，必须作为一个根本的技术策略，成为企业致力于技术卓越的组成部分。

必须注意，管理技术债务并不能防止产品过时，技术债务策略不是试图拖延产品的最后报废时间，而只是让变更成本保持在很低的水平，以便在产品使用期间尽可能地响应客户。

解决技术债务的传统方法是在第一次就保证正确，然后保持下去。所谓保持下去，就是坚持原始的设计或者架构，并阻止有意义的改变。如果变化的速度比较缓慢，这个策略也许有用，但在如今的大多数产品情形中，坚持过去、阻止变化是不可行的。通过不改变来保持变更成本，只能意味着在变更不得不发生的时候，无论是产品还是人员都没有为变更做好准备。

你也许想："好吧，这听起来不错，对于早期就减少技术债务，我永远不可能让我的客户或者高层管理投入时间或资金。"对此，我有几个答案：第一，是把客户流失给了反应更积极的竞争对手，尤其是那些没有旧产品负担、新进入市场的竞争对手。新公司的经济学不同：它们还没有技术债务。第二，一个正常运转的敏捷团队在实施技术卓越时，能够以更快的速度、更低的成本工作。

❑ 9.3.2 简单设计

简单设计的目的是让工程团队基于已知知识而不是基于对未知的预测而设计。管理变更有两个基本的方法——预测和适应，良好的设计策略都包括这两方面。预测是计划未来并预测可能出现的变化。适应意味着等到需求或设计问题出现时，在产品中构建这些需求和问题。

在软件薪酬系统中加入税率参数，以此预测未来联邦政府的扣缴率变化；将电子仪器部件化，以此预测当前无法预测的配置仪器的使用。如果一些事情变化的概率很高，就应该将系统设计成很容易地包含变化，这是已知的未来变化类型。在硬件设计中，许多努力都花在定义界面上，因此假如界面不变化的话，作为黑盒子的子系统很容易换上或换下。同时，一个良好的设计会为未来留出一些未用的带宽，如包含一些未用的信号和数据线的底板，其他例子还有使用认可的标准和协议，它们容许更大的灵活性，以及使用很容易升级的中央处理器/内存的芯片安装。由于硬件的变更成本比较高，因此适应性通常要求具备一些少量的预测设计。

相反，有些商业设计和环境的变化非常难以预测。例如，在 20 世纪 90 年代中期沉醉于开发客户端/服务器系统的 IT 机构，几乎没有想到互联网的繁荣会迅速超过自己所从事的工作。此时，在企业资源计划系统上花费了数百万美元的公司已经关心应用程序的内部整合，然而几年后，公司间的融合成为关键。如今预测生物技术行业的发展是不可能的。要处理这些不曾预料的、通常不可预测的变化，就需要适应方法。

简单设计意味着适应比预测更有价值。这意味着对我们如今知道的东西进行设计，然后对我们未来了解的东西做出响应。如果我们的目的是创造适应能力强的产品，则应该通过它响应新信息，在开发期间证明其适应性。然而，这个方法究竟有多大用处，取决于我们生产的产品的延展性。软件（在设计优秀的情况下）的延展性非常强，而一些类型的硬件的延展性相对较弱。产品的可延展性越强，变更成本就越低，在预测与适应之间的天平上，就越容易向后者倾斜。

因而，可延展性产生低成本迭代，但一些组件，即使软件系统中的，其延展性也非常差，因此预测和适应之间的天平就必须倾斜回到预测。例如，改变平台（和产品线）架构决策通常是很昂贵和费时的，从而应该从预测的角度处理它们。

即使可延展性差的硬件系统，随着高度复杂的模拟和建模技术的出现，硬件设计人员有了与软件设计人员近似的可延展性环境，如波音 777 的设计就是一个极好的例子。当然，一旦波音 777 从设计转变到制造，对它所做的任何变更就会立即变得非常昂贵，但在制造之前，波音公司（在某种程度上）在它们创造性地、广泛地使用模拟的过程中采用了简单设计实践。

简单设计和重构的有效性向产品团队表明，其开发流程的适应性如何。这些实践的障碍也是减少变更成本的障碍。关键的问题不是"实施这些实践需要花费多少？"而是"不实施这些实践，你能够负担得起吗？"。注意，简单设计并不意味着简单化设计。通常，提出让人理解的、适应能力强的简单设计需要额外的时间。摒弃不重要的东西并将重点放在客户价值，以此来减少工作量，就可以节省时间更好地做事——这就是简单设计。

❏ 9.3.3　持续集成

持续集成的目标是在开发期间尽早、经常地确保产品特性组合成一个整体，从而减少以后无法组合造成的高成本和测试负担。无论什么产品（如软件、汽车、工业控制系统等），集成的频率越低，流程后期的主要问题就越容易影响开发工作，发现和修正这些问题的难度就越大、花费就越多。

让我们以工业产品中的嵌入式软件的一些普遍问题为例。硬件和软件组件永远不能同时完成，软件工程师抱怨没有硬件，硬件工程师同样抱怨没有软件。对于一些产品，可以用软件模拟和硬件原型来缓解这种情形。但是，这样可能成本很高，并使真实的情形过于简单化。一个手机嵌入式软件的开发公司遇到了令人沮丧的问题，主要供应商的硬件测试设备有问题，减慢了其测试工作；一个油田服务公司发现，模拟并不能复制真实世界的所有变数，而"现场"测试也非常昂贵；操作系统和计算机硬件开发人员在开发期间似乎一直不协调。在某些程度上，集成硬件和软件总是一个挑战，而这些问题只能部分解决。因此，开发团队需要争取经常集成，以减少这些问题。

肯·德科尔将这种方法用于质谱仪的研制。"我们刚刚经历这个过程，在迭代期间，我们的固件小组根据测试进度将固件交付给硬件小组。一旦确认有了足够的功能，软件小组就会介入，在固件中添加应用程序。通过这个方法，我们不需要一个组装好的数码板，就可以开始固件和硬件集成测试。我们做到了许多事情（我们完成的最好的事情）：集成测试开始得越早，问题得到解决的速度越快（进度短、成本低）；一旦有了最低限度的硬件，集成就会继续，从而使资源的使用不会出现高峰期；沟通情况也得到改善，因为所有小组都参与到这个集成工作中。"

对于同时包含硬件和软件的产品，转变为敏捷开发模式可以提高其灵活性。敏捷方法不是试图限制（冻结）需求，而是通过让概念开发和实现活动同时进行，利用软件的灵活性，从而将"软件冻结"延后到产品开发流程的后期，这使得以后发现的硬件缺陷（或者新需求）得以在软件中实现。而且，软件特性的灵活性及经常抛弃不昂贵的特性，可以作为测试关键硬件组件的有利条件。

马可·伊恩斯蒂（1998）列举了一个例子，说明在硅图公司的工作站开发项目期间如何使用软件解决频繁出现的硬件问题。一旦发现硬件问题，软件变通的方法就会使用 70%的时间，问题将占 10%的"特性"时间，硬件和软件的组合将占 10%的时间，而纯粹的硬件变更仅占 10%的时间。

伊恩斯蒂认为，在顺序式开发模式中，"概念开发和实现之间被明显地分开，这种模式在可以预测技术、产品特性和竞争需求的情况下非常奏效"。在敏捷方法中（伊恩斯蒂称之为灵活的方法），"流程的关键是随着项目的进行，收集新技术和应用知识并迅速做出响应的能力，技术集成能力对于迎接这种不可预测变化的挑战极其重要"（伊恩斯蒂，1998）。

在敏捷开发方法中，控制的出现不是因为要执行基于概念的计划，而是因为在产品开发流程期间需要对不断演变的特性集合进行不断的集成和测试。具备一个产品架构是重要的，但出色的技术集成才是成功的关键，鉴于此，架构师需要经常参与产品集成。

❑ 9.3.4　无情的自动化测试

无情测试的目的是确保产品在整个开发过程中保持高质量[1]。每次迭代中团队越能提供可运行的、经过测试的特性，团队的工作就越有效。第 1 章中迈克尔·马赫的绩效研究综述也支持这一论断，即高绩效的敏捷团队是那些拥抱无情测试的团队（马赫，2008）。

> 经验表明，成熟和不成熟的敏捷团队之间最大的区别在于他们致力于无情的自动化测试的程度不同。

---

[1] 术语"无情测试"是我的同事凯文·塔特在其著作 *Sustainable Software Development*（2006）中提出的。虽然越来越多的软件开发人员使用"测试先行的开发"这个词组，但无情测试是一个更通用的术语，它可以广泛用于各种类型的产品。

　　一句格言说得好，质量不能后补上去，只能在开发流程中形成，这是千真万确的真理。测试仪器的广泛使用有助于所有东西的开发，从手机芯片到汽车引擎。无情测试同样服务于创造适应能力强的产品这个目标，因为在还来得及纠正的时候及早发现缺陷，可以减少变更成本。如果产品开发人员等到生命周期的晚期才测试，测试流程本身就变成了笨重的工作，而不是改进工作，而且如果不经常测试，开发流程中就会缺少必要的反馈循环。时间等待太长，设计就会固定下来，当测试最终运行时，团队就不愿意更改设计了，因为那时成本太高了！无论什么产品，不断的无情测试（包括接收测试）向开发团队提出了挑战，让他们面对其设计究竟如何这个现实。

　　在软件开发中，无情测试包括：软件工程师不断进行单元测试、将质量保证和接收测试融入每次开发迭代中，以及让全系列的测试自动化。许多开发团队实践测试驱动开发（Test-Driven Development，TDD），通过先于执行代码而编写的测试代码，他们认为测试驱动开发和自动化测试都是开发的重要加速器。使用诸如集成测试框架这样的工具进行自动化接收测试也使团队能够把测试脚本用作自动化的详细需求。最终目标是在每次迭代结束时生成可交付的产品。

❑ 9.3.5　不失时机的重构

　　不失时机的重构旨在不断地、连续地改进产品设计，让它的适应能力更强，以满足如今和未来交付客户价值这两个目标。

　　一个企业现有一个有 20 年以上历史的、包含几百万行代码的软件产品，它在考虑进行一个历时数年、花费数百万美元的产品重新开发项目。虽然该产品曾是企业过去成功的工具，也被看作未来发展的支柱，但该项目技术债务很高，维护和改进所花费的时间越来越长，集成和回归测试的成本会直线上升。同时，该公司的客户不断地要求它缩短响应时间。替换被认为是针对这个运转不灵的旧系统的解决方法。我的忠告是，如果在开发流程中不包括系统的产品重构方法，那么新产品在 5 年内将会面对类似的问题。

> 软件产品的最大优势在于它的可延展性，由于缺乏重构而导致的高技术债务破坏这个优势。

重构涉及更新产品的内部组件（改进设计），而不会从外部改变任何可行的功能，以使产品更可靠、更具适应性。顺序式开发方法的一个不合时宜的观点是，它认为减少变更成本取决于开始时做出正确的架构和设计决定。鉴于变更是经常的，而我们又不能准确地预测变化，设计应该基于我们如今现有的知识，并愿意在未来重新设计，即一个演变的设计流程。我们很难避免这种情况——产品改进未经过适当的设计考虑就被"固定"下来，所以重构方法鼓励团队定期地重新审视这些决定并纠正它们。在软件业，重构既应用于测试代码（经常被遗忘），也应用于执行代码。

还有一个实施敏捷开发的客户，其开发的软件产品与另一个公司的主要平台宣布时间刚好碰到一起。尽管他们采用了重构和无情测试，不可改变的交付日期使他们稍显"仓促"。因此，对于第一个版本，他们并没有立刻着手改进市场所需的新特性，而是花费了 6 周时间重构并让自动化测试成形。等到手头上有技术可靠的产品时，他们才开始为下一个版本开发新特性。我问该公司的产品开发经理在实施敏捷开发之前，他们是否会花费那个 6 周的时间，他的回答是"不会"。在摆脱了另一个遗留产品的"技术债务"痛苦之后，他的团队成员坚定决心，不让这种情况在新产品中出现。

然而，重构不应该成为草率设计的借口，我们的目标不是重构，而是保证可行的、适应能力强的设计，这就要求在每个步骤都有优秀的设计实践。

> 旧的格言：第一次就把它做好。
>
> 新的格言：无论第一次做得多好，它都会改变，所以要将变更成本保持在较低的水平。

做重构决策是困难的，因为从表面上看，它们似乎是技术决策。事实上，它们是产品管理和高层管理者决策，所以需要从这个角度进行分析和提供资助。没有产品经理的支持，要摆脱退化的产品设计几乎是不可能的。然而，我发现一旦产品经理了解高技术债务带来的后果，他们就很容易投入重构中。随着客户强烈要求增强功能及开发周期因技术债务而加长，他们目前的情况往往是很难维持下去的。

为了重构，有两个因素非常重要：自动化测试和坚持。重新设计和重构的一个障碍是，它们可能破坏一些还在工作的东西。通过全面地将测试融入开发流程及最大限度地自动化测试，我们可以以此减少这个风险。自动化测试可以减少破坏某些正在工作的东西。

至于第二个因素——坚持，对于软件而言，它意味着每次企图变更时，考虑进行少量的代码重构，让代码总是比以前稍好一点；它意味着在每次开发迭代期间，考虑重新设计并分配一些时间来实施重新设计；它意味着将某种程度的重构规划到每个新产品版本；它意味着缓慢但确切地构建自动化测试，并将测试集成到开发流程中。对于硬件而言，坚持意味着将这些实践尽可能地运用到开发中，尤其是由模拟完成的开发流程部分。

每笔投资都要求有足够的回报。重构是要花费时间和资金的，还可能演变成无休止的关于"正确"设计的技术争论。但许多产品团队清楚现状不再起作用。对于那些哀叹其产品无法满足客户要求的产品经理，对于试图弄清那些无人想触及的设计的开发人员，对于那些因为其活动花费数个月而被看作瓶颈的质量保证部门，对于那些见证其产品在市场失败的高层管理者，考虑重构的动力是显而易见的。坚持就是不断地———个迭代接一个迭代，一个版本接一个版本——投入重构、重新设计和测试活动中，以保证产品响应市场需求的变化。

9.4 教练和团队发展

许多人，甚至包括敏捷社区的一些人，认为敏捷项目管理等同于少做管理。根据我的经验，敏捷管理可能与众不同，但它花费的时间肯定不会少。人事管理方面（授权、教练、引导、与客户和利益相关方合作）占了项目领导者的大部分时间。这些活动是构建团队而不是管理任务的关键。像马库斯·柏金汉姆和库尔特·科夫曼（1999）在经过广泛的研究（在长达 25 年的时间里采访 80 000 多个经理）后所写的那样："经理的角色是进入每个员工的内心，将他们的独特才能释放出来，以体现在绩效中。"

作为教练和团队建设者，项目领导者通过以下列 6 种方式，为项目成功做出贡献：

- 聚焦于团队的愿景、目标和交付结果。
- 将一群人塑造成一个团队。
- 发展每个人的能力。
- 为团队提供所需的资源并清除路障。
- 教练客户。
- 使团队的节奏保持一致。

敏捷项目经理这个角色的本质不是画甘特图或者编写进度报告（虽然这些是他们工作的一部分），而是将一群人组建成一个高绩效的团队。新产品开发的基础是探索和试验，这涉及出错甚至失败的风险，但也会从错误中学习。经理必须承担风险，从而降低团队的风险。罗布·奥斯丁和李·德温（2003）这样写："机敏的经理不仅尽自己的职责，而且他们必须创造条件，让生产者敢于冒风险。愿意冒风险对于生产是至关重要的，部分原因在于探索并不是一件舒服的事情。"团队成员自己必须参与这些活动，而项目经理的任务是确保他们参与，这是一个困难的、永无止境的而最终回报丰厚的角色。

迪·霍克（1999）对于经理的责任有他独到的见解：第一，管理自己，他将之定义为"自己的正直、品格、道德规范、知识、智慧、性情、言辞和行动"；第二，管理权力超过他的人（经理、上司、高层管理者、监督员和其他人）；第三，管理同级别的人，即"那些我们没有高于他们的权力、他们也没有高于我们的权力的人，如合作者、竞争对手、供应商和客户"。

对以上管理责任清单的回应者如是说："如果我们履行所有这些职责，我们就没有时间管理下属。"霍克回答说："正是如此！"团队管理自己越多，项目经理干预就越少，这样项目经理就有更多的时间用于管理上层和外部（管理项目团队以外的参与者），那他的效率就越高。

❑ 9.4.1　聚焦于团队

每个团队成员都会不时地陷入细枝末节而忘记目标。优秀的项目经理和迭代经理往往通过重新审视主要的约束，以及用项目最终愿景和目标鼓舞团队等手段，随时提醒团队有关的目标，这是鼓励探索的一部分，可以看作领导者的啦啦队队长角色，但他必须以现实情况为基础而不是依靠想象。团队成员需要经常推动，但他们不希望听到毫无意义的大声叫好声，而希望得到事实（包括不好的事实），这样他们可以知道如何处理现实情况。

> "确定恰当的结果，然后让每个人找到自己到达结果的途径。"
>
> ——马库斯·柏金汉姆和库尔特·科夫曼（1999）

其中一个主要的个人激励因素是让他们明白别人对他们的期望——有关结果的、而不是步骤的。优秀的经理和领导者管理结果而不是活动。如果你有了适当的人员，他们会想知道需要完成什么及扮演的角色、想弄清楚如何交付这些结果。他们想明白要做的工作的重要性，并且想与一个承诺交付高质量工作的团队一起工作[①]。个人承担交付某些故事的责任，而团队作为一个整体负责交付迭代计划中规定的所有故事。项目经理让个人和整个团队都履行其承诺。项目经理管理结果和交互，而不是任务。

在大型项目中，如果不考虑这个问题"我不知道我们如何实现它"，就很容易失去最终目标。迭代方法的部分价值在于，它将非常大的开发工作分解成可以管理的多个块，这个价值需要由项目经理不时地加以强调。面对一个历时两年的开发工作，人们可能打退堂鼓，但尝试在数周内交付少量的故事不会打退堂鼓。项目经理需要帮助团队保持平衡——了解最终目标，同时在当前的迭代中努力工作。项目经理提醒团队项目的宏观愿景、目标和约束、重申愿景盒和项目数据表

---

① 按照柏金汉姆和科夫曼（1999）的说法，这是能吸引、关注和留住关键员工的 12 个核心要素中的两个。

信息，以此作为每次迭代的开始。愿景为当前工作的日常决策提供了背景。他辐射信心，然后迅速地将精力放在下一次迭代，尤其是迭代的主题上。这似乎是一个非常轻松的任务，但由于变化速度快和迅速交付的压力，这其实是一个困难且长期的任务。

9.4.2　将一群人塑造成一个团队

汤姆·狄马克和蒂姆·利斯特（1999）使用"有凝聚力的团队"这个术语来定义一群由一组人转变为运行良好的团队的个人。但让团队有凝聚力并不是一件容易的事（实际上，几乎很少有团队完成这个转变），因为它涉及任何一群人都很难做到的 4 件事情：信任、相互交流、圆满解决冲突和参与式决策。信任度不高的团队只能在表面上相互交流，缺乏交流会使团队成员关注个人目标而不是团队目标，冲突解决不圆满会削弱信任，而输赢式决策会破坏人们对团队的承诺。

"信任"这个词说来容易，但做起来非常困难。帕特里克·兰西奥尼（2002）认为："信任是团队成员相信他们同事的意图是好的，在群体内没有任何理由需要掩盖或者当心。"信任使团队成员分享不成熟的想法，而不用担心受到嘲笑。信任和尊重往往紧密结合在一起，我们很难尊重我们不信任的人，反之亦然。这也是让不适当的人员加入团队会导致有害效果的原因。尊重源自理解其他人在项目中的作用，工程师需要理解产品营销人员对于产品成功的贡献，而产品营销人员需要明白工程师的贡献。经常相互交流有助于理解，而理解反过来会产生尊重和信任。

> 伟大的经理人"都知道如果从根本上来讲，你不信任别人，那么在任何情况、任何时间，人们都不可能突然值得信赖"。
>
> ——马库斯·柏金汉姆和库尔特·科夫曼（1999）

领导者也必须信任他们的团队。根本不信任别人的领导者在第一次施加严格控制取得失败后，会暴跳如雷："你看，我告诉过你，我们不能没有严格的控制。"

相反，信任别人的领导者知道，由于人类的本性，一些失败不可避免。对于极少数真正不可信赖的个人，优秀的领导者有一个解决办法，那就是将他们从团队中清理出去，而不是用难以负担的控制折磨整个组织。

有凝聚力的团队经常就某些问题展开激烈的争论和冲突。项目领导者的一部分领导角色是引导这种争论，使它建立信任和尊重，而不是削弱它。领导者可以将讨论的重点集中在问题而不是个人上。控制团队的"脾气"（大多数是通过管理自己的脾气）是领导者的"软"技巧之一，也是非常难做好的。自律来自每个团队成员自身，领导者可以帮助团队制定争论、冲突和决策的纪律，以进一步"凝聚"团队。

相互交流可以促进创新。适应能力强的团队的一个信条是创新源自不同背景的个人的相互交流，每个人都有各自的想法，每个人都将信息和观点贡献给开发流程。产品开发项目通常需要的团队是它的成员拥有各种信息和才能。来自不同领域的工程师、产品专家和科学家必须将他们的专长合并成一个连贯的、高质量的产品设计。为了达到这个目标，个人需要平衡自己部分的产品的开发时间和与其他人面对面将各个组件组装在一起的时间。团队成员没有交互，就不会有协同作用的想法，也难以实现创新。相互交流可以采取多种形式（头脑风暴、走廊交谈、技术设计评审会、在线小组讨论及结对编程），但目标是相同的，那就是共享信息、共同创造产品特性或者开发工件，或者对一个问题做出共同决策。项目领导者必须鼓励这个对等交流，尤其是在压力增大、个人有"悲观"情绪的情况下（停止交流是因为他们在努力完成自己的任务）。

虽然犯错可以提高学习，但只有在明确所犯的错误的情况下才会这样。团队有效工作的一个最困难的任务是，如何面对违反行为或执行标准的团队成员，如果不面对他们，就不能明确所犯的错误，从而不会有学习。不能迎面解决这些问题是针对项目领导者的最大抱怨之一（拉尔森和拉法斯托，1989）。

相互交流比谈话更有好处。有时，在项目团队的开发中，有"关键对话"，其特点是意见不一、风险大、情绪紧张；也有"不成则败"的对话，它塑造了团队的性格。这些对话会演变成人身攻击和指指点点，还是这些冲突有助于凝聚团队呢？有几个因素决定了团队是否自律、是否具有成功关键对话的特征。首先，每个成员一旦发现其他人没有按照团队规则执行或行动，就必须主动地敢于直面他们，这包括当情况恶化时，行政助理按规定呼叫项目领导者行动。这里不应该有任何例外。忽视问题、让问题恶化是不可接受的行为。第二个关键因素是，对话直接让所有相关的信息摆出来，放在桌面上，如果做不到这点，关键对话就不会有效果。在有关参与式决策的章节，我描述的流程就是为此目的：提取相关的、至少暂时没有个人偏见的信息[1]。

几年前，我在一个项目团队工作，当时压力非常大——交付的截止时间紧、不断地改变需求，以及因项目结果引起的收入问题所带来的高度压力。该团队领导和许多成员认为，应该减少项目内的模糊性和成员的焦虑，工作环境应该多点秩序、多点稳定。我则指出，这种项目是混乱的，试图稳定它虽然可能让每个人感到好受点，但它并不可能通向最后的成功完成。

最终有助于解决这个情况的措施是，向团队领导指出，反映比承认团队的沮丧情绪只会使情况变得更糟。每当团队成员找到团队领导说"哇，事情真的很糟"之类的话时，团队领导会回应说："是啊，我希望有人能够改变它。"这种交流无疑会让沮丧情绪进一步扩散。虽然团队领导需要知道实情，但他们也需要积极地回应，首先自己要保持镇静，缓和这种情绪。直到我告诉团队领导一定程度的模糊性和沮丧对于这种类型的项目是很自然的事情，才帮助他们减少了焦虑并让情绪和沮丧控制在"持续危机"水平之下，然后他们用这种新情绪感染团队成员。

管理研究表明，领导者的情绪或者"情商"对于业绩的影响超出了我们的想象。"领导者的情绪和行为促使了其他每个人的情绪和行为，暴躁、无情的老板创建的是一个有害的组织，其中到处都是消极的、忽视机会的后进生。"丹尼尔·戈尔曼、理查德·波亚兹和安妮·麦基（2001）这样说。这些作者描述了领导者的情商如何像电流通过电线那样，在整个组织内迅速传染。密歇根大学的研究人员对各个行业的 70 个工作团队进行了研究，结果发现，团队成员在几小时

---

[1] 本段的研究信息来自几个出处，其中最好的是 *Crucial Conversations: Tools for Talking When Stakes AreHigh*（帕特森，2002）。

内感染了同样的情绪。

团队是由一群人组成的，这群人有情绪反应，并且在整个项目周期中这些情绪反应将经历大幅波动，会从绝望转变到欣喜。鼓励好的情绪和阻拦不恰当的情绪有利于创建组与组之间的交流，从而有利于产生涌现式的结果。

最后，经理应该协助团队制定一套"交往规则"，作为指导团队成员如何相互对待的基本规则。团队应该随着时间的推移制定、执行和调整这些规则——这也是自律的一部分。

交往规则并不是想减少冲突和争论，而是以积极的方式引导这些冲突和争论。优秀的团队充满了紧张、争论和不同的意见，但它们的目的是交付高质量的结束；差的团队也充满了紧张、争论和不同的意见，但它们是相互针对的。交往规则，有时称为合作协议，从根本上讲有 3 个主要目的：建立关系、定义实践和制定决策。一个建立关系的规则可以是鼓励开放、坦诚的沟通；一个定义实践的规则可以是迭代长度将为 3 个星期；一个制定决策标准的规则可以是没有偷工减料（以质量为导向的规则）。

图 9-8 是一个团队交往规则的例子。团队应该共同确定各条规则，将它贴在显著的位置（尤其是在团队会议期间）并在项目期间自由地增补（另一个团队间交往规则的例子，见图 11-5）。

团队交往规则

- 每个人都有平等的发言权
- 每个人的贡献都是有价值的
- 对事不对人
- 在团队内保留隐私
- 相互尊重并尊重分歧
- 人人参与

图 9-8　团队交往规则

❑ 9.4.3　发展每个人的能力

柏金汉姆和科夫曼写了一首非常好的小诗，反映了优秀经理的信仰：

> 人不会改变那么多，
>
> 不要浪费时间灌输他不喜欢的东西，
>
> 尝试发挥其已具备的能力，
>
> 这已经足够难了。
>
> （柏金汉姆和科夫曼，1999）

优秀的项目领导者鼓励个体发展。他们试着了解人们与生俱有的才能并以此为基础加以发展，而不是试图灌输其不喜欢的。发展的教练来自 3 个方面：技术的、专业领域的及行为的。项目或迭代领导者或许不能进行技术或者专业领域的指导，但他们可以为这类指导提供便利，通常是将缺少经验的团队成员与经验丰富的成员结对，或者把具有不同技术技能的人员结对，以拓展每个人的技术能力。领导者也教练个人如何能够凝聚团队。领导者可以帮助一些负担过重的团队成员减轻负担，并鼓励沉默寡言的成员更全面地参与项目。

个人通过运用其技术能力和从事团队提高（自组织）的行为，对团队做出贡献，这个自律的行为包括：

- 承担实现结果的责任（没有任何借口）。
- 严谨思维、面对现实。
- 参与激烈的交流和辩论。
- 愿意在自组织的框架内工作。
- 尊重同事。

所有这些行为都不容易做到，尤其是对于工程师。然而，自觉地遵守这些事情是创建凝聚团队的关键。帮助个人学习这些技能是项目领导者可以从事的最有影响力的活动之一。

❑ 9.4.4 移山，引水

项目领导者通过消除障碍（移山）和提供资源（引水）直接对交付结果做出贡献。当个人等待资源时，其就失去了生产力，更重要的是损失了时间。这里的资源包括计算机、实验室设备和人员协助。消除障碍也包括确保特性团队之间或者特性团队与外部之间的关键依赖关系得到很好管理。项目领导者要确保每个人都有所需的工作资源，而不是自己去做那个工作。这种项目管理风格是向团队提供服务，而不是让团队为经理"工作"，罗伯特·格林里夫将它称为"仆人式领导"（弗里克和斯佩斯，1996）。

项目领导者也要清除阻碍团队高效工作的路障。例如，项目和迭代领导者需要迅速、有效地解决在每日站立会议上提出的障碍。这些路障可能是资源（团队所缺乏的）、信息（团队不能从客户那里得到的），或者决定（利益相关方经理没有及时地做出的）。

❑ 9.4.5 教练客户

另一个关键的教练工作，即教练产品团队，需要由产品经理执行。最近 30 ~ 40 年，许多内部 IT 项目因为缺乏客户参与而崩溃！问题很简单，但解决方法非常复杂。根本的原因是客户-开发人员的合作伙伴关系不好，这是由于以下几个因素中的一个造成的：

- 在客户眼里，开发团队缺乏可信度。
- 缺少客户参与。
- 客户一方对于做决策和承担后果的责任不够。
- 开发时间长，并因为交付毫无意义的中间工件（给客户）而使问题进一步恶化。
- 因需求表述不清而制订不现实的项目进度计划。
- 缺少客户的接收标准和测试。

以上任何一个因素都会破坏项目，而所有因素合起来总是导致项目失败。

开发团队需要在技术和行为技能方面得到教练，产品团队也一样。产品团队成员可能不知道如何编写接收测试、如何参加需求说明会，或者如何参与设立功能优先级的决策流程，但正如项目领导者促进设计团队的平稳运行一样，产品经理必须促进产品团队的平稳运行。

以一个 IT 项目为例，该项目要开发一个用于多个客户部门的商业软件应用程序，而每个客户部门都能确定对该应用程序的各自需求。这些需求通常由 IT 部门的一个业务分析员（产品专员）收集起来并整理成文档。由于其他人不想做，该分析员还经常承担调节多个客户部门之间分歧、确立特性优先级等任务。结果，这个流程导致了需求膨胀，因为该分析员对于特性请求几乎没有权利说不，而客户部门认为他们没有义务做出困难的优先级决定。

当从客户方面指派产品经理后，许多问题都减轻了，因为客户通过其指派的产品经理，必须承担识别、定义、确定优先级和接收功能的责任。产品经理的一个工作就是在这个流程中教练客户团队。对于工业或者消费品开发项目，产品经理必须与内部客户"代理"（如营销、高层管理者和产品专员）一起工作（教练他们），通过定期的客户参与、beta 测试和其他方法收集关于外部客户群的信息。

❑ 9.4.6　使团队的节奏保持一致

有时，项目领导者就像艺术大师，让演奏家们保持一致的节奏，同时在恰当的时候让各个演奏家开始演奏。有时，团队就像一个爵士乐队，每个演奏者围绕着一个共同的结构即席演奏。以敏捷项目的节奏工作对于许多个体来说是一个困难的转变。人们习惯于线性思维，至少在项目通常的计划方式中是如此。但执行从不是线性的，这是人们不断抱怨他们实际的工作与计划从不相符的原因之一。

敏捷项目管理是有节奏的。节奏之中又有节奏，对于习惯于看到线性项目任务计划的人来说，描述敏捷项目是困难的。它有迭代的节奏，在紧张和反思之间交替变换，反映出团队忙于交付特性，然后又停下来反思结果；有关故事细节的每日站立会议和与客户交流的节奏；有发布、里程碑和迭代节奏；有不断思考、设计、建造、测试和反思渐进工作的节奏；有焦虑和兴高采烈的节奏，反映出人们试图解决似乎难以处理的问题，尔后又成功解决。

项目领导者让节奏保持一致。他们帮助团队成员学会在高度紧张的交付工作之后放松下来，进行反思；帮助他们找到单独工作与集体工作时的正确节奏；帮助他们处理焦虑和模糊性。制定任务清单，然后在完成框里打钩，描绘出了一种项目管理方式；保持一致的节奏，则描绘了另一种项目管理方式。

9.5　参与式决策

　　参与式决策旨在为项目社区提供一个氛围，让其用具体的实践来限定、分析和做出项目期间的无数决策。在过去几年我曾经工作过的客户企业中，组织缺少恰当的决策流程可谓比比皆是。

　　"如图9-9所示的决策分级图是一个为期2天的咨询会的最重要部分。"一个产品开发副总裁如是说。这种分级方式防止他们过早地做出是或否的双择决策，目的是做出更好的决策。

　　"如果高层管理者要花数周时间做出关键决策，那么很难加速开发。"一个位于硅谷的公司的爱尔兰开发经理哀叹道。

　　"我们的项目经理就像一群站在高速公路上的鹿，面对一辆高速冲向他们的牵引拖车，"一个项目团队成员说，"他们不知道跳向何方，但如果他们不尽快决定，我们很快就会被碾过。"

　　我曾努力研究过产品开发和项目管理领域，我惊奇地发现，几乎没有任何组织考虑过它们的决策流程。许多组织将时间和精力花费在记录时间之类的流程上，根本忽视了。然而，在快速的敏捷项目中，决策同其他活动一样，必须迅速、有效地做出决策。决策速度慢、反反复复地重新审视决策、过多地分析决策，以及决策流程的参与度不够都将破坏项目，差的决策会影响大量的其他决策。

　　然而，决策可以改进，它可以是参与式的，这点在位于北卡罗来纳州达勒姆市的通用电气喷气发动机厂得到证明。"在达勒姆，通用电气的每个决策不是A决策，就是B决策，或者C决策。"查尔斯·费什曼（1999）在他的著作 *Fast Company* 中这样写，"A决策是工厂经理不与他人商量，自己做出的；B决策也是由工厂经理做出的，但加入了有关人员的意见；而C决策最为普遍，是多数人的意见、由直接相关的人员在经过充分讨论后做出的。"通过这个体系，工厂经理每年只做出10～12个A决策，而将大量的时间用于向员工解释这些决策。

　　该书中还提到了我们在讨论自组织团队时出现的非常关键的问题：

> 在一个自我管理的地方，工厂经理的作用是什么？如果该工厂需要西姆斯那样的经理，每年只做 10 个决策，那么她大部分时间做什么呢？
>
> 她做的事情是大多数经理谈论很多但实际上很少花时间去做的事情。在经营方面，她的工作是让每个人的注意力都集中在工厂的目标：迅速、低成本、安全地制造无缺陷的发动机。从战略上讲，工厂经理的工作是确保整个工厂在人才、时间和发展机遇等方面做出明智的决定（费什曼，1999）。

这些管理角色类似于在本章前面论述的教练和团队发展的实践。通用电气达勒姆厂是效果和效率的典范。

卡尔·拉尔森和弗兰克·拉法斯托（1989）虽然认识到决策的重要性，但他们没有深入研究如何改进这个流程。他们说："我们认为，第三套领导力原则是最重要的，即明确地将注意力放在营造一种氛围、支持决策。"他们同时指出，实现目标需要变革，而变革需要决策，决策就涉及风险。如果没有一个可以让团队成员冒风险的安全环境，就会妨碍有效的决策。

从根本上讲，协作是决策过程。我们可以谈论、分享想法、争论问题，但在最后分析的时刻，必须就针对设计、针对特性、针对权衡和一大堆其他问题做出决策。协作不是高谈阔论，是交付结果，而交付结果就意味着决策。无论是对于较大的群体，还是对于两个人，其流程和问题都是相同的，参与式决策非常有用。虽然决策流程的步骤在两个人之间可能不像在群体之间那样正式，但重点都是强调在辩论和充分参与的基础上做出可持续发展的、双赢的决策。

> 人们最大的抱怨不是在决策中缺少投票，而是对于与他们息息相关的决策所提的建议或者意见，没有真正被采纳。

有一个需要定义的要点非常关键：参与式决策（每个人都参与）与一致同意的决策（每个人都赞成）不同。后者决策太慢，不适合多数项目，一旦出现想法和意见分歧，就会限制决策流程的效率。关键点不在于一致同意，而在于可持续发展性：团队会始终如一地执行做出的决策吗？参与比一致同意能够更有效、更快速地通向可持续发展性。在一致同意的决策中，每个人都投票决定，只有在毫无疑义的表决情况下，才能做出决策；在参与式决策中，团队成员都参与决策过程，但最终的决策由多数票决定。

决策无疑是艰难的，但不良的实践使其更加艰难。有许多实践可以帮助项目团队做出更好的、切实可行的决策。一个决策流程包括 3 个要素：决策框定、决策制定和决策回顾。决策框定确立了"谁"与这个流程有关，决策制定确定"哪些人"如何进行决策，决策回顾向决策流程提供反馈。同其他敏捷项目管理实践一样，在实施决策实践时必须牢记简洁的原则，否则团队最终收获的只是另一套不实用的过程和形式。

❏ 9.5.1　决策框定

"授权"这个术语经常被滥用，其目的是通过改变做决策的人，将决策的权力授予组织中较低的级别。决策框定关注在决策流程中涉及的人。经理不征求下级或同级同事的意见，自做决定导致不良决策；工程师不征求经理和同级同事的意见，自做决定也会导致不良决策。谁做决策这个问题与让适当的人员参与到决策流程这个问题相比，后者更重要。

然而，决策框定并不只是涉及"谁"的问题，它也意味着要考虑参与者共同的价值观和原则。没有共同的价值观和原则，项目团队将很难做出可持续发展的决策。在前面章节讲述的敏捷价值观和原则——无论是逐字逐句地采用，还是用于特定的组织，是决策流程的关键。既要将决策标准分级，如价值观和原则、产品愿景和项目权衡矩阵；也要有详细的标准，如设计参数（可用性）。团队如果没有取得明确一致的原则，那么随着项目的进行，团队会更难做出可持续发展的决策。

决策框定的第一个任务是确定需要做出的决策的类型。例如，在敏捷项目中，在每次迭代或者里程碑结束时需要重新计划，而重新计划通常涉及在进度、成本与故事之间做出权衡决策。项目应该包括一个决策框架来回答这个问题："我们现在可以发布这个产品吗？"

对于所有决策类型，典型的决策框定问题有：

- 谁会受到该决策的影响？

- 谁需要为该决策提供意见？

- 谁应该参与决策讨论？

- 谁应该做决策（产品经理、项目经理、项目团队、项目领导者与团队等）？

- 应该使用何种决策标准？

- 决策结果应该如何及向哪些人传达？

- 谁应该评审该决策？

这些问题的答案涉及几个重叠的个人群体。例如，也许有很大的一群人受到该决策的影响，但从这群人中选择部分个体，听取其意见，或许就能为决策提供一些输入。为决策提供意见的人并不都需要参与这些决策的讨论。项目团队成员可能对有些决策感到烦心，因而不想参与，但他们可能想为其他决策提供输入。选出的各种参与人员，应该是团队成员、项目及产品经理经过深思熟虑的结果。

团队成员经常感到自己被排除在决策流程之外，不知道决策是何时、为什么或者如何做出的，其实，制定决策只是实施决策的一部分。迅速、有效的决策需要参与式流程，该流程要求适当的人员在适当的时候将相关的信息收集起来。

许多公司和项目领导者花费在开发流程上的时间要比花费在决策上的时间多，这令人想起一个赛车引擎在越来越黏滞的淤泥中奔跑，它们两个都会慢慢地停下来。决策框定是摆脱决策流程淤泥的第一步。

❑ 9.5.2　决策制定

许多组织将决策看作非输即赢的，流程的参与者有一个预想的正确答案，他们的方法是尽量大声地争辩，直到对手放弃为止。参与式决策意在双赢，双赢决策将焦点放在双方理解而不是大声的喧哗。这并不表示缺少讨论，只不过讨论是要弄明白最基本的问题而不是为了预先确定的立场争论不休。参与式决策可以争吵，但基于相互信任和尊重，也是文明的。它不是让团队妥协，而是重新构思。参与式决策是基于从所有团队成员得到的信息重新构思问题解决方案的流程。妥协意味着为了一个想法而放弃另一个（通常导致次劣的决策），而重新构思意味着将想法结合起来。

协作是艰难的。在没完没了的会议上，团队成员经常在"痛苦期"挣扎，作者萨姆·凯纳（1996）用这个奇妙的词汇来描述与会者在挣扎中相互理解对方的时期。许多人听说过著名的团队成长流程——"形成期、震荡期、规范期和成熟期"（或者有时更恰当的是形成期、震荡期、颠覆期和崩溃期），而凯纳的模式包括分歧期、痛苦期和最后的趋同期。

任何决策流程都需要用下面两个目标来判断：第一，在当前的决策环境下，该流程是否产生最好的选择？第二，决策是否得到实施？许多项目经理发现做决策和实施是两码事。参与者在会议室做出的决策，当他们出门后就完全抛弃，像这样的情况你遇到过多少次？任何人都可以做决策，但高效的经理清楚，决策的实施需要人们理解和支持这个决策。

参与式决策流程有 3 个组成部分：原则、框架和实践。基本原则前面已经提及：将它看作双赢的流程、尊重所有参与者。所有协作实践都基于信任和尊重，或者更准确地说，是建立在信任和尊重的基础上[①]。凯纳的分歧–痛苦–趋同模式为建立这些积极关系提供了框架。在"分歧–痛苦–趋同"框架中，从分歧期向趋同期的转变解释了团队成员如何从个人意见转变到统一立场。起初，成员的想法是有分歧的，虽然每个人都想为成功、为迅速决策做出贡献，但每个人都想发表自己的意见。每个人有各自的视角和不同的经验，为决策流程带来了必要的多样化，但它们并不统一。然后进入痛苦期，这个痛苦期很费时，它需要花时间让成员说和听、让他们建立信任。在项目早期花费一点额外的时间（实际上不是额外的，只不过看起来如此而已）会在项目后期节省大量的时间。

当所有人意见融合成一个整体解决方案后，就出现意见趋同。趋同并不意味着每个人意见都完全一致，而是说每个人都参与了并支持最后的决策。我们的目标不仅仅是取得共识，还是"可持续发展的共识"，即立场统一。分歧期与趋同

[①] 建立信任这个观点看起来与前面的说法相反，即经理要么信任，要么不信任。其实，经理可以坚持信任团队成员的观点，但也要明白信任的程度必须通过行动赢得。不管倾向于信任还是不信任，他们都希望有该倾向的证明。

期之间的过渡是痛苦期，这是团队成员痛苦和抱怨的时期。在分歧期，大多数群体成员发表自己的意见，让群体听到他们的想法。这时，大部分时间被用来表达想法，在此期间成员之间很少注意相互理解，更多的是兜售自己的想法。一旦参与者试图相互理解，他们就开始痛苦，因为理解是需要思考的。站在一个立场并坚持它是相对容易的事情，困难的是要理解其他参与者为什么坚持自己的意见。这时，参与者想提问题，他们想让别人倾听自己的想法，他们想要参与。痛苦期是对于这时期的大多数团队的情况的准确描述，这是一个会产生创新、创造性结果的吵闹时期。

验证决策流程如何进行和如何做出决策的最好工具之一是用决策分级法，它代替了熟悉的是否表决。决策分级（见图 9-9）给予了参与者更多的选择：赞同、同意但持保留意见、犹豫不决、不同意但忠实执行、否决。当所有参与者按这些顺序将他们的回答画成线时，整个团队就可以看到集体意见。然后团队可以提出问题，了解为什么有人否决，或者了解为什么许多人犹豫不定。表决（实际上是讨论为什么投票）加深了对问题的理解，从而引起另一次投票表决。决策分级有利于更好的讨论，并有利于产生更有效、可持续发展的决策[①]。

| 赞同 | 同意但持
保留意见 | 犹豫不决 | 不同意但
忠实执行 | 否决 |

图 9-9 一个功能的决策分级

当一些人（经理、技术领导）被指定为决策者时，取得参与的团队成员的大多数同意是有帮助的，但这不是关键的；当整个团队变成决策者时，什么行动会产生可持续发展的决策呢？在许多人脑子里，一致同意就是"毫无疑义"，在本章前面部分也在使用这个词语。但一致同意有另一个定义，即参与者多数人的意见。英特尔公司以注重决策而闻名，它强调员工的决策培训，定期关注决策框定和决策制定，它有一个根深蒂固的决策文化，其中经常用到"不同意但忠实执行"

---

① 关于决定分级法的更多信息，请参阅凯纳（1996）。

这个词语，它的意思是一些人可能不同意某项决策，但他们会忠实地执行该决策。

这种并非毫无疑义的意见一致，建立在下列前提之上：

- 每个人有机会让别人倾听自己的想法并讨论这些想法。
- 意见一致并不意味着一致的共识，但它意味着人们理解决策的基本原则。
- 不会有人因为害怕或者羞怯而不发言。
- 群体的大多数投票赞成该决策（或者同意但持保留意见）。
- 没有人否决该决策（而是，他们不同意但忠实执行）。

以上述方式做出的决策是可持续发展的，它将使团队具有凝聚力并产生积极的结果。武断和反复无常的决策，即那些用意志力或者权力强加的决策，会产生相反的效果。

参与式流程的另一个好处是，随着对决策背景（包括决策标准）的理解的深入，做类似决策所需的时间会迅速减少。例如，缺陷鉴别团队致力于与决策相关的质量因素，会随着时间的推移，加快其决策。相反，如果团队在开始时没有花费额外时间全面了解其他人对某些问题（如质量）的看法，那么会在以后的会议中不断地争论同一个问题，浪费宝贵的项目时间。

不同种类的决策要求采用不同的决策标准。权衡矩阵可以产生高级决策，正如业绩标准产生技术决策一样。发布决定可能用到某些质量标准。对于每种类型的决策，其中一个讨论主题应该是在制定该类决策时要使用的标准。你可能需要经历一个决策流程，才能制定出决策标准。

❏ 9.5.3　决策回顾

迭代、里程碑和项目回顾结束的时候，应该在评估团队的业绩（将在下一章论述）时留出时间评估决策。如果项目总体回顾都很难实施，那么决策回顾就几乎不可能，因为在那种情况下，找出受责备的人往往看起来比学习更重要。如果我们不明白哪些方面做得好，哪些方面做得不好，我们又如何能够在决策方面做得更好呢？

直到现在，还很少有组织想深入分析决策，这可能与普遍对决策不感兴趣有关。发布了一个容易出错的产品吗？为什么？导致发布决策的决定因素是什么？

也许，从市场角度看，这个发布决策实际上是"不错的"。如果这样，那么开发人员需要了解该决策的本质，为什么要制定该决策及谁参与制定了该决策。也许，这个决策基于营销时机信息，但决策者没有听取开发人员的意见，实际的发布变成了一个灾难。如果不分析这个灾难，如果不重新审视产品稳定性与市场需求分析之间的权衡决策，那么没有从中学到任何东西，类似的错误在将来还会出现。另外，决策可能被认为是不正确的，但进一步的分析表明，它实际上是在既定情况下做出的正确决定。在这种情况下，缺少分析会使我们在以后不再做出同样"正确的"决策。

参与式决策可能体现了敏捷项目成功和失败之间的区别。为决策制定框架、开发一个协作的决策流程，以及进行决策回顾，进而从成功和失败中学习，是这种实践的组成部分。

❑ 9.5.4　领导力和决策制定

优秀的项目领导者必须是梦想家、教师、激励者、促进者和其他类似的人物，但他同时还必须是决策者。同样，处理技术问题的总工程师也是如此。那么，就会产生一个问题，在什么情况下，经理的决策会损害自组织？首先，当团队不再尊重其领导者的时候，但是什么原因造成这种不尊重呢？回答是：当经理开始单方面地或是武断地做决策时。单方面的决策越多，来自团队的参与就越少，就越不可能有效地执行决策。

每个团队和每种情况都是不同的，因而，对于多少单方面决策才算太多这个问题并没有定量答案。然而，即使提出绝对的数字也会遭到误解，我也认为下列指导原则可以帮助定义那些培养自我组织的管理决策的适当的"度"：对于项目领导者和总工程师，这个适当的度大致是每 1~2 个月做一个单方面的决策，每个月在团队参与情况下，做 3~4 个决策，其他数百个决策应授权给团队来做。在实践中，优秀的经理几乎很少做出完全片面的决策，他们至少会与团队的核心成员讨论。有时，事情的进展需要做出单方面的决定。同样，项目领导者和总工程师在团队参与情况下做某些决定是适宜的，但如果他们每个月做出超过 4 个这样的决策，即使有了团队的参与，他们也可能被认为是太专注于细节了。

> 任何层级的领导，包括高层管理者、职能经理、项目经理、迭代经理和技术主管，如果每个月做出单方面的决定多于4个，就会对团队的自组织能力带来不利的影响。

与管理决策有关的另一个问题是领导者消除模糊性的角色。在快速变化的产品开发工作中，必须迅速做出关键的决策，意见一致（毫无疑义）的决策会造成失败，而参与式决策也可能陷入讨论和争论中。许多产品开发问题，无论是技术的还是行政的，可能很模糊、模棱两可。在这种情况下，一旦有了一定程度的参与度，经理就必须主动地做最终决策。"好吧，我们得到的信息不是完全清楚，但为了项目能够继续，我们就按这个方向前进。"

优秀的领导者有足够的信誉来做这些决策，技术人员会尊重领导者的判断（基于以前采取的措施）、参与分析和辩论流程并愿意接受决策。领导者已经消除了现实的模糊性，而如果要求决策取得一致同意，就会使项目陷入无休止的争论中。优秀的领导者知道何时介入并负起责任，何时鼓励团队承担责任，他们也知道何时需要深入研究团队决策为什么不像想象中那么有效的原因。

❑ 9.5.5 基于集合和基于延迟的决策

如果我们想建立适应能力强的团队和产品，我们不仅需要参与式决策流程，还需要找到一个鼓励试验的决策标准。基于点的工程在当前的产品开发中占据主导位置，它将设计看作一系列的决策，其中每个决策都不断地将以后的决策选项缩小，而产品不断地从一丝光线（在市场人员看来是如此）到最终产品稳步地发展[①]。

丰田汽车公司打乱了这个计划，至少对于汽车业的设计流程是如此。丰田汽车的方法，即基于集合的并行工程，为产品设计提供了新的见解。基于集合的并行工程建立在两个基本观念上：尽可能地推迟设计决策，以及在设计流程的大部

---

① 运用"真实可选项"是敏捷工具箱中正在稳步发展的又一实践。见"*Real Options Underlie Agile Practices*"，克里斯·马茨和奥拉夫·马森（www.infoq.com）。

分时间里，保留所有设计方案"集合"。

"基于集合的并行工程认为，比起每次只用一个想法，论证并交流多组想法可以产生功能更强大、更优化的系统，使整体效率更快，即使某些个人看起来效率不高。"德沃德·K.索贝克、艾伦·C.沃德和杰弗里·K.莱克（1999）写道。丰田的工程师保留几组设计，而不是集中在一个设计"答案"上。对于某个具体的汽车项目，他们可能保留 6 个备选方案，其中包括用于排气系统设计的原型和模型。

同基于点的工程不同的是，基于集合的工程要求将精力放在范围或最低程度的限制上。车体设计组可能对排气系统强加一个标准"范围"，在开始时，将这个范围的容差保持在最宽的程度，然后随着汽车不断临近生产，而逐步将这个容差缩小。随着车体设计和排气系统设计的不断演变，工程师更要在子系统优化和整体汽车优化之间保持平衡。在基于点的设计方法中，每个子系统团队往往迅速为自己的特定子系统建立优化的设计，经常与整体系统设计的有效性脱节。

丰田公司的这种逐步减少选项的做法甚至延伸到模具制造业。设计人员指定范围较宽的容差，而不是指定精确的零件样式，由模具制造者自己制作这些零件，看它们实际上如何装配起来，然后将精确的尺寸反馈给设计小组，最终定稿CAD 图。

无论是汽车行业还是计算机行业，工程师往往倾向于基于点的设计方案——他们分析问题，检查限制，然后设计出解决方案。但多个设计选项是存在的，而且产品或者产品系列越大，较早的设计决策就越容易将团队固定在不理想的设计方案里。从长远看，保留多组设计方案并延迟最终设计决策虽然表面上看起来效率很低，但实际上可能速度更快、效率更高。索贝克及其合著者注意到，"丰田比其他汽车制造公司考虑更广的设计范围、尽可能延迟某些设计决策，但它的汽车开发周期在汽车行业可算得上是最快的和最高效的"（索贝克，1999）。

9.6　合作与协调

有以下几种敏捷实践可以促进团队的合作与协调：每日站立会议、产品团队的日常交流，以及协调利益相关方。

❑ 9.6.1　每日站立会议

每日站立会议旨在协调团队成员每日的活动。首先实施的敏捷实践之一就是每日站立会议[①]。这些每日聚集在一起的活动（在 Scrum 方法中称为 Scrum 会议）关注一个目标：通过信息交换实现对等协调（斯瓦博和彼德尔，2002）。"每日软件设计用来增加开发工作的透明度，确保代码模块的集成。每日 Scrum 会议有同样的目的，即增加每个人工作的透明度（它可以促进知识共享、减少任务重叠），确保每个人的工作最终综合为一体。如果每日会议对于代码有用，它对于人就更有用处了。"（海史密斯，2002）

每日会议使团队成员通过监控进度、聚焦于要完成的工作及提出问题，从而达到协调工作的目的。这些会议坚持的原则如图 9-10 所示。

每日站立会议指导原则

- 会议每日在同一时间同一地点举行
- 会议不得超过15分钟
- 所有核心团队成员都要参加
- 产品经理和项目经理作为对等的参与者出席会议（而不是收集项目状态信息）
- 其他经理通常不出席这些会议，如果参加，他们也只是观察者，而不是参与者
- 由团队成员、迭代经理或者项目经理引导这些会议
- 会议的目的是提出问题和障碍，而不是寻求解决办法
- 鼓励每个与会者提出如下3个问题
  —你昨天做了什么
  —你今天打算做什么
  —有什么障碍

图 9-10　每日站立会议指导原则

每日会议应该尽可能地在同一时间同一地点举行。参会人员可以每天变化，但与其经常为重新安排而争论不休，还不如固定这种活动。会议可以在休息室、工作区的一个角落或者在会议室举行，团队往往在寻找开会地点方面很具创造

[①] "立席会议"这个词说明这个会议简短的特点。所以因其简短，人们开会也就不需要坐下来。

性。大多数团队成员发现，这些短暂的会议非常有用和高效，他们不用再召开其他会议，在会上，人们可以找到适当的人员协作解决问题。

会议时间是会议成功的关键。一旦会议时间超过 25 分钟，人们就逐渐不会再来参加会议了。更糟的是，延长会议时间清楚地表明讨论的事情偏离了初衷。

> 每日站立会议不应该是用来解决问题的，而只需确认问题。一旦确认问题，有关团队成员会在站立会议结束之后聚在一起对这些问题加以解决。

项目经理或迭代经理的参与是站立会议成功的另一个微妙因素。这些会议的目的是协调，而不是状态评审。如果经理提出这样的问题"为什么那项任务没有按计划完成？"，团队成员就会感到执行计划的压力，而不再讨论协调问题，对于这个问题，他们有时候敏感有时不很敏感。机敏的项目经理应该以另外的方式提问，揭示进展中的障碍，并找出团队成员需要他做些什么，才能回到正轨。在站立会议中的任务压力应该来自同事，而不是经理。

会议引导者的角色可以每日轮换，其作用是保证会议本身平稳地进行。会议引导者也可以为团队做一些推进动作，"那是一个不错的问题，让我们在会后再做进一步的讨论"。

"你在工作中遇到什么障碍？"这个问题的回答成为技术主管、迭代经理或者项目领导者要采取的行动措施。障碍可能是有关组织的——"我们不能从营销部门得到反馈信息"，可能与资源有关——"我们没法得到我们需要的电子电路板"，也可能有其他的原因。团队经理、迭代经理和项目经理的工作就是尽快地清理这些障碍。

每日站立会议是自组织的工具，它们协助团队成员协调自己的工作并解决自己的问题。为此，项目经理的角色应该是尽量不多嘴，他应该利用其他论坛来收集进度信息、进行指导或者与团队一起解决业绩问题。

与其他任何实践一样，每日站立会议的特征（会议时间、频率和参会人员）需要随着情况的变化而变化。比如参会人员可能进行一些调整：交付团队的核心成员每日参加，而专业领域的成员每周参加一次。此外，对于具有多个特性团队的项目也可以做一些调整。

最后，也是最重要的，团队应该经常提出这样的问题（尤其是在回顾里程碑时）："这些每日站立会议为项目增加价值吗？""我们如何改进这些会议？"这些会议的目标是协调，而不是举行日常会议，或者仅仅回答 3 个问题（完成的、计划的、障碍），这些活动只是促使这个目标得以实现。

❑ 9.6.2　与产品团队的每日交互

与产品团队的每日交互有助于确保开发工作保持在正轨上，从而满足客户需要和期望。敏捷项目管理的一个关键原则是开发团队与产品经理、产品专员和客户密切交互。在处理不确定性、风险、流动性的需求变化和新技术领域的时候，产品经理需要全程参与确定故事、详细说明需求、确定优先级、制定关键权衡决策（成本、进度等）、制定接收标准和测试等活动。作为敏捷项目的"客户"虽然可能不必全职，但它并不是一件无关紧要的工作。保持项目不断前进的关键是经常交互，即使不是每日交互，项目团队也能不断地从产品经理处接收到信息和决策[①]。对于其他类型的项目，与客户交互也可能非常重要，但对于探索系数高的项目，它绝对是重要的要素。

❑ 9.6.3　协调利益相关方

项目领导者负责协调利益相关方。项目领导者必须保证团队获得资源和并提供持续的支持。一个项目团队可能需要从另一个团队或者外部供应商处得到一个组件：会计部门可能需要定期的信息，高层管理者可能需要得到有关项目进度的简报。如果项目领导者不明确每个利益相关方就启动一个协调计划，不确保每个利益相关方都从团队得到他需要的服务，那么就有可能对不满的利益相关方毫无防备。一些利益相关方会对项目的成功做出贡献，而另一些可能成为严重的障碍，

---

① 严格地说，每日交互可能不必要或者甚至不可能实现，而把这个实践标榜为"经常的"交流很容易造成误解。一个更明确的标题，如"定期的、高频率的交互"也许更精确些，但它比较冗长。最后，我选择坚持用"每日"这个词，因为它更好地表达了这个实践的意思。

但又必须管理和面对他们。尽管项目团队成员可以提供协助，但上层和外部的管理通常是项目领导者的职责，他必须让团队远离利益相关方协调这个疯狂的政治活动①。

9.7 结束语

探索是指敏捷团队如何执行。敏捷团队不是按照书面计划按部就班，而是进行一系列有计划的试验、交付一系列的故事、做一系列的尝试，从而在商业模型的范围内将产品愿景变成有形的产品。

探索需要在那些胜任的、创造自组织环境的经理的带领下，由那些胜任的、自律的团队完成。团队成员以一种半自治的方式工作，努力完成他们参与的迭代计划、管理自己的工作量、与他人协作产生创造性想法，并且运用特定技术实践，从而生产适应能力强的产品，而适应能力强的产品反过来又会促进他们所使用的探索流程。

项目经理和产品经理是团队探索流程的直接奉献者。他们鼓励而不是激励，他们苛求但不武断，他们将权力下放给团队但也自己做决策，他们教练而不是批评，他们引导而不是命令。通过集中团队的精力，将个人塑造成有凝聚力的团队，发展每个人的能力，为团队提供资源，与客户和利益相关方交流协调，以及促进参与式决策流程，高效率的敏捷项目经理致力于挖掘团队的才干和能力。

那些仍然认为项目经理的角色是购买比萨饼然后走开的人，忽视了大量关于成功项目的研究。那些认为项目管理主要是关于规定性任务、进度计划、资源图和预订计划的人，总有一天会幡然醒悟，将本书的观点应用到变化多端的产品开发项目中。执行敏捷计划的敏捷领导阶层属于那些带领团队前进而不是只管理任务的人。

---

① 关于利益相关方关系的一些具体管理工具，请参阅托马瑟特的 *Radical Project Management*。

第 10 章

适应和收尾阶段

如果计划是对未来的推测或假设，那么频繁而有效地得到反馈对于验证这些假设是必要的。敏捷项目是探索型项目，因此，其成功取决于得到基于现实的反馈。适应建立在理解大范围信息的基础上。这些信息包括项目进度、技术风险、需求演变和现有竞争市场分析的评估。敏捷项目管理具备通过早日终止项目而节省资金的潜力，但前提条件是项目团队和高层管理者愿意面对现实。迭代项目也容易来回摆动而停滞不前。有两样东西可以抵消这种潜在风险：一个良好的愿景和持续的反馈。每个项目团队都需要在下列 4 个方面不断地评估并做出适当的调整：

- 产品价值。
- 产品质量。
- 团队绩效。
- 项目状态。

适应有多种形式。那些急于交付特性却缺陷不断（仓促而不是迅速）的团队需要调整其行为；滞缓的设计会导致下一迭代中额外的重构活动；成本超额需在项目进度回顾中标注出来并采取适当的行动。

应对计划偏离的常用项目管理术语是"纠正措施"。这个术语暗指项目团队犯了错误或未取得预期业绩。"按计划行事"的心理在项目经理心中根深蒂固。《项目管理知识体系指南》（*Project Management Body of Knowledge*）一书将纠正措施定义为"为了使预期的未来绩效与项目计划一致而做的一切事情"（项目管理协会，2000）。"纠正措施"一词是建立在计划正确而实际业绩欠缺这个假设的基础上的。既然计划是首先假想出来的，敏捷项目管理就摒弃了纠正措施这个词，而采用"适应措施"——对事件而非预订计划的回应。

10.1 适应阶段

如第 4 章所述，传统的项目经理注重遵循计划，尽量做到和计划没有出入，而敏捷项目经理注重成功地适应不可避免的变化。适应事件比遵照计划更困难，因为项目团队必须回答下列 4 个关键问题：

- 价值（以可发布产品的形式），是否得到了交付？
- 质量目标（构建可靠的、适应能力强的产品），是否得到了实现？
- 项目进展，是否在可接受的约束内令人满意？
- 团队对于管理层、客户或技术施加的变更，是否做出了有效的适应？

遵照计划是把实际绩效同计划做对比然后制定纠正措施。适应计划不可避免的变化意味着首先评估计划，看其是否还有效，然后再对计划和实际绩效都做出调整。团队和管理层要在动态的环境中衡量成功，必须把实际绩效和愿景与价值联系起来，不断审查绩效是否和愿景一致，是否满足实际的交付价值。

"价值（以可发布产品的形式），是否得到了交付？" 项目中最高级别的价值问题始终是："我们是否在向着可交付的产品进展？"虽然交付的能力或故事的数量等范围问题能表明项目的进展，但是产品团队还是必须不断地评估有关可交付性的整体问题。因为总是有很多的待办事项条目的实施是团队能力所不及的，所以"必须有的"一些产品能力可以交付，这也应该是团队永远优先考虑的一个问题。我们之所以更关注里程碑和发布计划而不是迭代计划，一个重要原因就是要想回答这个有关可交付性的问题，参考的范围要更广，视角要更宽。

在敏捷项目中充满了变化，因此团队需要不断地评审故事及它们的价值。客户和产品经理会基于他们对价值的理解不断调整故事的优先级。衡量价值很难，它比对照计划衡量成本或进度更难，但如果不是持续地将注意力放在确定价值上——无论是产品团队分配价值点还是明确地计算金额——指导敏捷项目将是很困难的。产品经理需要评估在迭代期间产生的价值是否与开发产品的成本相匹配。

"质量目标（构建可靠的、适应能力强的产品），是否得到了实现？" 这个问题还可以这样来问："是否满足需求？""随着时间的推移，维护该产品是否很简单？"要想回答这些问题必须分析产品缺陷并评估技术债务，包括代码质量（软件）、设计和架构。

"项目进展，是否在可接受的约束内令人满意？" 这个问题也比回答项目是否按计划行事这个问题难。按计划行事是满足进度的一方面，也只是一方面。团队成员必须问自己这样一个问题："在上次迭代期间，我们在已有基础上取得了充足的进步吗？我们了解到了其他什么信息吗？"大多数组织已经建立了评估成本和进度的系统。团队应按照自己的、尽可能好的工作标准来评估进展情况，而不只是遵照计划进行评估。

"团队对于管理层、客户或技术施加的变更，是否做出了有效的适应？" 由于需求演变、人员变化、组件延误，以及许多其他事情对项目的影响，团队成员需要评估他们对这些变化的适应方式。如果经理或高层管理者希望项目团队灵活并且能适应变化，他们必须给予团队成员充分的信任。当团队偏离了原计划，但如果它对竞争对手出人意料的产品发布做出了有效的回应时，应该基于当时的情况及他们做出的回应来评估团队的绩效，而不是基于陈旧的计划。

适应阶段包括产品、项目和团队评审及适应措施。适应阶段的大多数实践应安排在每次迭代结束时进行（如产品评估），团队评审的部分实践应该包括评估这些评审之间的时间期限。在敏捷项目管理中，默认情况下不能忽略任何东西：团队应时刻评估每种实践的相关性和影响。例如，在项目初期团队评审需要更频繁地进行，而在中期和晚期不用那么频繁。

10.2　产品、项目和团队评审及适应措施

评审和适应措施旨在确保在各种规模的项目中经常反馈信息并进行高层级

的学习。在每次迭代结束时进行评审和对适应措施进行讨论有两个主要原因：第一个原因是显而易见的，即反思、学习和适应；第二个原因比较微妙，即改变一下步调。短期迭代赋予项目紧迫感，因为大量工作必须在几周内完成。团队成员迅速地工作，而不是仓促地工作，但是在高强度下快速工作。迭代周期结束时的评审则较为轻松，团队在这个短短的时间里（通常为半天左右）反思上一次迭代并规划下一次迭代。大部分团队都需要这种定期的休息间隔来为下一次迭代聚集力量。在反思期间，有 4 种类型的评审很有用：从客户团队的角度看产品功能性，从工程团队的角度看产品技术质量，团队绩效检查点，以及对项目整体状态的评审。

❑ 10.2.1　客户焦点小组

客户焦点小组（Customer Focus Group，CFG）会议向产品团队展示最终产品的现行版本，获得产品如何更好地满足客户需求的定期反馈①。虽然该会议在迭代或里程碑结束时才进行，但需在项目开始时就做好时间安排，以确保应该到会的参与者按时出席。

产品接收测试时也应该把客户焦点小组包含在内（自动化测试除外）。产品团队的个体成员和开发人员一道，召开一个促进会议，向产品团队演示产品功能。会议会根据不同的场景，向客户演示产品的用途（能力和故事）；随着"演示"的进行，产生变化需求，并把它记录下来。

> 客户或产品团队通过客户焦点小组的参与和演示实际的产品，从而进行产品的接收测试，这是最重要和最有益的敏捷实践之一。

在迭代开发过程中，客户团队代表一直与设计团队一起工作，但客户焦点小组的参与能让更多人员参与到评估流程中来。例如，在开发一个软件应用程序时，

---

① 一些敏捷人士称这样的会议为演示会，但是经验表明焦点小组的参与和结构，能产生更好的客户反馈意见。

可能参与开发团队日常工作的制造业客户代表也就是一两个，而参与客户焦点小组中的客户会有 6~8 个。这种更广泛的客户参与有助于确保特性不被忽略、产品包含了更多人的意见、对产品进度的信心与日俱增，以及客户在实际应用前开始熟悉产品。这些评审会议一般来讲会持续 2~4 小时，但具体时间范围要取决于产品类型和迭代周期的长短。客户焦点小组评审是建立客户团队与开发团队合作关系的最佳纽带[①]。

例如，在鞋的开发过程中，设计者先有想法，接着画草图，然后是更正式的 CAD 绘图。在这个过程中，设计者会多次将他们的想法带到"实验室"，由技师造出鞋样。这些鞋样耐用且实用，数量很少。此时，这些鞋可以向营销人员甚至选定的目标客户群展示，从而得到他们的反馈。

接收测试的定义因行业而异，但一般客户焦点小组评审比接收测试提供了更广泛的关注点。接收测试将重点放在与关键工程设计参数有关的系统行为，而客户焦点小组集中于客户如何使用该产品。客户焦点小组收集下列反馈信息：外观、产品的一般用途，以及产品在商业、消费或者操作场景下的用途。例如，一个具体的接收测试可能测量电子仪器的损耗，或者如果是软件接收测试，也许就要确保遵守商业规则。进行排气引擎、电子和液压试验来核对预定值是飞机的接收测试的一部分，而试飞——在实际使用条件下检验产品——与客户焦点小组相似。

客户焦点小组会议的目的是鼓励大家展开有关产品的各种讨论，从而产生来自客户和产品团队的反馈意见。该会议旨在鼓励参与、提问和来自产品团队的变更请求。一旦出现变更请求，它们就被记录下来，但决议（是否接受变更或者进行修改）会等到会后再确定。尽管每个变更请求都会记录在案，但是记录行为本身并非意味着做出改变。在客户焦点小组会议开完之后，团队成员会碰头再讨论和对这些变更请求做出决议。

客户焦点小组评审会议应该是：

---

① 至于谁应该参与客户焦点小组，这取决于产品是用于内部客户还是外部客户。如果是外部客户，产品营销必须确定何时及是否要将外部客户邀请进来参与评审产品。影响这些决定的考虑因素包括机密性、Beta 测试策略和早期的销售潜力。

- 有所引导的。
- 限制在 8 ~ 10 个客户和产品团队成员（开发团队应列席，但主要是作为观察员）。
- 评审产品本身，而不是文档。
- 主要是发现和记录客户需求的变更，而不是收集详尽的要求（如是否识别新增特性）。

在开发团队与客户团队之间的日常接触非常困难的分布式开发环境中，客户焦点小组尤其有用。由于团队在迭代过程中不能与客户保持较有效的接触，迭代结束时客户焦点小组能够确保团队不致偏离方向太远。

客户的变更请求应记录下来，供项目团队在客户焦点小组会议结束后进行评审。最好等到会议结束再做评审，原因在于对这些变更请求的分析通常会引发技术讨论，这在许多客户在场的情况下是不合时宜的。设计团队对更改的最初反应往往是抗拒的——"那将会很困难（或很昂贵）"，这会让客户认为他们的建议得到了消极的响应。这种氛围会妨碍进一步的建议，从而使会议失去其有效性。较好的方法是，让技术团队在第二天评估这些请求，然后与产品经理商议各种选择。通常，80%以上的请求几乎不费吹灰之力就可以解决，而余下的需要进一步研究或超出了该项目的范畴。利用分配给变更卡片（在第 8 章有描述）的时间，可以处理累计的小变更，而重大变更和新故事记录在故事卡片上，作为下一次迭代计划会议的议题。

❑ 10.2.2　技术评审

探索型、敏捷项目的核心原则之一是保持较低的迭代成本，从而使产品本身能适应变化的客户需求。保持低迭代成本和高适应性依赖对技术卓越的不断关注。设计粗糙、质量低劣和有缺陷隐患的产品增加了技术债务，减少了客户响应。

定期技术评审，包括非正式的和定期安排的，为项目团队提供了有关技术问题、设计问题和架构缺陷的反馈。技术评审应提出简单设计、持续集成、无情的测试和重构等关键技术实践，以确保它们得到有效执行。这些评审应遵循一贯的敏捷开发精神：简单、刚刚好、最低限度的文档、短时会议和大量相互交流。

技术评审（至少是非正式的）在迭代交付周期不断出现。每隔一段时间（至少每里程碑一次）应举行一次常规的技术评审，除特殊情况外，评审时间不应超过几小时。技术评审会议应该是有引导的，一般控制在 2~6 个有能力评估该技术内容的人参加。该会议评审产品、选定的文件和数据信息，如缺陷率（技术团队应该花时间反思产品的整体技术质量，并就重构、额外测试、更频繁的集成和其他技术调整提出建议）。

❏ 10.2.3　团队绩效评估

敏捷项目管理的基本观点是：各个项目是不同的，人员是不同的（因而团队也是不同的）。因此，不应将一个团队的一套流程和实践生搬硬套到另一个团队。项目团队应遵循一个总的架构和准则（如敏捷项目管理架构及其相关的指导原则），但应调整实践，使其符合自己的特殊需求。自组织原则规定，有效的架构应该赋予团队尽可能大的灵活性和决策权力；自律原则规定，一旦架构取得一致同意，团队成员就要遵循该架构。团队绩效的评估应涉及这两个方面。

许多项目管理方法建议在一个项目结束时进行回顾。这对于向其他团队传授经验也许不错，但对于项目过程中改善团队绩效并无帮助。迭代回顾提供了一个机会让团队反思哪些有用和哪些没用。在评估中，团队要检查项目的许多方面，提出这样的问题："哪些方面做得不错？""哪些方面不够好？""下次迭代我们如何改进？"团队还可以问诺姆·克斯有趣的问题："我们还有哪些不明白？"[①]

图 10-1 中的信息可以作为团队绩效评估的起点。团队自我评估从两方面——交付绩效和团队行为——着手，分成 3 个等级：不达标、达标或超标。在交付绩效方面，团队成员问自己一个基本问题："在上次迭代中我们竭尽全力了吗？"注意，这个问题与计划无关，而是与团队的自我绩效评估有关。团队是否按计划行事取决于绩效和计划的准确性（因此评估的一部分可以是让团队成员评价其迭代计划得怎样）。团队可能按计划行事而绩效仍不理想。在一个优秀的团队中，成员们倾向于坦诚相告他们的绩效。这种实践的重要方面是团队讨论，而不是评

[①]　关于项目回顾的最好参考书籍是 *Project Retrospectives*（克斯，2001）。

估表本身。

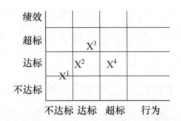

图 10-1　团队自我评估表（表中的点标识每次迭代）

评估的第二个方面是团队行为，同样，是由团队评估其自身绩效。该评估涉及回答这样的问题："我们自己的责任履行得怎样？""企业的责任又履行得怎样？"这两个问题又衍生出许多其他问题，例如：

- 所有团队成员都参与讨论了吗？
- 是否有人经常缺席每日会议？
- 团队成员是否承担其义务？
- 项目经理是否管得太细？
- 团队是否明白上次迭代中的重要决定是怎样做出来的？为什么做这样的决定？

团队成员评估自己的整体行为并制定改进意见。对于刚刚采用敏捷实践的团队，协助他们衡量其"敏捷度"的问卷也很有帮助。

最后，团队应评估其流程和实践，从而使之更好地适应团队。例如，虽然团队不会决定取消需求收集，但他可能改变需求文档的形式和详细程度；或者团队可能决定，将特性团队间的站立会议改为 2 周一次，由各特性团队派两名成员参加；团队还可能认为，为期 2 周的迭代造成了太多的管理费用，从而决定将迭代周期改为 3 周并评估其影响。

团队调整其流程和实践有多种方法。重要的是他们应将流程和实践看作可调整的，没有必要继续从事那些对实现项目目标无益的活动。

❑ 10.2.4　项目状态报告

项目状态报告对项目经理、产品经理、高层管理者和其他主要利益相关方和项目团队本身应该很有价值。信息汇报应促进那些旨在保持对项目的控制并提高团队绩效。编写报告应有助于项目和产品经理反思整个项目的状态——将"森林"与他们每天为之斗争的"树"进行分离。报告的数量、频率与报告的信息应与项目的大小、期限和重要程度相匹配。

项目经理的部分工作是管理利益相关方，特别是那些位居上层管理的利益相关方，并向他们提供信息。利益相关方所需要的信息可能与管理该项目所需的信息有很大相同，而项目经理在与利益相关方定期交流时，如果忽略这些信息，就会将自己置于危险境地。管理各利益相关方的期望值也是一种微妙的权衡行动。

出席状态会议、进行管理陈述、收集统计信息及大量类似活动，会耗尽产品交付的宝贵时间。同时，因为管理层和客户都在产品上花了资金，所以他们不能接受只是被告知："只要等 6 个月，我们就完成了！"高层管理者和经理们有一种受托的责任，他们需要定期报告项目信息以履行该职责；客户、产品经理和发起人则需要根据信息做出项目权衡决策。状态报告提供的信息必须有助于回答下列问题："通过预测，该产品从经济角度看是否依然切实可行？""必须放弃一些特性来确保产品如期发布吗？"

大部分状态报告需要解决敏捷三角形中涉及的 3 个方面：价值、质量和约束要素（范围、时间和成本）。团队不仅需要仔细研究交付的故事与计划的故事，而且需要研究所交付故事的价值。最后，由于不确定性和风险影响到许多敏捷项目，所以团队应该监督这些不确定性和风险是否已经被系统性地降低了。

1. 价值和范围状态

"停车场"图为开发团队、客户团队和管理层提供了一个很有用的有关价值和范围状态的视图。甘特图强调的是进度和任务，而停车场图首先强调能力和故事的进展。图 7-8 显示的是项目计划时使用的"停车场"图。同样，图 10-2 在这里用作状态报告的基础。在这些图里，各预定交付日期上方的横条表示已完成故事的百分比（不包含部分完成的故事）。颜色有助于快速分析项目的进展，尤其是随着项目继续，颜色逐月改变。白色框表示这部分工作还没有开始，而黑色框表示关于某些故事已经开始在做了。黑色框填满表示其中的故事已经完成，而

深灰色框表示至少有一个预定故事未能在其计划的迭代中得以交付。图 10-2
展示了各商业活动区或产品能力的项目进展。

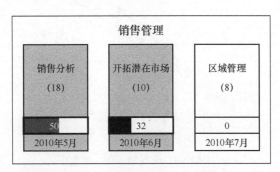

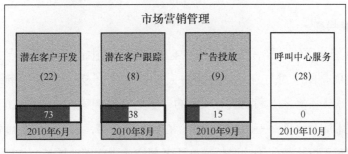

图 10-2　按商业区域划分的项目停车场图（摘自杰夫·德卢卡的著作）

在一个敏捷项目里，价值可以用范围绩效来表示（而不是衡量），如通过对
照每次迭代中计划完成的故事和已完成的故事来表示价值，如图 10-3 所示（这个
图可作为停车场报告的补充）。一般来说，由于在项目过程中客户团队可以增加
或删除故事，对开发团队的评估应根据交付故事的数量而不是具体交付了哪个故
事进行。如果团队交付了计划的 175 个故事中的 170 个，则其绩效是优秀的，即
使其中有 50 个故事与原计划不同。范围告诉我们的是可交付故事的原始数量，
而不是故事的价值。

停车场图意味着客户价值，但如第 8 章所提及的，组织除测量相对价值外，
可能需要更进一步地测量项目的明确价值和投资回报率。

由于敏捷开发的目的是尽早交付高价值特性，在某些情况下，这是为了早日
实现投资回报率，因此采用"已交付的故事和成本"报告可能更有帮助，如图 8-5
所示。对于这份报告，客户团队需将产品的价值分配到每个故事或能力中去。

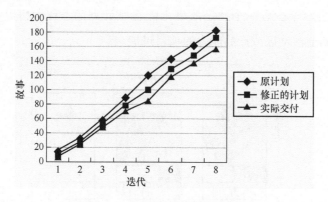

图 10-3　交付绩效图（燃起图）

2. 质量状态

和项目其他评估一样，质量评估也有许多种，其中很多与产品有关。质量的一个重要方面是团队对自身工作的评估（见图 10-4）。基于技术评审结果、缺陷报告（如发现和维修率）和团队对项目的"感觉"或"嗅觉"[1]，图 10-4 展示了每次迭代的技术质量水平——由团队评估。在软件开发中，另一个质量度量的示例是测试代码相对于可执行代码的增长——两者都应该成比例地增长，如图 10-5 所示。

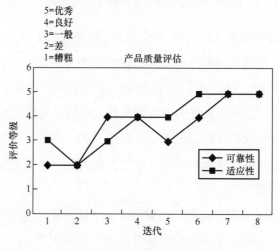

图 10-4　产品和技术质量评估

---

[1] 在极限编程中，质量方面按照"嗅觉"评估，这个术语表达了无形的但有时又非常真实的评估。

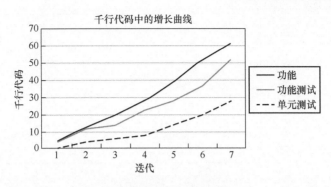

图 10-5　功能和测试代码的增长

质量报告也应该以项目数据表中确认的质量目标为依据，提供质量的反馈信息。

3. 进度和风险状态

根据不同组织标准实践的不同，进度报告形式也多种多样。图 10-6 是表示项目的预计结束日期（用已经经历的周数来表示）的一个示例。在每次迭代的重新计划期间，团队应根据进度和故事变更，估算整个项目所需的周数。注意，这些估算范围在项目开始时较宽（不确定性较大），在结束时较小（确定性较大）。如果范围没有缩小，则表示不确定性和风险的减少还不够充分，项目可能有危险。相应地，图 10-7 表明风险的量化评估结果，即在整个项目周期中，风险递减，特别是在早期迭代中，下降得更快。

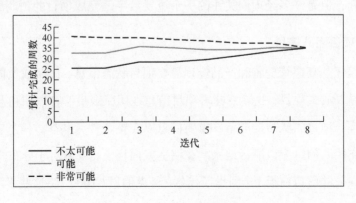

图 10-6　预计的进度

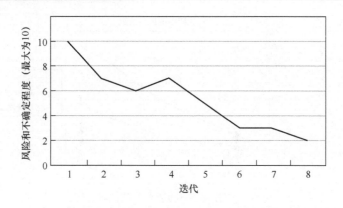

图 10-7　技术风险和不确定性评估

4. 敏捷性

敏捷性的评估也非常有用。在故事层级上，团队可以记录并报告每次迭代中故事的变化——计划的原始故事、删除或延迟的故事及新增加的故事等。团队也可以记录来自客户焦点小组的变更请求，并报告要求的、实施的、删除的或延迟的变更。这些揭示团队响应变更请求的报告，有助于解释进度和成本出现差异的原因。

5. 成本状态

根据组织的实践不同，成本报告的形式也多种多样。尽管统计报告不在本书讨论之列，但是许多经理们关注的一个重要数字是完成项目的预期成本。

6. 项目团队信息

不仅仅是高层管理者和产品经理需要项目状态信息，团队成员同样需要。敏捷项目是开放式项目，这就意味着项目信息在团队成员、客户和利益相关方之间广泛共享。项目团队需要准备好重要信息以在整个社区共享。信息应是可见的，对于协作团队信息应该醒目地张贴在墙上或白板上，或者对于分布式的团队信息应公布在公共虚拟白板上。阿里斯代尔·科克伯恩（2006）将这些显示牌称为"信息雷达"。

"信息雷达在路人都可以看见的地方显示信息。有了信息雷达，路人就不需再提问题：当他们路过时，信息会自动跳入他们的眼帘。"

——阿里斯代尔·科克伯恩（2006）

可视化显示的项目信息应集中在愿景、目标、进展、问题、风险和其他团队认为重要的方面。图 10-8 显示出某一团队对这些方面进行"可视化控制"的情况。团队太过关注细节而看不清整体。查看产品愿景信息或指导原则，常常能够解决对细节的争论。风险和问题列表可以用来唤醒团队成员的自觉性，使他们定期思考解决方案。

图 10-8　可视化控制

❑ 10.2.5　适应措施

如前所述，"适应措施"这个术语表达的是"响应"含义，而不是"纠正"。本章开始提出了从价值、质量、进展和适应几个方面进行评估，现就每方面提问 3 个问题："我们目前的处境是什么？我们曾经计划的目标是什么？我们应该如何实现目标？"适应措施覆盖全过程，从微小的调整到下一次迭代计划的故事，到增加资源，到缩短项目进度（通过适当的故事调整）。适应性调整可能影响技术活动（如分配更多时间用于重构）或改变交付流程，使它们更有效。产品、技术、团队和项目状态，这 4 种评审类型中的任意一种都会导致适应措施。

10.3　收尾阶段

项目收尾既是一个阶段，又是一种实践。组织机构往往花太多的时间启动项目，而在收尾上几乎不花任何时间。在与一个客户接触期间，我又遭遇到"未能收尾"的问题。一个 IT 项目的客户认为该项目的主要部分还没有交付，其部分原因是他们认为这个项目已经进行了很多年。事实上，处理该问题的应用程序已经安装好几年了，但其最初版本与后面的升级版本几乎没有什么差别。所以，从客户的角度看，这个"项目"只是在不停地继续。

由于资源非常有限，因此人们会很快转移到下一个项目，通常没有任何人花时间来收尾上一个项目，也没有提供完成项目应得的奖励。收尾一个项目涉及几种活动，其中大多数花不了多少时间却很值得一做。首要的是庆祝，庆祝可以达到两个主要目的：一是对所有为该项目努力工作的成员表示感谢；二是让重要客户参加庆祝有助于宣告项目已经圆满结束，从而具有完结之意。无休止的、没完没了的项目（或把一系列项目当作一个项目）对士气是重大的打击。

另一个不太张扬的收尾活动是清理未完成的工作，将原材料或制造的辅助材料编制成最后的正式文档，并准备项目结束时必需的管理报告、版本说明和财务报告[1]。最重要的收尾活动是进行项目回顾。采用敏捷项目管理的团队在每次迭代时已经做过小型回顾。这些小型回顾帮助项目团队了解随着项目进展其自身的流程和团队动态，这些是团队内部的学习活动。最后的回顾则是为了团队之间的

---

[1] 迈克·科恩推荐了另一种适合软件开发人员的活动："过去，在结束项目时我做的另一件事情是确保我们将开发环境归档，我看到在许许多多的项目中，人们认为它们已经包括在内，因为他们将代码编入配置管理系统中了，但是实际上，系统只能从内部的 Visual C++ 这类东西构建，或者它需要特定版本的软件文件才能构建。在收尾时，我总是将所有那些东西刻录成光盘。"

学习，为了机构内团队之间相互传递哪些实践可行和哪些实践会失败①。

公司常常将产品与项目混淆。产品是不断发展的，而项目是有限定期限的（至少好项目是这样的）。在项目和产品之间做好区分——结束项目、获得认可并完成收尾，是优秀的项目管理（无论是敏捷还是非敏捷）的一个重要而又经常被忽视的方面。

10.4　结束语

监督和适应（传统上称为监督和控制）是所有优秀项目管理方法的组成部分。尽管敏捷项目管理团队也采用一些通用的项目管理实践，但他们对监督和适应的态度是独特的。例如，敏捷团队更愿意采用适应措施而不是纠正措施。虽然纠正措施有时是必要的，但敏捷项目团队的主要态度是适应和前进，而不是责备和写例外报告。

交付可用特性的频繁迭代使敏捷项目团队可以在可验证的结果而不是文件的基础上经常调整。对于一些不愿经常面对现实或不愿经常做权衡决策的经理和客户，这可能对他们造成不适。

最后，适应阶段在高度紧张的短期迭代开发中提供了一个短短的暂缓期。在顺序式开发项目中，一个正在开发的产品可能历时几月甚至几年，这样，很难维持较高的工作强度，因为一直会有明天要做的事情。敏捷项目有时会出现相反的问题：强度过高。适应阶段的简短评审、适应和重新计划活动，使团队成员在匆忙进入下一次交付迭代之前，有了喘息并让大脑放松的时间。

---

① 关于回顾的最好资料是埃斯特·德比和戴安娜·拉森合著的 *Agile Retrospectives: Making Good Teams Great*（2006）和诺姆·克斯编著的 *Project Retrospectives: A Handbookfor Team Reviews*（2001）。

第 11 章

敏捷项目的规模化扩展

处理大型、不确定和复杂项目的最好办法是缩减项目规模，使用小型团队仅在绝对必要时再增加人员，只聘用高级人才与有经验的人，团队在同一地点办公，以及使用敏捷实践。可惜，这些建议往往与当今的组织和企业的现状发生冲突。所以，对于因为种种原因不能采用上述建议或不能满足上述所有条件的组织和企业，本章的理念和实践对于项目的成功交付应该大有裨益。

关于规模化扩展，存在一种错误的观点："敏捷开发只对较小的项目有效，无法扩展到较大的项目。"不知是因为早期的敏捷项目都是小型项目，还是因为极限编程在早些时候也只关注小型项目，直到在 50 人、100 人甚至 500 人[①]的敏捷项目团队都已经取得成功的时候，这种错误的观点还依然存在。为了弄清楚这个观点，我仅列举如下几个问题："当团队处于什么规模时，向客户交付价值的理念会变得不再重要？""当处于什么规模时，建立自组织团队的核心价值观会变得无足轻重？""大型企业就能够承受僵化、呆板和反应迟钝吗？"考虑到这些问题的时候，情况就变得很明显——大型项目应用敏捷方法也是十分必要的。关键问题是"如何应用"。

大型敏捷项目可能"看起来"像大型传统项目，但是"感觉"上像敏捷项目。"看起来像"意味着可能有额外的结构——组织、架构、文档和流程，但这个结

---

① 我曾亲自在这种规模的团队工作过。

构给人敏捷的感觉，因为它有着更容易变化的流程、迭代开发最终可交付的产品特性（软件产品的代码）、协作（运用良好的工具）、刚刚足够的文档，以及各个层次的自组织团队。项目中日益增多的不确定性需要敏捷实践，无论项目规模大小。同样，日益增多的项目复杂性（规模、分布等）也需要额外的结构。大型敏捷项目在保留核心敏捷价值观和实践的同时，需要增加结构。

正如大家所预料的那样，小型（少于 10 人）和短期（3~6 个月）项目的成功率非常高。相反，大型（多于 1 000 人）和长期（长于 18 个月）项目的成功率就非常低。大型项目存在的问题包括日益增加的官僚主义、过多的文案工作、无法管理的通信网络和缺乏灵活性。当项目规模扩展时，坚持应用敏捷原则，有助于克服这些扩展时遇到的问题。

11.1　规模化扩展的挑战

敏捷是一种理念、一种思维方式，而不是一套实践或流程。本书中所概述的生命周期架构框架和实践鼓励敏捷行为、强化敏捷原则，但并没有对敏捷项目管理进行定义，其定义依赖核心价值观和指导原则，而价值观和原则对规模化扩展是至关重要的。在一个敏捷项目管理论坛上，格伦·阿莱曼描述了他为美国能源部实施一个中型项目时采用的实践。由于这是一份政府合同，因此要求采用大量的特定实践和编写大量的文档。当他讲到团队实践时，长长的清单好像在说明一个极其繁杂，而非敏捷的项目管理流程。但是，他的团队在实践中采用了敏捷原则，根据该机构的性质及合同的要求，尽可能使实践简单化。他们使用短期迭代和基于特性的项目规划，使用定制的增值分析法，根据反馈信息调整每次迭代。尽管表面上看来它采用的是非敏捷的实践，但这是一个敏捷项目团队。阿莱曼团队的事例证明了这样一个观点：敏捷项目管理更多的是指态度而不是实践，或者更精确地说，敏捷团队是运用指导原则来形成流程和实践，来服务于手头的工作。

那些把注意力首先集中在组织结构（矩阵、等级）、流程（阶段、任务、工件）及开发实践的项目经理，大多对敏捷项目管理扩大应用到较大规模的项目中存在许多误解。他们往往基于等级、控制、文档和仪式——所有这些终究会导致合规活动支配交付活动，因为每个等级都想证明其存在。

> 管理技能，已经变成了对于持续性、统一性和效率的创造和控制，然而，它原本应该是对于变异性、复杂性和效果的理解和协调。
>
> ——边·霍克（1999）

敏捷团队保持团队灵活性和组织结构之间的平衡。因此随着项目规模日益扩大，与之匹配的组织结构也相应增大，但我们不用倒退到独裁、等级森严的组织结构。大型组织也可以成为适应力强的、灵活的和具有开拓性的团队，只要它们按照（而不是丢弃）敏捷原则扩大其组织结构即可。本章将重点放在思考如何使用敏捷实践扩大组织结构（如组织设计和多层次产品结构）和实践（如决策和多层次发布计划），换句话说，就是如何在扩大结构的同时，依然在个人和特性团队层面上保持灵活性和半自治这个特点。

❑ 11.1.1　规模化扩展的要素

为了说明规模化扩展的要素，我们假设有两个团队：一个团队有 6 人，团队在同一地点：另一个团队有 100 人，分成 8 个特性功能团队。此外，两个团队都集中完成一项特定的任务——建立和维护用于构建、集成和测试（Build, Integration and Testing，BIT）的流程和工具。我们通过观察两个团队如何处理这个任务从而了解规模化扩展所带来的问题。

首先，这个小团队会如何完成这个 BIT 任务呢？整个团队很可能会就问题和解决方案进行讨论，或许由两个团队成员做一些调研工作，全队做出有关流程和工具的关键决策，然后两个团队成员就可能开始进行初始设置了。团队成员会讨论如何使用工具，会把关键信息放到一张挂图上面（并且/或者记录到团队维基上）。任务由整个团队协作完成，大家共同制定决策，通过非正式和交互的方式共享知识。团队成员可以通过非正式的方式轮流进行该任务的维护工作。

很明显，如果 100 人组成的团队也采用这种办法是相当耗费资金和时间的。那么下面这种情况或许会更合理。首先，组成由 3～5 人的一个 BIT 兼职团队，其成员分别从特性团队中有此专长的或对此感兴趣的成员中选取。这些 BIT 团队成员讨论问题，做一些必要的调研工作，并就所需流程和工具提出草案。这个拟题草案由各特性团队讨论后将结果反馈给 BIT 团队，BIT 团队做最终决策，致力于建立 BIT 环境，并把流程以文档的形式记录在团队维基上。BIT 团队成员共同讨论他们的流程和工具，或者可能进行陈述。可以通过不断地轮流团队成员，给 BIT 团队提供支持（来自特性团队的成员在 BIT 团队兼职一段时间）。

在上述两种情况中，有 4 个关键的组织要素发挥着作用：组织设计、决策设计、协调/协作设计和敏捷文化。这 4 个要素可以称为组织型规模化扩展要素。

一个只有 6 人的小型团队中没有太多组织分工方面的设计，大家基于各自的技能和兴趣做出自己的贡献。当团队规模扩展到 100 人时，就需要从等级职能型组织结构和网络跨职能型组织结构中做出选择，敏捷团队往往更趋于选择后者。

注意，小团队中人人都参与 BIT 决策，而在大团队中，BIT 团队参考其他人的意见而做出最终决策。随着团队规模的扩大，设计好什么人做什么决策就变得尤为关键。让 6 人参与所有的团队决策是一种情形，让 100 人参与决策又会是完全另一种情形了。

协作与协调让我们从组织的角度看到了规模化扩展的症结所在。因为敏捷开发是高度协作的行为，敏捷人士往往不加选择地把人与人之间的互动都称为协作。协作，可以定义为共同努力从而联合起来产生可交付的结果或做出决策。协调，是指共享信息。协作需要更多的参与，也更昂贵，但协作并非在任何时候总需要。在上述第二种情况中，BIT 团队协作做出决策，然后和特性团队协调那些决策（或者就决策问题与特性团队沟通）。与任务相匹配的沟通方式（成本最低却最有效）对于项目的规模化扩展至关重要。

最后一个要素是在大型项目中如何应用敏捷文化或者敏捷原则。有人也许认为敏捷自组织原则要求大型团队中的 100 人都应该参与 BIT 决策，而对敏捷原则的另一种诠释或许会是应该尽最大可能在一些网络节点（特性团队或者 BIT 团队）上做出决策。既然有敏捷原则，就有对敏捷原则的诠释，个人需要充分理解这些原则才能去应用它们。随着项目的增大，对这些原则的恰当诠释和应用变得更加困难，而它们对于成功也更加关键。

> 一个由 100 人组成的团队永远不可能感觉像一个由 6 人组成的团队。但是二者无疑都可以是敏捷团队。关键是合理运用敏捷原则进行组织设计、决策和协作/协调设计。

第二套规模化扩展要素与产品有关（前 4 个因素是组织型的）：多层级发布计划、多团队待办事项列表管理、确保可发布产品组件的流程和工具，以及计划和协作工具等。这些要素将在本章最后一部分中进行讲述。此外，还有一种规模化扩展类型，即向组织的其他部门——如市场、销售、产品支持等，进行规模化扩展，这超出了本书的范围。一些有远见的组织已经开始了此类规模化扩展。

❑ 11.1.2　向上和向外

> 到达规模化时，所有敏捷开发都是分布式开发。
>
> ——莱芬韦尔（2007）

"敏捷开发只对小型项目有效"——尽管每天都能证明这个荒诞的说法是错误的，但是要想实现敏捷的扩展，还有大量问题有待解决——从两个维度，向上和向外。"向上"意味着将敏捷实践扩展到大型项目中，基本上涉及更多的人；"向外"意味着将敏捷项目分布在多个地点（楼、城市、国家和洲）。向上和向外扩展所需的许多实践是相同的。比如，研究表明超过 50 英尺的协作就不再有效。如果这是真的，那么，无论是遍布一栋楼的 3 层的大型团队，还是在较小地理区域内相互隔开的小团队，都会需要协作和沟通实践（在同一地点的团队在空间上也超过了 50 英尺）。

❑ 11.1.3　不确定性和复杂性

规模化扩展受两个关键问题的影响——项目的规模或复杂性、项目的不确定性或风险。规模非常大但不确定性低的项目与规模非常大但不确定性高的项目迥然不同。这些问题可以用兰德马克绘图国际公司（Landmark Graphics, Inc.）

的托德·雷托和其他人合作开发的项目侧写模型来进行分析（皮克松，2009）。该侧写的两个维度——不确定性和复杂性，可以用一个 2×2 矩阵来表示。不确定性来自市场不确定、技术不确定（这两个方面可以用第 6 章描述的探索系数来表示）、客户数量及项目工期。复杂性来自项目规模、团队地理位置、相互依赖关系及领域知识差距。向上或向外扩展使几个这样的因素逐渐发挥作用。

用这个侧写评估项目可以解决两个关键问题："这个项目应该使用敏捷吗？""我们如何让敏捷实践适应这个类型的项目？"这两个问题都有助于我们把重点放在找出应对项目的不确定性和复杂性所带来的风险的最佳方式上。要想回答第一个问题也需要涉及文化相容因素，但这个侧写给我们提供了一个审查规模化扩展问题的伟大开端。管理日益增多的不确定性的最佳方式是运用敏捷的、灵活的实践，而管理复杂性需要更多的结构。最难做的项目是那些既需要灵活性又需要结构的项目。高度复杂项目，因其本身的特性，需要更多的结构化元素，但是对于高度不确定的项目，必须以审慎的态度来平衡敏捷实践和结构化实践。

11.2　一种敏捷规模化扩展模型

图 11-1 显示的是规模化扩展模型的主要组成部分：业务目标、敏捷价值观、组织、产品（产品待办事项列表）和流程。组织、产品待办事项列表和流程显示在 3 个层级（实际的层级数取决于团队的整体规模），需要用这些层级去管理大型项目。这个模型说明敏捷开发更是一种记录产品生命周期的方法（持续交付价值），而不只是项目方法（开始和结束）。虽然可以把产品的某个版本当作一个项目来管理，但是敏捷方法会将一个版本发布看作整个产品不断演变过程中的一个单一阶段。无论你是从事商业软件产品的开发还是 IT 应用的开发，软件会比单个的项目有较长的生命期。回顾一下现在和将来都持续交付价值这一敏捷原则，我们会发现，交付可发布的产品固然重要，但是交付高质量并能随时间推移而容易改进（适应能力强）的产品也同等重要。

产品待办事项列表的结构分为 3 层：能力、特性和故事。流程/实践结构包括产品路线图、发布计划和迭代计划。产品待办事项列表在产品构想、架构计划和定义产品需求的过程中产生。从图 11-1 中可以看出产品管理团队一般负责管理能力层，解决一些长期的且较高层级（产品）的问题，如产品路线图。发布/项目管理团队一般负责管理特性层的中期计划，如 3～6 个月的发布计划。特性团队负责基于故事层的任务，如制订迭代计划然后开发并测试那些计划的故事。因为团队成员跨团队工作（有些发布团队的成员参与产品管理团队的工作，反之亦然），所以低一层级的团队总有机会了解更广泛的产品背景。对于小型项目，一个团队会从事几个层级的工作，如同一团队既做发布计划又做迭代计划。

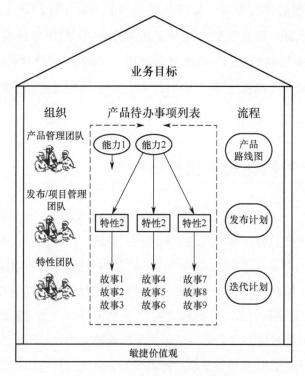

图 11-1　一种敏捷规模化扩展模型

　　本章其余部分从组织的规模化扩展开始，展开讨论这个模型中的每个组成部分。建立大型敏捷团队，而不是产品待办事项列表或流程，是成功扩展的关键所在。《敏捷宣言》中提到的价值观——个体和交互胜过流程和工具，对大型项目和小型项目同样有效。建立大型敏捷团队需要共同研究组织结构设计、协作设计和决策设计，以及确定建立大型自组织团队的方式。扩展产品和流程的各个部分可以解决产品架构，生成多层次待办事项列表、制订大规模路线图和发布计划，以及维护可发布的产品等问题。

11.3　组建大型敏捷团队

组建大型敏捷团队，无论是传统还是敏捷，都需要精心设计。较大团队会涉及更多沟通、更多决策、更多会议、更多文档，当然还有更多政治问题。

敏捷的诸多原则，如协作、简洁、响应和刚刚足够的文档等，都可以运用于组建大型团队，但应用远非如此简单。建立有效性和高效率的敏捷团队需要尽早在以下 4 个领域共同付出努力：组织设计、决策设计、协作/协调设计和应用敏捷原则。这些要素都统称为设计是因为实现这些要素的方式有诸多可能，同时也有诸多因素影响这些要素的实施。一些分散的团队可能采取面对面的方式做发布计划（此方法更可取），其他团队可能因为成本问题而不能采取这种形式，他们必须选择其他方式来做发布计划。通过了解这些组织设计的每个领域和每种情况的独特性，希望你能找到一个适合自己的大型团队的设计方案。当然，要记得随着项目的进展而不断调整该设计方案。

尽管协作、协调和知识共享对于大型项目至关重要，但是沟通太多也会导致没完没了的会议、长篇累牍的文档和电子邮件。然而，几乎不沟通或者沟通太少就意味着没人了解项目及项目中的部分内容。所以，无论我们是做组织设计还是协作/协调设计，敏捷团队总是需要倾向于"比足够要少那么一点点"。

❏ 11.3.1　组织设计

如果我们鼓励创建适应能力强的工作环境这一核心价值观，那么项目团队的组织结构便需要反映这些价值观，而等级结构是无法做到这一点的。等级结构带来了很多问题，正如我的同事比尔·乌里奇所言：

等级结构图与动态的、高度职能化的信息管理团队几乎没有任何关系，相反，它助长了政治议程。等级式的 IT 基础设施成为政治繁荣的温床，其中团队协作变得非常困难。等级结构还导致一种嵌入式的文化，它鼓励巩固个人权力基础，阻碍向企业传递高质量的信息。随着权力扩大，争斗随之而来，灾难不断。不久，在你的工作环境中，团队成员 80% 的时间都耗费在争权夺利上，仅 20% 的时间用于本职工作。等级管理结构同时也可谓一种经典的方法：惩罚那些拒绝玩这个游戏的人，奖励那些知道如何操纵政治机器的人。

——乌里奇（2003）

项目组织的网络模型（见图 11-2）反映了等级结构和网络结构两个方面。每个节点表示大型项目组织中的一个团队（专业或特性团队）。如图 11-2 所示，一个项目组织中可能包括几个特性团队、一个产品团队、一个架构团队，甚至一个敏捷卓越中心团队（未显示）。这些团队可能是真实的，也可能是虚拟的（兼职成员），或二者兼有。如本章开始所述，建立、集成和测试一个包含特殊的角色并定期开会的团队，它可以是一个从其他团队挑选出来的兼职成员组成的虚拟团队。架构团队则可能由全职和兼职队员组成。可以认为这样的 BIT 团队和架构团队是相对于特性团队中的"专业"团队[①]。

一般情况下，随着项目规模从大型到巨型的升级，专业团队的数量也会增多，同时专业团队也会有几个成员全职参与。另外，随着规模的增大，特性团队会基于产品的组件架构而组建成一个结构——产品领域团队、能力团队和特性团队。在传统大型团队的等级结构中，团队或许是功能型的（需求分析师、开发人员和测试人员），大型敏捷团队保留了跨职能和以产品为导向的组织结构（如能力团队将是一个跨职能团队，而其所有低一级别的特性团队都会支持那个能力）。如果某些地方需要特性团队间（在特定的特性和专业团队间）非常密切的协调，则

[①] 我用"专业"这个术语而不是"人员"是因为这些团队或者直接负有交付责任，或者直接向其他特性团队提供支持。本章在讨论专业和特性团队时，会用"特性"团队这个词代替这两者，这样可以保持文字简短。

采用相互交叉的方式，即每个团队出一人参加另一个团队的关键会议。另一个设计标准是大型敏捷团队尽可能地保持最扁平的组织结构（节点更多、等级更少）[1]。

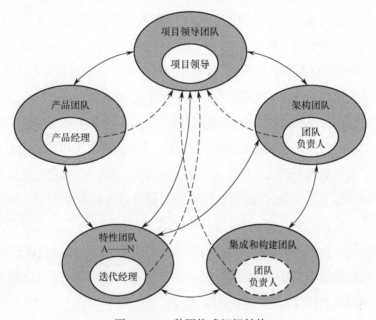

图 11-2　一种网络式组织结构

　　项目领导团队（可能包括项目领导、产品经理、迭代经理，以及各特性团队的技术主管）担任领导和协调工作并推动项目决策。这个团队，辅以主要开发人员和产品专员，或许也会开发基于能力层的产品路线图或者制订发布计划，然后把能力分配给各特性团队。这种组织结构主要负责使自治却又相联系的群体之间互相配合、协调一致。当项目团队规模扩大到包括若干特性团队和专业团队之后，如何实现自组织与团队自律相结合就成了一个十分关键的问题。在每个团队结构里，每人具有相应的责任；在整个项目结构里，每个团队具有相应的责任。

　　网络结构不是等级控制的结构，也不是一个把全部控制权委托给各节点的纯粹网络结构。它可能被称为"改良的网络"结构，其中大量的（不是全部）权力和决策都交给各个特性团队。

---

① 可以在这个网站找到一个非常有趣的实施大型自组织团队的方法：www.holacracy.org。

❑ 11.3.2 协作/协调设计

阿里斯代尔·科克伯恩（2006）在他的 *Agile Software Development* 一书中讨论了各种各样的沟通方式，并指出了各自的相对有效性。例如，在一个白板上双向面对面的讨论要比给某些人发送一份文档更有效。然而，对于大型特别是分布式团队，有效性的敌人依然是成本。固然在白板上面对面的设计讨论会非常有效，但如果团队成员相距 5 000 英里，使用这种方法的沟通成本之高也足以令人望而却步，而使用新的 Web 2.0 的协作和项目管理工具可以不断降低沟通成本。

所以关键问题是不仅仅需要有效性，对于手头的特定工作还必须节约成本。沟通设计之所以困难是因为它取决于一系列关系的基础——信任、尊重和接受文化差异和共享信息。"同步"的团队可以应对低有效性的沟通方式，因为他们之间关系融洽、信息共享。另一个团队（分布在不同的国家）彼此几乎没有尊重、信任和对多元文化的理解，他们需要高有效性的沟通方式。这也意味着协作/协调设计随着项目进展和良好关系的建立很可能会发生变化。项目早期不起作用的沟通方式在项目中期和晚期会产生很好的效果。

为一个团队设计协作/沟通实践和工具的两个要素是：沟通方式的相对有效性和拥有信任、尊重及对不同文化理解的基础。第 3 个要素包含在本小节的标题之中，即理解协作和协调的不同。如前面所简要讨论的，协作可以定义为共同努力从而联合起来产生可交付的结果（如结对编程）或做决策，协调是共享信息。集合在一起制订发布计划的团队集体做出有关该产品的一系列决定，如产品愿景、项目目标和界限、待办事项条目的优先级、完工尚需估算及将能力分配到迭代中等，所有这些特定的任务都由团队协作完成。另外，团队每日召开站立会议，协调工作，并及时了解彼此在做些什么。不难想象，通过电话哪怕是短信的方式召开站立会议也是有效的，而通过电话（没有其他工具）召开发布计划会议可能就没那么有效了。

在这个设计过程中需要考虑的第 4 个要素是待开发产品本身所固有的耦合性和集成性。比如，如果某特性团队着手开发一项能力，该能力与其他能力松散地耦合（一个独立的产品组成部分），就不需要和其他团队一起召开高度协调的会议；另一个特性团队，如基础团队（提供通用服务），他们的工作与其他团队的工作高度耦合，因为他们需要高度有效的交互。

对于大型团队要做到充分考虑上述各要素或许看起来是一项非常费力和费时的任务，但设计过程应该以风险评估和一些标准原则为基础。从前面的讨论可以看出，高风险的领域包括开发高度耦合和集成的产品功能（如果团队分散，风险就更高）、需要建立高层次的关系（存在着显而易见的文化和信任问题）、关键活动或者需要做许多决策的活动（如发布计划）。

> 一套简单的协作指导原则：
>
> • 运用各种交互方式。
>
> • 协作实践与交互的需要相匹配。
>
> • 尽量使用成本较低的交互方式。
>
> • 对于关键的、高风险活动，采用更有效的协作方式。

如果参与项目的团队有 4 个特性团队，分别分布在不同的国家，并且他们以前从来没有一起合作过（关系指数较低），他们的任务是在一个普通的日常构建、集成和测试的环境里开发高度集成的产品，如果吝惜通信费用，那么后果将是灾难性的。

在一家非常大的 IT 企业中，其中一些人抱怨组织内部缺乏沟通，这成为一个普遍的抱怨。然而，有一个员工有着不同的意见："我们已经有太多的沟通了，只要每天早上看看我的 E-mail 收件箱就知道了。"他是对的。这个组织所缺乏的并不是"沟通"，而是一种协作文化、一种大家共同解决问题的文化，而不是互相转发电子邮件和各种文档。团队需要找出新的、富有创造性的合作方式。例如，可以借用软件开发中的"结对编程"概念。我在其他地方提过："每隔一次迭代，某个特性团队中的一对就可以移动到下一个站点，与那里的另一个团队的开发人员再重新配对。结对编程在工作层次上传播有关团队特性的知识。无论一个产品分解后的架构多么合理，致力于同一产品的两个分布式团队都需要一定程度的沟通与协作。"（海史密斯，2002）

> 交换人要比交换文档有效。

从上面所描述的决策要素可以看出，项目协调会议也应该精心设计，并在需要时进行调整。每日站立会议有等级结构（从较低层会议中选取 1~2 人参加高层会议）——如果因为组织是网络结构，所以协调会议也应该是这种结构——或许就不是一种最好的设计。会议的主题也应该非常具体。比如，特性团队集中讨论过去一天所完成的工作、所遇到的障碍和第二天的工作安排；较高级别的会议应该集中讨论项目完成的（计划完成的）主要工作（总结）、已做的决策，以及要制定什么决策以应对影响小组、团队和团队间或外部相关部门及通常对团队间有影响的信息。

此外，特性团队可能会有每日站立会议，但专业团队或许只需要每周开一两次会。专业团队成员参加特性团队的会议（这时他们不是特性团队的全职人员）次数也必须合理。一次，我听到一名高级经理抱怨："我的用户界面设计师因为一人给几个团队提供支持，所以一周参加了 42 次每日站立会议。每个团队还告知他，如果他不参加，他就不敏捷了。"这种问题出现在敏捷规模化扩展的时候，因此项目经理在处理这种问题的时候必须灵活和实际。

最后，提到网络站立会议，参会者应该感觉到他们的参与是有价值的，他们不能为了参加而参加。如果人们从这样的会议中得不到任何益处，那么这种安排可能是错误的。15 分钟的会议仍然是一个惯例，即使高层级的站立会议。

❑ 11.3.3　决策设计

第 9 章讨论决策时，提到决策框定是决策过程中的第一个任务，也是决策设计中的首要任务。第 9 章所列出的典型决策框定问题，此处略加修改之后也同样适用于决策设计：

- 每个特性和专业团队在完成哪些任务？完成这些任务需要做出哪些关键决策？
- 该决策还会影响其他什么团队？[①]
- 受影响的团队是否需要为决策提供信息？

---

① 团队不应该未与对方讨论就擅自单方面做出会影响对方团队的决定（一个商定的规则）。比如，一个团队在改变一个接口设计时，必须与使用那个接口的团队进行协调。

- 受影响的团队是否需要参与决策讨论？
- 谁应该做决策（特性/专业团队、迭代经理、产品经理、项目经理、项目经理和团队一起等）？
- 决策结果应该如何，以及向哪些人传达？
- 谁，如果有那个人，应该评审该决策？

研究几个例子是解决这些问题最简单的方式。图 11-3 给出了架构专业团队对应问题的答案，他们的任务是开发一个整体的应用数据模型。同样，图 11-3 也给出了特性团队做决策要遵循的指导原则。这些决策指导原则是团队间商定规则的组成部分，很像第 9 章介绍的特性团队制定的内部交往规则。

特性团队指导原则：如果在实现一个故事时，团队遵守既定规则（比如，按前面所述过程制定有关架构的决策），并且实施的工作看上去不会影响其他任何团队，那么该特性团队就可以做有关该故事的任何决策。

团队：架构
任务：开发应用数据模型
- 受影响团队：所有特性团队和几个专业团队
- 提供信息团队：基础团队，挑选几个特性团队
- 参与讨论：基础团队有两名体系结构团队的兼职成员。来自第N个功能团队的一名高级设计师
- 决策者：体系结构团队
- 决策结果传播：团队维基（数据模型、重要决策理念）；给所有团队负责人发E-mail；约翰·琼斯从体系结构团队中指定的回答问题的人
- 决策评审：无

图 11-3　制定决策概要

设计决策框架不需要团队研究所有决策，只参考一个相关样本就可以。在构想阶段就可以进行决策设计，再按照需要及时更新——决策设计也是随着项目的进展而不断演变的。就像架构团队不要试图预测 3 个月后才会需要的一切东西一样，领导团队也不应该预测出要做的所有类型的决策。整个团队需要理解制定决策的方式并非事后才总结出来，而是经过慎重考虑的结果。决策设计应该成为所有敏捷团队所制定的工作协议的一部分。

随着项目的增大，会产生越来越多的专业团队，有架构、用户界面设计、BIT、高层发布计划及其他团队等。这些团队中的每个，甚至包括其他团队（特别是，例如，基础团队），都承担一些任务决策的责任，而这些责任原本是由 6 人组成的小型团队自己承担的。所以，人们不经意间就会问：“从组织角度看，大型敏捷团队和大型传统团队有什么不同？”答案有些微妙，但这也并不削弱它的重要性：

- 第一，大型敏捷团队的结构扁平，等级较少——管理层较少。
- 第二，决策最大限度地留给特性团队或专业团队。
- 第三，特性团队成员参与专业团队的讨论，确保参考他们的意见并参与决策过程。
- 第四，共同制定决策，无论是项目决策还是技术决策，都采用参与式决策方式制定。
- 第五，鼓励专业团队制定指导原则而不是法令制度，并且跟管理者一样，鼓励他们尽可能地少做决策。
- 第六，鼓励点对点（特性团队对特性团队）的交互和依赖关系管理。比如，与其让项目负责人管理团队内部的依赖关系，还不如让团队通过某种机制自己管理它们，例如使用本章后面介绍的 ICS 卡片。
- 第七，团队拥抱敏捷原则。

虽然 100 人组成的敏捷团队不同于 6 人组成的团队，但是它与 100 人组成的传统团队也大为不同。

❏ 11.3.4 知识共享和文档

最近，我做了个膝盖核磁共振。医疗报告中充斥着关节积水、髌骨内侧滑膜皱襞综合征、急性髓骨挫伤，以及内侧股骨髁等字眼。尽管我的医生读起来很简单，给我解释得也很清楚，但是我自己读懂这个报告的想法完全落空了。

> 文档的主要问题在于背景和内容的不同。文档可以承载内容，但要理解其背景需要专业技术知识。

文档和知识共享是敏捷项目规模化扩展过程中的两个重要问题。6 人组成的团队需要的有关文档的实践不同于100 人组成的团队。批评敏捷的人总是拿出"没有"文档的问题来批评敏捷实践，说敏捷人士不信奉文档。但是问题不在于文档，而是理解的问题。开发人员了解客户想要什么吗？客户了解开发人员在构建什么吗？测试人员理解开发人员旨在构建什么产品吗？软件维护人员了解开发人员构建的是什么吗？用户了解系统能做什么吗？理解既需要理解其内容，也需要理解其背景，而文档充其量只是一个可怜的背景沟通工具。

《敏捷宣言》中提到，"可行的产品胜过详尽的文档"。大型的、前期装载的项目，需要花费数月，甚至数年的时间收集需求、提出架构和设计产品，但很容易遭遇屡次失败。为什么？因为团队以一个几乎没有可靠反馈的线性方式行进——他们有好的创意，但没有把它拿到现实中测试。可行的产品并没有排除对文档的需要。文档支持沟通和协作、促进知识传播、保留历史信息、帮助改进产品和满足法律法规的需要。它们并非不重要，仅仅是不如可行的产品版本重要。

理解既需要文档，也需要交互或对话——与有专业领域知识的人对话。此外，随着待传递知识的复杂程度的增加，文档本身传递知识的能力随之下降，与有知识的人交互的需求则大幅上升。文档提供内容（部分的），而对话提供必要的背景。

> 文档不是交互的替代品。在复杂情况下，文档本身仅能提供需要了解信息的 15%～25%。

当客户和开发人员交互以共同制定规范并产生某些形式的永久记录（文档、笔记、草图、故事卡片和制图）时，文档是交互的副产品；当客户坐下来和业务专员一起编写发送给开发小组的需求文档时，文档则成了交互的替代品。在第一种情况下，文档或许对开发团队很有价值；在第二种情况下，它则成了前进中的一个障碍，既没有获得知识也没有传递知识。另外，交互减少，便会增加文档数量以求补偿，但结果是徒劳的。

最近，一个开发小组的经理问我有关需求工作坊的问题。我问他为什么他想要这个工作坊，他回答说："我们想把需求详细且准确无误地记录下来，这样就能直接做编码工作。"我问他时，他也指出这家公司在当地签了合同雇人帮忙，但是他们用了 6 个月的时间才充分了解这个产品领域（一个复杂的工程产品），之后生产效率才有所提高。我给这个经理的意见是，这既不是需求问题，也不是文档问题，而是知识传递的问题。他们不仅需要传递需求，还需要传递能够阐明那些需求的背景。否则他的外包计划注定失败。

我假设一个简单的测试。如果让你选择，你更愿意管理（和负责）哪个项目？第 1 个项目，给你提供 1 000 页的详细的产品规格说明，但不与客户或用户接触；第 2 个项目，给你提供 50 页的规格概述，但是不断地与客户接触。我从未见过有人会选择第 1 个项目。理解来源于文档和交互的二元组合——或信息和对话——交互更重要。这并非说不需要文档。如果我感觉文档没有用处，就不会编写 4 本书了，我只是说只有文档还不够。

知识管理领域的一个小研究表明，早期把最佳实践（软件开发、工程或其他）以文档的形式记录下来——详细填写大量网页——产生边际收益。考虑知识传递，我们必须分清显性知识（写下来的）和隐性知识（记在脑中的）。"隐性知识存在于人的头脑之中，其传递不能通过把知识从人的头脑中写到纸上来实现。"南希·迪克松在 *Common Knowledge*（2000）一书中说，"隐性知识的传递可以通过移动具有这种知识的人来实现。这是因为，隐性知识不仅是事实，而且是这些事实之间的关系，即人们如何结合一定的事实来应对特定情形的方式。"先简要地概括一个最佳实践，再结合为转让人和受让人提供的面对面交流的机制，这对于隐性知识的传递来说，要比发送文档有效得多，这一点已经得到了证明。

我清楚地记得几年前一个项目的事后声明："我们的项目的规格说明内容很多，我们只是诠释它的方式完全不同。"所以，敏捷方法和以文档为中心（或以模型为中心）的方法之间的问题并不是文档过多或者没有文档的问题，而是正确组合文档和交互方式以促进理解和沟通的问题。敏捷人士倾向于交互方式，而传统方法主义者倾向于文档。除最极端的情况外，这两种方法的极端都无效。

《敏捷宣言》中提到的"可工作的软件"原则包含两个关键组成部分。首先，它说可工作的软件对于评估真正的成功至关重要，但它没有说文档不重要。其次，

"详尽"的意思是"重量级"而不是精简文档。敏捷人士淡化的不是文档本身，而是大量的传统文档，人们要么说他们需要但从没有时间开发文档（但认为应该开发），要么他们最初开发了但从不更新，所以变得毫无价值的文档。

> 合规文档，无论是为食品和药品管理局或萨班斯法案准备的，还是内部控制所需要的，都是执行业务的成本。合规文档在团队内部沟通信息方面没有什么价值——它基本上只是管理开销。

图 11-4 列出了敏捷文档的指导原则，合规文档除外。文档既可能非常有价值，也可能浪费时间。对于由 100 人组成的团队非常有价值的文档，对于 6 人组成团队可能完全是浪费时间。这些指导原则有助于每个团队确定对他们有价值的事情。

敏捷文档的指导原则

- 根本问题是知识转移——理解而不是文档。
- 知识转移需要人与人的交互，特别是在知识的复杂性增加时。
- 文档应该刚刚足够，但不能不够。使用概括文档而不是详细文档。
- 高品质且可读的代码和测试用例，特别是当测试用例可以自动实现的时候，或许符合详细文档的需求。
- 模型是一种形式的文档。保持模型轻量级和刚刚足够。仅仅开发对开发团队有用的模型。和团队一起开发它们。
- 文档应该尽可能地非正式——白板、挂图、数码照片、维基等。
- 交互的、动态的文档对于敏捷项目非常重要:维基、Web 2.0。
- 可行的软件是开发目标之一，促使该软件的改进是目标之二。考虑用刚刚足够的文档来支持两个目标的实现。
- 文档需求因行业、公司和项目的不同而各异。
- 永久文档是组织愿意花费金钱和时间保存的文档。可行的纸质文档是在项目中使用但不保存的文档(可能会非常不正式)。不要混淆这两类文档。
- 用户文档应该和故事一样被确定下来，并由客户团队排列优先级。

图 11-4　敏捷文档的指导原则

总之，文档的设计应该遵循精简、刚刚足够的原则，无论是正式的（为了留存）还是非正式的（临时的），高度视觉化和可见性都应该被视为协作和协调的一种支撑材料。文档因项目规模和类型（如监管环境）不同而大不相同。总而言之，不是文档的问题，是理解的问题。

❑ 11.3.5 自组织的大型团队

敏捷团队由个人构成，这些"准独立行动者"在团队组织结构里按照自律和自组织的交往规则相互交流。在这种相对松散的组织结构里，个人被赋予一定的自主权，反过来，他们又遵照自律原则，对结果负责，表现为负责任和成熟的团队成员。那些包括多个特性团队和专业团队的较大型团队也以同样的方式运作，个人是团队的行动者，而特性团队是大型项目的行动者。于是，组建大型敏捷团队，网络式结构代替了通常的等级结构，决策和协作被精心设计，团队纪律反映了不同团队之间的交往规则。

第 3 章和第 9 章中讲述的自组织团队的基本要点同样适合较大型的团队，但需要对那些要点加以扩展。为大型团队创建一个自组织的架构包含如下要素：

- 寻找合适的团队领导。
- 清晰表述工作分解和整合策略。
- 鼓励团队之间的交互和信息交流。

组织通过项目经理为团队配置合适的人员。在团队层次中，找到合适的人选就是寻找那些具备适当技术，又兼具行为技巧的人。在项目层次中，项目经理和项目管理团队的工作为确保向每个特性团队和专业团队指派合适的负责人。

项目管理团队有责任确保每个成员充分理解产品愿景，以及在这个整体愿景中他所在的特性团队所承担的任务。第 6 章描述的构想过程（愿景、目标和约束、架构框架和发布计划）需要在整个项目中贯彻执行。在较大型项目中，各特性团队甚至需要对产品的每个部分进行构想实践——建立他们各自的产品愿景盒等。一份架构概要、组件描述和接口定义，可以帮助各特性团队理解整个产品及产品的各个部分。

团队内部协作的一个重要任务是管理依赖关系，这个任务通常交给项目经理来完成。通常，依赖关系管理会陷入与顺序式开发遇到的同样陷阱，即通过文档而不是对话方式进行管理。在特性团队内部，团队成员自己管理各个故事之间的依赖关系，他们在计划会上确定这种依赖关系，并记录在故事卡片上，一旦预想到问题，就提供备选方案。他们还在每日站立会议上确定这种依赖关系，不但要确定依赖关系，而且要明确该依赖关系的性质，以及如何分配任务来适应它。

在制订高层级发布计划时，也需要进行同样的讨论。项目经理或许知道依赖关系，但是团队成员需要详细的信息来判断处理这些依赖关系的方式。

虽然有一些实践可以促进团队之间的交流（如召开站立会议），但是任何一套实践都不能将大型项目中遇到的所有情形包括在内。每个项目都是独特的，项目管理团队需要对各种交互实践进行试验，就像对待技术问题那样。有一些重要的实践可以帮助建立各种团队间融洽的关系和交互方式。有一种实践是在本章后面要讲述的团队间职责协议（Inter-team Commitment Story，ICS），另一种实践是制定各团队之间的交往和责任规则。

> 项目经理的职责应该是促进团队间相互交流，而不是参与每个团队产生可交付产品的具体活动。

图 11-5 是某一项目中，架构团队和特性团队间的交往规则。这些随着时间不断演变的交往规则，指导着项目内各团队之间的融合，为团队间的全面协作和特殊文档提供了背景。没有这些规则，项目经理将陷于被动状态，而常常被团队拖着处理很多本应由各团队自己解决的问题。如第 9 章（交往规则）所述，团队间的规则有 3 类：建立关系、定义实践和制定决策。

> **特性团队**
> - 对于影响自身工作的架构决策，特性团队可提出自己的意见，并且可以参与决策过程（可能要限制参与表决的团队数量）。
> - 有权对任何架构变化所带来的影响进行评估，并相应地调整自己的估计方法和进度计划。
> - 当团队对某项架构决策的否决权置之不理时，有权请求产品和项目经理就该决策进行审核。
>
> **架构团队**
> - 有权及时得到对拟订的架构计划的各种信息和反馈。
> - 在特性团队实现架构决策遇到问题时，有权及时收到相关的通知。

图 11-5　交往规则的示例

❏ 11.3.6　团队自律

正如个人须对所属的团队负责一样，在一个大型的自组织框架中，团队自身也需要做到自律。下列要求团队的行为与那些要求个人的行为非常相似：

- 承担团队结果的责任。
- 与其他特性团队协作地交流。
- 在项目自组织的框架内工作。
- 平衡项目目标与团队目标。

如果个人不遵从团队框架将会扰乱团队的正常运行，同样，如果团队不遵从大型项目所制定的框架将会破坏整个项目的实施。

团队自己的目标必须与项目目标保持一致。相对于没完没了的工作，时间总是有限的，团队往往致力于自己的目标，而忽略了项目目标。

正如个人有责任全面参与他们所属特性团队的活动一样，团队也有责任参与同一大型项目。例如，当一个团队估计它在某次迭代中可交付多少故事时，其团队成员必须及时考虑与其他团队协作。毫无疑问，因为团队成员将是专业团队（如架构团队或 BIT 团队）的成员。特性团队不仅要时常同产品团队交互，也要与其他特性团队保持沟通。比如，一个团队可能需要利用另一个特性团队的组件或信息，或者它可能向另一个特性团队提供组件或信息。信任与尊重，不仅是个人交互的基础，也是团队交互的基础。

❑ 11.3.7　流程纪律

> 不要总是修理那些已经破碎的东西。

我们都知道这句老话"不要修理那些没有破碎的东西"。对于大型团队，我们要把这句话反过来说："不要总是修理那些已经破碎的东西。"小型团队尚且不能幸免于矫枉过正，随着团队规模扩大，这种趋势会变得更加普遍。例如，在一个里程碑结束时，多个模块的集成往往会增加好几天的额外工作量。团队的立即反应，尤其是那些必须收拾残局的人，可能是召开更多的协调会，纠正这个问题。但是，接下来可能发生两件事：其一，这些会议本身耗费的时间可能比纠正问题的时间更多；其二，总会出现不可预期的新问题。正如敏捷团队从不预测未来的需求或设计，而是选择让这些问题随着时间的流逝自动出现，他们也不会预测每个问题，并准备好流程或实践来阻止它们的出现。相比于耗费大量时间预测可能永不会出现的失败，处理实际的故障会更加节约成本、工作效率更高。

11.4　向上规模化扩展——敏捷实践

敏捷项目中与产品相关的规模化扩展要素有很多，其中包括项目架构、产品路线图和待办事项列表、多层级发布计划、维护可发布的产品、团队间职责协议和工具。[①]

❑ 11.4.1　产品架构

随着产品规模增加，架构工作也变得越发重要，相对于敏捷项目更是如此。产品架构指导技术工作同时指明组织中谁负责执行技术工作。架构的作用是提供满足产品需求的结构、降低开发成本、提高适应能力和指导组织设计。

产品的架构，再加上项目的整体规模，对项目和产品的成功有显著影响。比如，组件和模块的组织可能影响外包或分布式开发，以及如何配置分布式小组的决策。同样，如果团队构建既有硬件也有软件组件的复杂产品，接口规格会对变更管理过程产生重大影响。

敏捷项目需要做的一个平衡工作就是在迭代开发开始之前需要做多少前期架构工作。虽然瀑布式项目长达数月的架构设计工作（和需求定义）并不有效，但是由 100 人组成的开发团队在第一天就开始编码也不合适。最有效的方法是建立一个小型的跨功能团队，该团队比普通特性团队配备较多的产品专员和架构师，他们进行最初的产品架构设计，开发产品路线图并制定能力/特性待办事项列表。这些信息在下一层级的计划、组织设计和给特性团队与专业团队分配工作时会用到。

为改进团队的工作分配，架构应该聚焦在特性的耦合性、内聚性和接口上。如本章前面所述，分布式团队因为要保持较低的协作成本，所以应该给他们安排

---

① 关于规模化扩展实践，可以参见莱芬韦尔所著的 *Scaling Software Agility*（2007）。

具有高内聚性且与特定接口松散耦合的组件。相反，与未确定的界面高度耦合的部分，应该安排给位于同一地点的特性团队，或者安排给有良好合作记录的团队。如果出于某种原因不能如此安排工作，那么经理需要认识到其较高的风险，并且采用高效的协作/协调实践。

❏ 11.4.2　路线图和待办事项列表

第 7 章和第 8 章讲述了发布计划中有关路线图和待办事项列表的要点，计划和执行大型项目的层次结构如图 11-1 所示。当讨论适用于大型项目的实践时，解决方案并非"唯一"，因为大型是个相对概念。针对人员规模是 100 人、500 人和 1 000 人的项目的实践是相似的，实施起来却有所不同，需要根据项目规模做出调整。也就是说，不同规模的团队都会使用路线图、待办事项列表和发布计划，但是有的团队可能使用两层的产品分解结构（能力、故事），有的团队可能使用四层的产品分解结构（业务领域、能力、特性、故事）。有的团队可能使用一个待办事项列表，而有的团队可能使用多个相互联系的待办事项列表。因为有这么多可能的变化，所以我将使用案例研究法（从一些客户访谈中收集资料），通过 Select 软件公司的实践案例，来说明适用于中等规模项目的结构。

Select 软件公司有 8 个类似 ERP 这样的产品套件，75 名开发人员——分为 5 个特性团队和两个专业团队，共有 3 个产品经理和 5 个产品专员。产品结构分为产品、能力和故事 3 个层次。公司已经制定了一个 3 年的产品路线图，其中包括一些重要组件更换和重新设计架构的工作。他们想要确认在 18 个月后由这些工作人员完成第一个重大版本的发布。他们制订了一个待办事项列表，其中包含了 350 个确定规模的能力[①]。基于这个待办事项列表，制订了一个为期 18 个月的发布计划。试着在这个层次制订计划时，开发团队总是很惊讶——他们不想"承诺"高层级的计划工作。但承诺不是目的，目的是确定项目的整体可行性。在这个案例中，基于能力层的发布计划表明因为"必须有"的功能而导致项目可行性值得怀疑，并且又额外增加了一个特性团队。

---

① 其中许多能力都用"时间盒框定规模"，这个技巧在第 8 章有介绍。

在这个案例研究中，高层级路线图和发布计划由特性和专业团队成员及几个开发经理和产品经理组成的兼职团队完成。15～20 个特性和专业团队的成员参与制订这个高层级计划，足以保证每个团队的充分参与。

因为所有这些团队都在同一幢楼里工作，整个团队规模也不算太大，所以就可以使用一个产品待办事项列表。从发布计划中，把能力的开发工作分配到特性团队。在某些情况下，如同故事一样，拆分能力以分配给特性团队。然后每个特性团队制作了一个 3 个月的里程碑计划，他们把能力拆分成故事（但不是任务）并把这些故事分配到总共 6 个迭代之中（他们还安排了第 7 个迭代，为期一周的迭代，用来清理、重构、额外测试和计划下一次里程碑）。每个团队在把能力拆分成故事时，把这些故事记录在常用的待办事项列表上。每个特性团队然后为接下来的两周迭代制订计划。

在 Select 软件公司的这个案例中，路线图每 6 个月更新一次（如果出现重大变化，就会更频繁），发布计划每个月更新一次，里程碑计划每个月迭代更新一次。

❑ 11.4.3　多层级发布计划

在 Select 软件公司的案例中，有 4 种不同时限的计划：路线图、发布、里程碑和迭代计划。假设平均每个能力中包含 10 个故事，那么制订一个包含 3 500 个故事的发布计划绝非易事，效率也低——这时在项目中拟定细节还为时过早。因此发布计划应该基于能力级别制订，尽管 350 个能力仍然是一个艰巨的任务，但是对于这个规模的项目也合情合理。图 11-6 给出了一个多层级计划的例子。产品团队在召开发布计划会议前就着手定义能力并大致排列其优先级。发布计划的输出之一是给特性团队分配待开发的能力。产品待办事项列表保存在 Excel 表格上。

然后，每个特性团队基于发布计划分配给他们的能力，制订自己团队的里程碑计划。这些里程碑计划基于故事层制订，其时限仅针对接下来的 3 个月。产品团队在特性团队和一些主要开发主管的共同配合下，在召开里程碑计划会议前就开始把能力拆分成若干故事（这些只是草案，计划会议上还将会修改）。最后，每个特性团队基于任务层为接下来的两周迭代制订详细的迭代计划。

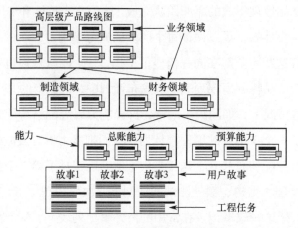

图 11-6　多层级计划的构成

Select 软件公司在每个里程碑（3 个月）中，都对选定的客户进行了部分部署。它们运行于一个"发布火车"系统，其中发布日期是固定的，如果故事在"火车站点"上已经完成，就继续；如果故事还没有准备好，就推迟到下一趟火车中。

❑ 11.4.4　维护可发布产品

维护一个小型可发布产品相对比较容易，而维护一个有着多个产品套件、重大遗留代码和开发团队极为分散的产品就是另一回事了。这两种情形所面临的技术挑战截然不同，但原则是相同的——维护可发布产品。但是，要务实。

为小型且在同一地点的团队，开发一个运行周期为 30 分钟的构建、集成和测试环境，既得遵循原则又得实用。对于分布在两个地点的 50 个人组成的团队，也能采用这样的技术吗？可能。会是非常实用也非常经济吗？也许。对于分布在 3 个大洲的 500 人组成的团队，也能采用这样的技术吗？可能就不会了。也许在最后一种情况下某个特性团队可以实现 30 分钟的 BIT 周期，产品团队的 BIT 周期则为两周，正好对应于迭代长度，整个产品套件的 BIT 周期为 4 周（每两个迭代一次）。

敏捷是一种平衡艺术——刚刚足够，但不要太多。维护可发布产品是一个敏捷原则。应该以尽可能保持较短的 BIT 周期为目标，但是也需要遵循实用性原则，即在"尽可能短"与成本之间保持平衡。然而，尤其在项目的早期，太冒进也会失掉机会。不要让这样的说法"每周构建、集成并测试我们的产品太昂贵"成为获取机会的一种障碍。敏捷项目经理必须不断地在障碍和机会之间，寻求适当的平衡点。

❏ 11.4.5　团队间职责协议

> 组织的响应能力来自它给予个人和团体自由，在未能预料的环境中采用不同的方式进行应对。因此，定义组织的角色，要按照其承诺特定结果的责任，而不是具体的活动。（斯蒂凡·海克尔，IBM 公司高级商务协会的前战略研究总结，1999）

如果我们要建立一个网络式组织结构，来管理结果而非活动，那么需要为项目结构中的特性和专业团队建立一种机制，管理彼此之间的义务。正如开发团队在特性方面对客户团队做出承诺一样，各团队应该自己肩负这个责任，而不是让项目经理跟踪和控制所有团队内部的依赖关系。但是，随着项目规模的扩大，有必要增加一些细微的流程和文档，它有助于团队处理相互之间的依赖关系。以海克尔的团队间职责协议为基础的义务责任协议有助于处理此类问题。

ICS 提出了管理大型团队的两个关键问题："我们如何管理团队之间的相互承诺？""我们如何管理工作本身？"我们可以回想一下小型项目的模式作为线索。首先，在项目经理和产品经理的建议和认可下，项目发起人批准项目计划的整体框架。其次，开发团队和客户团队以迭代为单位，相互之间做出承诺。只要项目没有超出上述规定的框架，产品经理就可以添加、修改或者删除某些故事，而不用报上级管理层审批。开发人员与客户首先就某些故事达成一致意见，即对某次迭代做出承诺，然后客户在迭代结束时对故事进行接收测试。因为只有一个团队，所以不需要 ICS。

当项目规模扩大时，我们需要建立类似的机制，容许各特性团队在一起工作并且相互之间的管理干预最少。这种机制，即职责协议，是特性团队之间的一种简单书面协议。由各团队自己决定如何协作，而不是项目经理自上而下地分配工作任务（虽然项目经理对这些协议有推动和影响作用）。ICS 的目的是以最少的管理干预使各团队实现自我管理，它通过澄清团队之间的依赖关系有助于整体的项目管理。

ICS 以类似合同的形式确立两个特性团队之间的关系。各团队相互签署合同，并将各自的任务记录在一张 ICS 卡片上（见图 11-7），而不是由项目经理发出命令，"某日前要完成这件事情"。例如，在开发电子仪器时，ICS 卡可能明确规定，电路板团队同意在某一特定日期前，向仪器设计团队交付电路板模型，或者生产线架构团队可能与仪器设计团队协定，于某一特定日期前交付平台的架构需求。

ICS 卡	
结果编号：	C42
结果名称：	采购系统诊断
供应商团队：	嵌入式软件团队
消费者团队：	电子设计团队
描述：	诊断测试数据采集部分的初级软件
中间可交付的产品：	N/A
接收标准：	成功通过全部仪器诊断检测
预计工时：	25 小时用于协调

图 11-7　团队间职责协议

就像故事卡由开发团队与产品团队进行协商一样，ICS 卡上的结果也由两个团队进行协商（尽管，一个 ICS 卡可能用于一个大块的工作，要比故事大很多）。故事卡确定客户和开发人员之间的关系并规定双方各自的责任和义务，同样，ICS 卡确定两个或者多个特性团队之间的合作关系和各自的责任。在与外部供应商签订合同时，ICS 协议卡中的"客户"方有权按照规定的接收标准接受或拒绝供应方的交付物。

ICS 卡像故事卡一样被列入进度计划，它们明确规定团队间合作的成本，最重要的是，它们让各个团队互相交流，这种交流方式是项目经理在网络图上画依赖关系箭头所无法做到的。虽然项目经理应该参与到团队建立这种依赖关系和制定 ICS 的工作中（这样他才能了解团队在干什么，并提供团队可能没有的信息），但协议基本上应该由各团队达成。

然而，必须有人为团队间的承诺负责，而最符合逻辑的人选应该是迭代经理。产品经理想要新的故事，于是团队就经常忙于交付这些故事，但是对其他团队来说，工作的优先级并不高。尽管迭代经理聚焦于自己的团队，但是他们也应该从整体上把握整个项目。因为 ICS 卡总是关注重要的依赖关系，而迭代经理通常是知道何时安排这些依赖关系的最佳人选。

当一个团队与其他团队建立承诺时，团队成员必须清楚他们能够实际地完成什么，将 ICS 卡作为迭代工作量的一部分有助于做到这点。就故事而言，当一个迭代已经满载了，它就满了。从这一点来看，为其他团队承诺额外的责任就会相应减少其他工作。

像 ICS 这样的实践具有如下优点：

• 将协作工作进行可视化，看看为什么他们的工作效率比独立工作时低。
• 有助于团队管理工作量。
• 有助于建立特性团队之间的合作关系。
• 将协调的任务留给掌握具体信息的人。
• 提高各特性团队的责任感，因为责任由他们自己决定。

虽然有些人会认为 ICS 卡太死板、费时（如果只是针对小的条目设计的，它可能成为一种负担），实际上，它减少了整体的协调时间和工作。不使用某种形式的团队间义务责任协议就好比取消故事卡一样。故事卡创建了产品团队和开发团队的成员可以同客户一起沟通协作的最小组织结构，ICS 卡也以同样的方式创建了各特性团队相互沟通的最小组织结构。

❑ 11.4.6　工具

对于大型团队而言，尤其是分布广泛的特性团队，还需要辅助的管理工具。这些工具属于通用的类别：协作、开发环境、信息共享及项目管理。协作工具是尽量把项目成员聚集到一起，就好像他们在同一个房间一样——当然，这个目标不可能实现，但是这种工具的技术每年都在进步。协作工具包括电子邮件、讨论组、电话会议、即时通信，还有古老的备用工具，即电话。较新的 Web 2.0 工具（用于协作和项目管理）的出现，促进了人与人之间的交互，有可能提高团队士气。技术信息共享技术涉及的范围非常广泛，从工业产品（如汽车和电子产品）中的复杂产品数据管理系统到维基。敏捷开发也引发了软件构建和集成，测试和建模工具的改进。项目管理工具，包括开源软件和商业软件，对于大型分布式团队颇为有效。

给大型项目配备合适的工具设施是一项十分重要的任务，也是一项应该尽早开始的任务——如果不能再早，至少要从第 0 次迭代开始。

11.5 向外规模化扩展——分布式项目

大型项目需要"向上"扩展的实践和组织，而分布式项目需要"向外"扩展的实践和组织。幸好，二者的许多技巧相同，特别是大型项目因其规模大而往往是分布式的。首先，我们应该分清分布式项目和外包项目的不同。分布式项目基本上拥有多个开发地点，它们可以跨越建筑物、城市或国家。外包项目涉及多个合法实体，因此团队还会增加签订合同、合同管理和处理不同的基础开发设施等工作。很明显，项目同时可以是分布式项目和外包项目。

但是我们首先解决每个人都会问的基本问题："敏捷方法适合分布式项目吗？"VersionOne 在 2008 年做的一个调查研究（来自 80 个国家的 2 319 份完整调查）表明，所有敏捷项目中有 57%是分布式的，这也说明很多人认为问题的答案是肯定的[①]，即敏捷方法适合分布式项目。

> 位于同一地点的项目和分布式项目的根本区别在于建立关系的难度不同。

今天的协作工具和通信工具非常强大，关系稳固的团队可以非常有效地运作。这些相同的工具在建立良好关系时，虽然会有些帮助，但并不是非常有效。

---

① VersionOne 公司 2008 年所做的第三届敏捷开发状况年度调查。

影响分布式团队和外包团队建立良好关系的因素很复杂，如时区、语言、公司文化和国家文化的不同等因素。然而，这些因素也同样影响着非敏捷项目。

我曾经与一个由 600 人组成的大型开发团队合作，该团队主要在一座两层楼的办公楼中工作，但其协作和沟通情况很不乐观。我也曾经与一个由 100 人组成的分布式团队合作，他们的员工分布在 5 个不同的国家，然而其协作与沟通非常有效。第一个公司的特点是组织设计和沟通设计比较匮乏，而第二个公司有着卓越的组织和沟通设计。除此以外，第二个公司的管理层意识到分布式团队需要额外投入资金召开面对面的会议来促进建立团队所需的关系。

敏捷人士在分布式敏捷项目中所采用的许多实践和工具，与非敏捷人士在传统项目中所采用的实践和工具是一样的，但在分布式项目中是什么使敏捷方法所产生的绩效优于传统方法呢？我想两个要素可以回答这个问题：

- 敏捷开发中的短期迭代迫使团队不断促进协作与协调。
- 由于每次迭代构建一个可发布的产品，从而能更好地控制分布式敏捷项目。

传统的分布式项目因其过多地依赖文档（只是把规格说明发到印度或中国，然后让人去编码），较少关注协作和协调从而导致其项目偏离既定轨道。敏捷项目重视加强更紧密地协作和协调，因此有助于克服分布式开发中传统方法的不足。其次，经过测试正常运行的特性提供频繁的反馈信息，从而能更好地控制项目，而传统项目中直到项目结束时才能证明软件是可行的。图 11-8 总结了分布式敏捷的指导原则。

分布式敏捷的指导原则

- 敏捷方法不仅适用于分布式项目，而且比传统方法效果更好。
- 无论使用什么方法，分布式团队的问题都是相似的。尤其是在时区、语言、基础设施和文化不同的情况下，建立关系是很困难的。
- 分布式项目的适用原则、实践和工具基本上和大型项目相同。主要差异在于组织设计（组织、决策、协作/协调）产生额外的成本问题（比如，面对面的会议更加昂贵）。
- 分布式项目往往倾向于采取传统的测试周期。
- 不要把分布式项目中存在的一般问题都归因为敏捷问题。不管使用什么方法，都会产生这样的问题。

图 11-8　分布式敏捷的指导原则

11.6 结束语

本章介绍了大量的有关组织和产品的实践，帮助把敏捷方法扩展应用到大型项目中。但根本的问题仍然是，敏捷原则适合大型或者分布式项目吗？对于大型/分布式项目，交付价值比满足约束要素更重要吗？对于大型/分布式项目，领导团队比管理任务更重要吗？对于大型/分布式项目，适应变化比遵循计划更重要吗？依我看，这 3 个问题的答案非常明确，那就是“是的”。所以，问题不是“敏捷方法适合大型/分布式项目吗”，而是“我们如何让敏捷方法适应大型/分布式项目”。

本章强调的实践和管理工具都适合敏捷项目管理框架。敏捷原则仍然适用，组织和自律的团队仍然适用，短周期的、基于特性的迭代开发仍然适用，仍然需要频繁、全面的反馈和适应性的调整。敏捷方法扩展到大型项目，无论是对人员还是产品，需要有更多额外的考虑和更多的实践。ICS 卡为小型团队扩展到大型团队的自组织实践提供了一套机制，能力层级的计划和报告（使用停车场图）为基于故事的计划扩展应用到大型项目提供了一套机制。只要坚持敏捷项目管理的价值观和原则，项目经理还可以将其他的实践带到大型项目中，有些实践来自传统方法。

大型敏捷团队也许不如小型敏捷团队灵活，其实他们也无须如此。他们只要实现敏捷项目管理的最基本目的就可以了，即向客户交付有价值的产品并创造一个令人满意的工作环境。

第 12 章

治理敏捷项目

敏捷开发的演变是从团队层级开始的，它最先吸引的是软件开发人员。随着这些团队应用敏捷方法不断取得项目的成功，经理和高层管理者也开始关注这一方法。随后，敏捷运动开始扩大其范围和影响。敏捷方法日益受到关注，同时也创造了一系列新的挑战或是机会，这取决于个人的看法。主要的挑战是：我们如何从敏捷项目过渡到敏捷组织？这一挑战也使高层管理者开始思考，从如何衡量成功到如何在传统生命周期的项目中管理迭代开发等一系列问题。高层管理者想知道敏捷方法对他们有什么样的直接影响，以及他们在实施时应该注意哪些细节。

敏捷方法的概念和实践并非仅限于开发团队，因此高层管理者有必要了解敏捷开发是如何影响他们的组织、项目投资组合，以及整体的项目治理的。在第 5 章中提及了敏捷企业总体框架（见图 5-1），本章将重点描述投资组合治理——高层管理者如何在整个项目组合范围内监控项目的进行。在这个框架中最高层或许应称为投资组合管理，但该主题的全部内容太大，超出了本书的范围，所以本章的讨论仅围绕 3 个投资组合管理的主题进行：投资组合治理（主要议题）、"适合"项目的方法，以及投资组合层的 "分块"。

12.1 投资组合治理

随着敏捷方法（适用于软件和硬件产品）在组织中的广泛应用，对于顺序式、瀑布生命周期与迭代生命周期的辩论，也正从工程层级过渡到管理层级。

> 有关项目治理，高层管理者对两件事情感兴趣——投资和风险。

从根本上讲，治理是在不确定的环境中制定投资决策。高层管理者必须制定投资决策，确定投资回报率并且评估获取该投资回报率的概率。投资回报率有 3 个组成部分：产生的价值（资金流入）、消耗的成本（资金流出）和时间（流入和流出的时机）。高层管理者必须回答两个基本问题：预测的项目价值和投资回报率是什么？获取这个回报率的概率有多大？投资决策是线性的：花钱，收到一些结果，决定下一次投资增量。钱和时间是不能迭代的：一旦花费出去，就不会再回来了。

可操作的交付是定义交付项目结果最好的方法。工程（无论什么产品），从本质上讲都是迭代的：先有一点想法，再做一个试验，然后观察结果，最后进行修改。迭代周期有时长，有时短。但是，除非组织流程强迫他们，否则工程师从来不在线性、瀑布式模型上操作。当开发是顺序式执行时，区分治理和操作的必要性就被隐藏了。随着组织开始实现迭代方法，治理和操作的脱节会导致高层管理者和项目团队之间产生摩擦。

> 那么组织的关键问题是弥补线性投资决策和迭代/敏捷产品开发之间的差距。解决方案是把治理从操作中分离开来，并让二者解耦——首先抛弃会带来麻烦的紧密耦合关系。

治理是（或者应该是）从操作中分离出来——尽管它们必定是相联系的。可操作的交付是汇集最好的方法、流程、实践和人，从而交付结果。尽管组织内的治理框架对于所有项目应该是通用的，但是可操作的交付方法必须与项目类型相匹配。重要的是要注意高层管理者无论是在产品的可操作交付还是在投资组合治理方面都发挥着非常重要的作用。把治理与操作分开，并没有否定高层管理者在这两个方面的管理作用。

❑ 12.1.1　投资和风险

在产品开发中机会与风险并存——机会可以产生显著的投资回报，而风险是有什么事物会介入从而可能影响该机会的实现。大量的新产品开发项目失败的事实说明了其困难程度。高层管理者利用各种各样的信息来做出项目的投资决策。一些已知信息可以汇集到计划文档中，然而产品开发的关键就是，发现未知信息并找到尚未识别的问题的解决方案。

有两种迥然不同的项目类型（尽管有很多变体）——产品化项目和探索性项目。产品化项目的特点是问题已知，解决方案也已知。对于产品化项目，由于其解决方案是已知的，因此周密的计划能够降低项目的风险。探索性项目却不同。其特点是具有很多未知因素：或者是问题已知，解决方案未知；或者是问题未知，解决方案已知；或者是问题未知，解决方案也未知。目的（目标或问题）和手段（解决方案）都具有与之相关的不确定性（包含在第 6 章中）。比如，我们能把问题具体化，并非意味着我们能设计出解决方案。举一个极端的例子，假设一架新的航天器，计划中规定其速度高达 195 000 英里/秒。因为该速度超过了光速，找出其解决方案可能就会非常棘手。所以无论这个项目的回报有多大，我们也不愿意投资 140 亿美元，除非我们已找到了克服这个设计问题的方法。

> 对于探索性项目，规定详细的需求并不会降低严重的风险。只有探索问题才会降低这些风险。探索的形式既可以是模拟、模型、原型、工程面包板和特性构建（对于软件），在某些情况下还可以是科学或工程调查。对于这些风险，长达数月的计划或者制定产品规格说明书，只会导致巨额的成本，而对降低风险几乎无益。

再举一个例子，假定一家电子公司的管理层决定把其下一版本的产品规模减小 50%。进一步假定减少这 50%既是一项关键的新产品要求，又是工程师十分关注的问题，因为需要在可接受的毛利润范围内满足规模的约束。解决该设计问题将对项目的持续可行性至关重要，但是需要进行大量的工程和模型试验。问题已知而解决方案未知时，实际行动而不是计划产生所需要的信息。所以最后或许会决定先进入项目的概念验证阶段，在该阶段设计人员会构建模型或做模拟试验，以试图解决这个设计问题。该项目的其他部分将会推迟，直至该关键问题得以解决。

对于这样一个项目，高层管理者或许会授权支出 10 万美元用于概念验证阶段收集信息，以减少投资 500 万美元用于全部产品开发的决策风险。在这种情况下，管理层的决策贯穿各个阶段——基于关键风险领域确定信息收集策略，然后确定在哪些活动上投入资金能尽早降低那些风险并能尽可能地减少支出的费用。从高层管理者的角度来看，这个模型是顺序式的——花费资金和时间、获取信息、决定项目的继续。

然而，从工程角度来看，线性模型并不太适合。以那家电子公司为例，顺序式模型会把最初的注意力放在详细制定整个产品的需求说明上。在这个需求阶段即将结束时（此时很可能也就是花掉了成本的 20%～25%），高层管理者已经收集了关于产品需求相对完整的（理论上）的信息，但是没有与设计规模问题相关的关键信息。在花费了 90 万美元后，他们却没有降低关键的风险。团队确实做了一些设计工作，构造了一个原型并进行了测试，在测试的时候发现了他们不曾料到的关键问题——一个组件有电子干扰。在一个顺序式项目中，团队直到项目已经进行了 80%或者 90%的时候才可能发现这个关键问题，从而可能导致项目的重大延迟。通过开发迭代原型，在项目行进到 10%且只花掉 10 万美元费用的时候就能发现问题，从而避免项目延迟。

项目的投资模型应该将重点放在高层管理者需要什么才能履行他们的监督和受托责任上。他们需要在关键时间间隔内系统地收集信息，基于他们对风险的理解做出最好的投资决策。这些时间间隔可以称其为阶段（工作执行的时间）和门限（决策制定的时刻）。在每个门限，关键决策、决策人和决策所需要的信息都被确定下来。门限评审并非核对可交付的相关项目信息，而是为了给高层管理者和经理提供相关信息，以判断是否继续投资或者风险是否可以接受，从而做出决策。

❏ 12.1.2 高管层级的信息要求

图 12-1 显示了期望的信息收集过程，它跨越了项目的 3 个阶段（图中的第

一组数据是有关项目前的数据，因为它们与本节不相关，所以我们在此不给它们命名）①。我们首先从高层管理者的角度研究一下这个过程。在项目开始前，风险系数高达 100%（基于相对的规模），这时投资、架构和已交付的特性都为 0%。这是因为在这个阶段之前风险没有降低、计划没有制订、成本没有出现，一切都没有构建。客户可能对目标特性和进度要求有一些想法，但只是停留在一个构想的层面上。

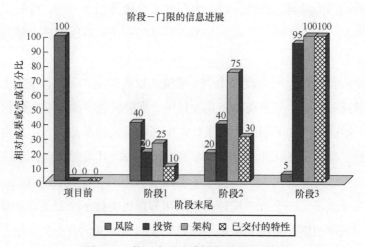

图 12-1　管理产品生命周期投资和风险

　　那么，在第一阶段高层管理者希望获得什么信息呢？一般来讲，他们希望花最少的钱来降低风险（不只是识别风险，而是实际降低风险），然后能够很好地判断项目的可行性。图 12-1 中第一阶段的结果表明这个高层管理者的目标得以实现。项目风险已经从 100%降到了 40%（比如，通过构建工程面包板并实际开发面包板所需的软件特性，3 个关键的高风险因素已经降低），成本已经花费了20%，架构（一个草图）的设计工作进行了 25%，实际产品 10%的特性已经完成构建、测试，并通过了用户的评审。在所有这些成果中，这个事实——高风险的因素已经通过构建和评审实际产品特性而得以降低，是所收集到的信息中一个非常重要的组成部分。

---

① 尽管在该示例中的信息收集过程是比较有效的，但是项目和项目还不尽相同。对于特定项目，必须投入大量资金后才能大大降低风险。

在第二阶段，取得了更大的进展。成本消耗掉 40%，而风险系数已降到了 20%（一些影响较小的风险依然存在），架构进行了 75%，实际构建了产品的 30%。有些高层管理者或许担心为什么成本已用去了 40%，而实际产品才构建了 30%，这主要是因为风险和不确定性已经降到足够低，在剩下的成本范围内按时交付可发布产品的可能性极高，并且架构工作也已进行了大半。

在第三阶段，产品完成，但还有较少量的风险、不确定性和成本存在，这些用来做最后的产品部署。在该阶段，大部分工作做得相当不错，没有出现大的设计问题，风险已经非常小了，而成本还剩下 60%——对高层管理者颇具吸引力的前景。

这 3 个阶段的例子可以理解为一个增量式投资模型，但是，事实上，每个项目都是增量式的投资。甚至在瀑布式项目中，高层管理者都能够在任何阶段末尾取消项目。敏捷方法的不同之处在于，它生产增量式的产品，而不只是记录来自活动（计划、架构定义、需求定义等）的文档。敏捷开发的重点是系统地交付高价值的产品特性并降低风险——这也正是高层管理者一直追求的目标。

最后一个例子，一个客户构建一个应用程序以支持一个很简单的统计系统。然而，应用程序的整个架构要从基于主机系统的 Cobol 和 DB2 变化到多层次的 Web 体系结构的 C#和 SQL Server 环境。这个项目有一套已知且相对稳定的业务需求，但是员工对技术陌生，所以存在技术风险。在瀑布式开发方式中，团队可能要花费 20%的成本来收集需求并编制成文档。然而，这样做无益于风险和不确定性的降低。这个客户的方法是拿出一小部分的业务特性，然后跨越整个架构把所有的活动都做了一遍，以实现这几个特性，这样做用去了 5%的成本，但是团队把技术的来龙去脉搞清楚了，因此大大降低了风险系数。

❑ 12.1.3　工程层级的信息产生

如图 12-1 所示，对项目进行管理可以简单地定义为购买信息。成功的关键因素是以合适的价格购买正确的信息。可以看到，把大量的钱花在计划和需求文档上，而不是把钱花在可行的产品或者软件上，几乎不产生投资/风险-效益。

图 12-2 显示了传统的瀑布式阶段-门限流程。利用该模型，治理和业务模型是相同的，它们都是线性的。这些阶段被分解成若干活动，整个流程呈线性特点。

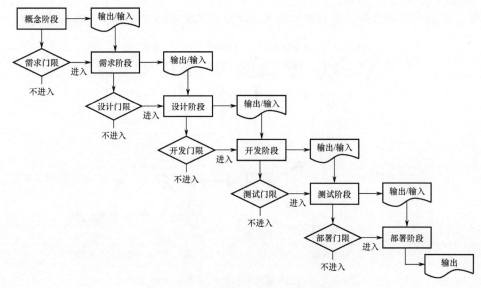

图 12-2 传统的瀑布式阶段-门限流程

> 瀑布方法假定（隐含地）完成需求阶段就能降低大部分风险——一种对大多数项目都不可能出现的情况。

图 12-3 显示了另一种阶段-门限流程，其中治理和运作模型分离，上面是从高层管理者的角度看待该流程，下面是从工程师的角度看待该流程。高层管理者的视角是一系列线性的阶段，工作完成之后就是决策门限，此处将做出是否继续的决策。开发视角是迭代计划（构想）和迭代交付（探索）周期。图 12-4 显示了在每个治理阶段，针对运作的迭代，如何进行计划、开发、评审，甚至部署。

软件开发社区在设计中使用"松耦合"这一术语，意思是说两个模块一起运行，但它们相互独立，因此可以很容易单独地修改其中一个—— 它们相互关联，但没有集成。项目治理和运作交付应视为相同的模式 —— 它们相互关联，但又相互独立。

阶段-门限投资模型有助于推广这个构思：最好用线性模型管理投资和风险，而运作交付使用迭代模型。敏捷项目（包括迭代的构想周期和探索周期）所使用的模型恰恰是高层管理者一直在寻找的用来做投资决策的模型。相互分离，但又相互关联的线性投资模型和敏捷开发模型，既满足了工程师创新开发流程的需要，也满足了高层管理者为做投资和风险决策所需的关键信息，可谓两全其美。

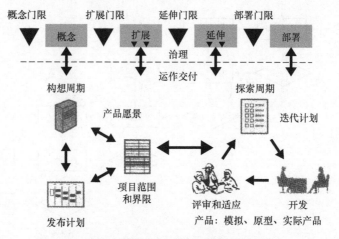

图 12-3　线性治理模型与迭代开发模型的关系

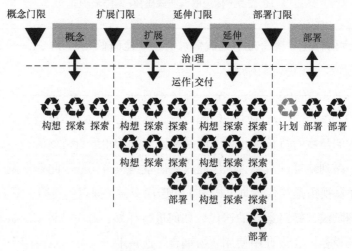

图 12-4　每个阶段的多次迭代

❑ 12.1.4　一种企业级治理模型

上一节中概述了一个通用的阶段-门限生命周期，但是对于大多数公司来说，还需要多做一些定义，而不是阶段 1-2-3 这么简单。如果我们打算从迭代开发模型中把线性投资模型解耦合出来，那么我们不应该使用反映活动内容的名称（需求、设计和构建），而应该使用反映投资和风险降低阶段的名称。图 12-3 和图 12-4

显示了 4 个阶段组成的生命周期，可以作为一个高层级的治理模型，与多个运作层级的交付方法共同使用。这 4 个阶段依次为概念阶段、扩展阶段、延伸阶段和部署阶段（某种程度上是基于活动的）[1], [2]。每个阶段的目标应该和图 12-1 概述的信息进程保持一致。

1. 概念阶段

任何项目，包括敏捷项目，都不应该立即启动，却应该快速启动。概念阶段要实现两个首要目标：创建和确认产品愿景，以及识别和降低风险。愿景包括产品愿景、营销愿景、财务愿景和团队愿景。风险包括市场风险（我们能卖出去吗？）、技术风险（我们会构建吗？）和财务风险（我们能赚到钱吗？）。概念阶段也是为了验证概念，而不只是研究项目的可行性或识别风险。

> 与客户合作的经验让我相信：第 0 次迭代经常不够用。事实上，许多项目，特别是那些大规模、高风险和不确定的项目，都需要概念阶段。

概念阶段的工作包括先前在第 0 次迭代识别能力层级的需求、开发环境的准备和拟定架构等工作。概念阶段由第 0 次迭代（不交付实际故事）和几个短期开发迭代（交付故事）组成。我曾经帮助一个客户开展了几个复杂的医疗器械项目（包括软件和硬件），其研究思路从实验室跨越到工程学，风险极高，但这也让我深信项目是需要概念阶段的。

概念阶段的目标是识别那些高风险及不确定的因素，并将其进行减轻，以便对项目的其余阶段进行务实的计划。在通常情况下，直到概念阶段完成才可以制订完整的发布计划，因为有太多的未知因素。

概念阶段的内容远远超出传统的可行性研究阶段，它应该对概念进行验证，而不是和大多数可行性研究报告一样只分析财务数据。许多方法论用类似概念的

---

[1] 统一软件开发过程（Rational Unified Process，RUP）使用类似的阶段进程——概念、演进、建设和移交。然而，这些阶段并非使用同样的投资/风险语言来定义。"建设"一词削弱了 RUP 的迭代性质，概念阶段并不强调风险的降低，而是聚焦在风险识别。

[2] 对于长期项目，扩展和延伸阶段可以进一步细分为为期 3 ~ 6 个月的子阶段。

阶段来识别风险，我从硬件开发人员那里获得的经验是，在这个阶段需要真正地降低风险，而不只是识别风险。这些项目有这么多的未知因素和不确定性，许多是设计问题，因此在项目开始的阶段根本不可能做全面的项目计划（对于一些硬件项目，概念阶段持续 6 个月或更长，是因为它们需要在实验室里进行验证，并且试图确定能否真正把概念产品化）。概念阶段是一个迷你的项目，既有计划周期［愿景、范围、发布计划（包括几次迭代）］，也有交付周期（迭代计划、开发特性、适应）。这个迷你的项目旨在充分收集有关整体项目的信息以确定是否可以继续。

举一个软件公司在项目中应用概念阶段的示例。团队用了 12 个月的时间，引进了一个新的产品架构（20 世纪 90 年代初的架构和语言为 Java，n 层 Web 架构）、一种新的开发环境和一个新的敏捷方法论。这里面有太多未知因素，团队几乎不具备创建整个项目发布计划的任何基础。他们的概念阶段历时一个月，如图 12-5 所示。在两周时间内第 0 次迭代期间，他们开发架构、搭建开发环境、做技术和客户调查、钻研旧系统以提取复杂的业务逻辑等。在第二个两周的迭代中，团队开发了几个"故事"，目的是从前向后运行整个架构，同时为系统的另一部分确定了需求（在一个较高的级别，这样团队能够创建故事卡和估算整个工作）。概念阶段结束时，该团队已获得了足够多的补充信息，也有了足够多的经验建立一个应用程序，从而能够为项目的剩余部分创建一个合理的发布计划。一个月的概念阶段不长，但结果让管理团队和开发团队都很满意。

启动项目需要的不只是计划和文案工作，它应该包含足够的实际开发工作，以降低最大的风险和不确定性。

2．扩展阶段

扩展意味着将在概念阶段所做的工作进行扩展，特别是扩展到风险比第一阶段中的风险相对小的领域。比如，如果风险最高的领域证明所有的技术都兼容并且问题在概念阶段也得到了很好的解决，那么扩展阶段或许将注意力集中到范围广泛能力的实现上，以便确认更好地理解整个项目的范围。该阶段的目标是从项目中去除残余的风险因素，同时构建高价值的特性。

图 12-5　两个为期 2 周的迭代构成的概念阶段的示例

扩展阶段结束时，高层管理人员应该对项目的完成比较有把握了。当然，项目总是存在着最终集成和使用的风险，但是在移交到延伸阶段之前，团队应该尽一切努力削减风险。

3．延伸阶段

延伸阶段的目标是把我们已经知道怎么做的事情延伸开来。尽管在这个阶段会花掉将近一半的总预算，但是这个阶段出现意外的可能性不大，如果有的话，也不会太多。

4．部署阶段

几乎每个生命周期过程模型都会有部署阶段，也就是部署产品以进入实际使用的阶段。许多敏捷/迭代项目对产品的部件进行增量式部署，但该阶段应该是"最终"的部署。

5．门限

大多数公司花费太多的时间定义阶段和流程。如果把这些时间花费在思考决策门限和通过这些门限需要具备哪些信息上，将更有意义。

尽管大多数开发生命周期的方法把重点放在阶段上，但是如果关注门限会更加有效。门限即项目中的关键决策点，也是团队报告信息和高层管理者进行评审决策，从而考虑是否会对下一阶段进行投资的决策点。任何阶段的决策或者是把项目传递到下一阶段，或者是重温前一阶段以收集更多的信息，或者是进一步降低风险，或者是终止项目。比如，在延伸阶段的门限处（从扩展阶段过渡到延伸阶段），高层管理者应该问以下问题：

- 通过交付可行的产品特性和进行其他调查研究，所有重大的风险因素（营销、技术和财务）已经得到缓解了吗？
- 产品架构是否稳定下来了？

在扩展阶段的门限处，问题或许包括：

- 通过开发架构、交付可行的产品特性和进行其他调查研究，风险最高的因素（营销、技术和财务）已经得到多大程度的缓解？
- 开发整体架构，以及其他探针性工作是否使我们深信该项目在技术上可行，并且能够在要求的性能范围内运行？
- 在对扩展阶段评估时，是否有信心拥有一个可以交付的合格产品？
- 整个项目的估算，是否仍然在其约束内进行？

❑ 12.1.5　使用敏捷治理模型

组织在使用敏捷治理模型时有 3 个选择：①不使用它；②只用概念阶段；③使用整个模型。对于许多组织，特别是那些项目规模相对较小或者产品线有限的组织，不使用阶段-门限模型或许是合适的选择。在这些组织中，特别是那些规模较小的组织，其所有团队都使用同一种敏捷方法，都使用第 0 次迭代和标准的项目控制报告就足够了。

然而，即使你的组织并不需要整个模型，如果使用概念阶段，即使对于小项目也会大有裨益。有些案例，如图 12-5 中所描述的示例，其中技术或需求的不确定性（或二者都不确定）足够高，以至于制订发布计划根本不可行。像这样的许多情况，历时一两个月的概念阶段可以大大降低该不确定性，为制订发布计划提供更多的信心。

最后，在大型组织中，特别是那些拥有大型项目，且开发项目会应用各种方法，以及对项目投资组合使用较严格的财务控制的组织中，使用完整的敏捷阶段-门限模式十分受益。然而，如前所述，实现这样的模型应该谨记敏捷的简洁原则——不要把不必要的官僚作风引入组织中来。

12.2　投资组合管理主题

本章大部分内容都集中在投资组合治理的讨论上，此处介绍两个额外的投资组合主题。然而，如本章开始所讨论的，完整的敏捷投资组合管理包含诸多主题，这仅是其中的两个。

□ 12.2.1　设计一个敏捷投资组合

投资组合管理中最大的潜在变化也反映了项目管理的变化——小型模块和短期迭代。如果我们研究敏捷项目管理，它相对于顺序式方法的优势在于：

- 可演示的结果——每隔两周，就会有"故事"得以开发、实现、测试和接收。
- 客户的反馈——每次迭代，客户经理和产品经理都评审故事并提供反馈信息。
- 更好的发布计划——无论是发布计划还是迭代计划，由于其基于不断评估的实际结果而制订，因此更加现实。
- 灵活性——因为很容易在每次迭代结束时纳入变化，所以项目可以始终朝向业务目标和交付价值较高的故事。
- 生产效率——使用敏捷方法会带来潜在的生产效率的提升。通过不断地与客户进行各个层次的沟通，减少和淘汰了一些特性。

在投资组合层次应用敏捷实践时，会产生类似的好处：

- 可演示的结果——每个季度，产品或者至少是可部署的产品组件得以开发、实现、测试和接收；短期项目可以增量式地交付功能小块。

- 客户的反馈——每个季度，产品经理评审结果并提供反馈信息，高层管理者通过可行的产品查看项目进程。

- 更好的投资组合计划——由于投资计划基于已部署的整个或部分产品而制订，因此它更加现实。

- 灵活性——由于很容易在每个季度末纳入变化，因此投资组合可以始终朝向业务目标和交付价值较高的项目。因为项目产生可行的产品，就可以获得一部分价值，而那些顺序式项目中往往会因为早期没有价值交付，就被终止了。

- 生产效率——使用敏捷方法会带来潜在的生产效率的提升。通过不断地与客户进行各个层次的沟通，减少和淘汰了一些小型项目。

通过使用这种投资组合计划的方法，大型且历时数月的项目可以按 3 ~ 6 个月一个里程碑的方式开发，每个里程碑结束时交付一部分可用的应用程序。投资组合管理中的这些改进方法，正如敏捷项目管理一样，可以带来灵活性、较早的投资回报率、提高的生产效率和更好的客户响应等优势。

> "简单来说，项目分块涉及大型项目，把该大型项目拆分成较小的分块，这样能够降低风险、实现效益更快，同时还可以提供更多选择，从而增加灵活性。"分块通过创造机会点和更快地交付价值，有助于对不确定性和速度做出响应。
>
> ——卡特伦·本克和沃伦·麦克法兰（2003）

❑ 12.2.2　敏捷方法的"拟合"

在大型组织中，并非每个项目都是适合敏捷的。确定哪些项目的确适合使用敏捷方法，敏捷实践如何适应不同类型的项目，这是非常重要的投资组合管理主题。在大量的模型中，对于某一具体项目应该选择适合的方法或者实践。阿里斯代尔·科克伯恩（2006）在他的水晶（Crystal）系列方法中，确定了一系列方法——透明、黄色、橙色——根据规模大小、重要程度和其他因素而确定。罗伯特·威索基

（2003）在他的《有效的项目管理》（*Effective Project Management*）一书中提出，不确定性是一个关键因素，可以用来确定项目适用于传统、适应或极限的项目管理方法。来自兰德马克绘图公司（Landmark Graphics）的托德·利特（皮克松、利特、尼克莱森、麦克唐纳，2009）用象限分析项目类型与适用的方法，坐标轴为不确定性和复杂性。在海史密斯（2002）、波姆和特纳（2004）的书中描述了包括组织文化在内的框架。

研究了所有这些方法之后，有 3 个关键因素对于确定拟合方法非常有价值：

- 项目因素（复杂性和不确定性）。
- 文化因素。
- 治理和合规因素。

对于项目因素，是关于方法论选择起主要作用的因素，我喜欢托德·利特的模型（第 11 章所介绍的）。在这个模型里，复杂性因素包括团队规模、团队分布的地理位置、任务紧急程度和领域知识差距等因素；不确定性因素包括市场不确定、技术不确定和项目工期等。每个因素的分值是 1 ~ 10 分，然后所有因素结合起来，用于确定项目所在的象限。

> 管理日益增多的不确定性的最佳方法是运用敏捷、灵活的实践，而管理复杂性需要额外的结构。最困难的项目是那些具有高度不确定性（需要高度的敏捷）、高度复杂性（需要额外的结构）的项目。找到可以同时处理敏捷和结构的项目经理是一件很有挑战性的事情。

影响拟合方法的第二个因素是文化因素[①]。拥有敏捷、灵活和协作文化的组织，能够最好地处理高度不确定的项目。结构严谨、严格遵循计划的组织文化在应对高度不确定性的项目时会很困难。同样，组织结构松散、灵活和非正式的文化在应对高度复杂性的项目时也会困难重重。

组织在研究他们的项目投资组合时，首先需要研究项目类型，并根据项目需

---

① 有关文化的更多细节请参见海史密斯的 *Agile Software Development Ecosystems* 一书的（2002）第 24 章。

求确定最适合的方法。然后需要评估组织文化，判断其是否适合该项目。但是，许多公司都不愿意面对第二个方面的拟合：它们试图对多种项目类型和文化使用一种单一的方法。把项目治理从运作交付中分离出来，使组织能够创建一个治理模型，可以适合多种运作模型，这样将有助于组织解决上述问题。

第三个影响选择拟合方法的因素是治理和合规因素。组织犯的最大错误是，让治理和合规因素驱动开发流程，而不是首先设法找出最好的开发流程，然后再增加相应的实践来满足合规性。比如，几年前一家生产医疗软件的公司认为食品和药品管理局的规定旨在使用瀑布式生命周期。然而经过讨论，该公司发现迭代生命周期既适合它们的开发流程，同时还能满足合规需求[①]。

当今，治理和合规因素是业务运营的一部分成本。它们很重要也很必要（至少有一些是），但它们不应该驱动研发流程。研发实践是交付客户价值的实践。合规和治理流程增加了成本，虽然对业务运营是必要的，但毕竟是成本。聚焦于研发实践，尽可能精简这些实践，并让它们摆脱合规工作的限制，是制胜的战略。尽可能多地卸载团队的合规工作和管理工作有助于交付价值，也能以最具有效率和效果的方式满足合规需要。

这些"方法论"的拟合因素，应该被用作确定项目使用什么方法类型的指南，但它们也应该有更大的用途，即制定出混合的方法以用在多种类型的项目上。如果我们看一下所有的层级（项目治理、项目管理、迭代管理和技术实践）和不同的项目规模及分布，那么，无论是敏捷还是传统，都会有很多有用的实践。本节讨论的因素有助于经理和团队找到合适的实践，从而适应他们所从事的项目。

12.3 结束语

项目经理和客户，甚至中层管理人员，主要基于敏捷三角形（价值、质量和约束）来看待项目结果。高层管理者评审项目时，往往看投资和风险情况。这并

[①] 我曾与 Agile Tek 公司合作。该公司是一家芝加哥的咨询公司，专业从事食品和药品管理局的敏捷开发项目，监管医疗和药品公司。

非意味着客户不研究风险，或者高层管理者不看重质量，他们往往各有各的主要关注点。管理每周和每月的项目进展，不同于管理每个季度的项目组合。

　　本章探讨了两个关键点。首先，运作交付方法需要与治理方法分离开来；其次，治理方法应该关注投资和风险信息而不是交付活动。分离这些层面使组织能够更好地将敏捷项目融入广泛的项目投资组合中，而投资组合中有些项目也可能并未使用敏捷方法。

第 13 章

超越范围、进度和成本：度量敏捷绩效

第 13 章的内容是为敏捷高层管理者和经理编写的。在 2000—2009 年这 10 年间，非常成功的敏捷项目数以千计，成功的敏捷组织却少之又少。尽管敏捷项目的成功已逐渐成为惯例，但是敏捷团队常常与组织的其他部分格格不入。敏捷组织的变革需要进行 6 个方面的工作：组织、流程、绩效度量、对齐（业务和技术）、治理及文化。在这 6 项内容中，绩效度量非常关键，因为它是其余几个方面的反馈机制。

敏捷组织必须和敏捷团队一样遵循相同的价值观：

- 交付价值胜过满足约束。
- 领导团队胜过管理任务。
- 适应变化胜过遵循计划。

高层管理者和经理们需要遵循这些价值观，带领组织基于这些价值观采取相应行动——其中一个需要采取相应行动的关键领域是度量绩效，从而鼓励他们的组织接受敏捷性。

第 1 章介绍了敏捷三角形（见图 13-1），它取代了传统的项目管理铁三角。如果敏捷领导者将重点放在成功地适应不可避免的变化，而不是遵循几乎不变的计划，那么严格按照范围、进度和成本计划来度量成功的方式就不再有效了。敏捷团队和敏捷组织需要一个新的三角形，即敏捷三角形，如前所述，该三角形包含 3 个方面：

- 价值目标——构建可发布的产品。

- 质量目标——构建可靠的、适应性的产品。

- 约束目标——在可接受的约束内，实现价值和质量目标。

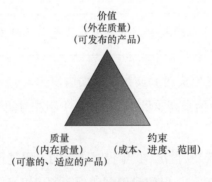

图 13-1　敏捷三角形

如果敏捷价值观是成功的关键，那么我们需要找到度量系统，以支持这些价值观，而现行的以约束为导向的度量系统不符合这些价值理念。为了说明当前的绩效度量方法无法引导组织朝着正确的方向发展，Bjarte Bogsnes 在 *Implementing Beyond Budgeting*（2009）一书中提出了一个简单的问题："最好的绩效是什么（如果绩效高就是好）：是对于目标 100 交付 100，还是对于目标 110 交付 105？"大多数人会认为 105 好于 100，然而大多数的绩效度量体系认为对于目标 110 交付 105 是个失败，因为没有实现计划。Bogsnes 还引用下文中亚里士多德的话来强调如何衡量成功的问题。

> 我们的问题不是好高骛远，而是目标太短浅。
>
> ——亚里士多德

本章通过研究现有度量方式存在的问题、敏捷度量方法和讨论质量的本质，从而确定衡量成功的新理念，即建立一个适应性绩效管理系统。

13.1　什么是质量

客户质量（外在或外部的）可以交付短期价值，技术质量（内在或内部的）

可以使价值随着时间的演变得以持续交付。工作质量差导致不可靠的产品，更严重的是，它导致产品远远不能满足未来客户的需求。很多软件公司在真正了解外在和内在质量的基础上，开始着手建立新型的商业模式（见第 8.7.3 节）。

> 在每周一早上去上班的人中，有多少人希望自己的工作质量不佳呢？

这个问题对于那些以交付高质量产品而引以为豪的人来说似乎很愚蠢，然而，尽管大多数人声称信奉高质量，但他们几乎不花时间讨论质量对于他们的团队意味着什么。

罗伯特·波西格在 20 世纪 70 年代对质量的本质进行了堂吉诃德式的深入研究："质量不断刺激我们，促使我们创造生活的世界。""质量……你知道它是什么，而又不知道它是什么。"这是一个哲学定义，也是一个实用的定义。甚至还有更有洞察力的定义："你拿着分析之刀，直接对准质量这个术语，只是敲击，不用力，轻轻地，整个世界便随之裂开，成为两半——时尚与保守、古典与浪漫、科技与人文，这个分裂干脆、利落。"（罗伯特·波西格，*Zen and the Art of Motorcycle Maintenance*，1974）

波西格阐述的这个根本对立而又在定义上矛盾的概念，提出了质量究竟是内在的还是外在的问题。数年以前，我在某次工作坊中做过一个练习：给团队一组需求，要求他们用卡片搭建一座房子。团队关注该房子的高度、表面积、能够容纳物体而不倒塌的功能、进度等要求。最终，讲师（我）却更加关注房子的美观，并给出了美观的奖励分数。每个团队都抱怨这些美观分数。他们认为美观分数太主观和任意——的确如此。但是这强调了一点，即质量部分体现在观察者的眼睛里（外在的），而另一部分是内在的（通常是工程师所追求的）。

《相互依赖声明》的第一条原则是："我们通过关注价值的持续流动，来提高投资回报。"价值的流动意味着在初期的开发流程（迭代）中尽早和经常交付价值，然后在整个产品周期（未来版本）内定期交付价值。

《敏捷宣言》的格式是"X 胜过 Y"，如"个体和交互胜过流程和工具"。这句话并不是说流程和工具不重要，只是说个体和交互更重要。同样，范围、进度和成本并非不重要，只是不如商业价值和质量重要。然而，当前度量方法的所谓优势，或明确或不明确地表明："范围、进度和成本比商业价值和质量更重要。"

> 软件的一个关键问题在于我们经常为了满足进度、范围或成本要求而使得内在质量下滑。客户今天或许很满意，但是随着时间的推移，技术债务增加，客户的满意度会大幅降低。随时间推移交付价值的能力与内在质量紧密相连。

为什么技术（内在的）质量如此重要？内在质量由两部分构成：可靠性（正确运行功能）和适应性。首先，软件正确运行吗（正确运行功能不同于具备正确的功能，后者是外在质量）？其次，软件有适应能力吗——今天和明天是否都能交付价值呢？

卡南斯·琼斯广泛推崇的有关软件度量的书得出的结论为"95%的项目累积缺陷消除率是个节点，其他好处在此节点产生"（琼斯，2008）。这些有着相似规模和类似类型的项目，其用时最短，用人力最少，发布后客户满意度最高。迈克尔·马赫近期调研了敏捷组织，有关聚焦质量的益处方面，也得出了类似的结论（马赫，2008）。

许多组织面临的问题是，他们有个错误的认识，即认为交付高质量的软件需要花费更多时间。事实上，琼斯和马赫的研究数据表明（也包括敏捷团队的经验），高质量实际上可以加速开发。带来的另一个问题是，内在质量问题所引起的技术债务或许经过几年的时间就会变得非常显著。然而，当这些问题开始显现出来的时候，问题也就如图 9-7 所示的那样成倍地增加了。组织认为这些质量死角因为没有即刻显现，因此它们能够很好地应对。然而，一旦这些死角显现出来，问题通常就很严重了，修复起来代价也更大。原本 9 个月的发布周期变成了 10 个月、12 个月、16 个月……产品经理着眼于产品的新特性，延长产品的发布周期会导致开发业绩下降，产品经理需要为技术债务的减少承担责任。

敏捷开发人员和测试人员懂得减少技术债务（提高内在质量）有多么重要。3 个内在质量因素（代码质量对测试时间的影响、定位动态错误和反馈比例错误）有助于解释技术债务。

许多人错误地估算测试时间，主要是因为他们不了解测试。他们只是粗略地估算"编码用了 5 天时间，我猜测试代码大概也就用 3 天吧"。尽管这种粗略估算有时是正确的，然而一般来讲，测试时间与编码时间无关，而与缺陷密度有关。比如，如图 13-2 所示，一次编码工作需要 4 个开发人员 10 天的时间才能产生 4 KLOC（千行代码）。假定每发现和修复一个缺陷需要半天的时间，那么对于一个团队测试每 KLOC 带有一个缺陷的模块（一个可实现的级别）需要 2 天时间。如果编码中每 KLOC 带有 15 个缺陷（对于不做最小单元测试也没有自动测试的团队非常有可能）将会需要 30 天的测试时间！

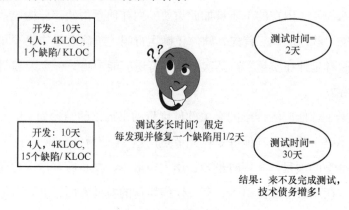

图 13-2　代码质量对测试的影响

> 代码缺陷密度大，测试时间则很容易延长至 10～15 倍。因为几乎没有项目计划允许那么长的测试时间，所以结果无非就是导致带有缺陷的软件。

许多开发团队，还有许多经理，都会问为什么测试会需要那么长时间，于是就责备测试团队（是编码团队冻结了他们的日期！）。然而，最影响测试时间的或许不是测试团队的工作绩效，而是开发团队编码的高缺陷率。

第二个测试问题是错误的动态定位。若干年前，一个大型计算机厂商对找到软件错误所花费的时间做了一些研究。该研究曲线表明，较容易发现的缺陷需要 1～2 小时，找到少量较难发现的缺陷需要 50 多个小时。数年前，在一家大型航空公司的预定系统中，找到一个导致主要系统和次要系统瘫痪的漏洞花费了 6 个月的时间。这些难以发现的漏洞非常具有破坏性，因为它们所造成的紧急情况往往会导致"疯狂的修复活动"。对于测试提出的一个问题是："你会花费多少钱寻找那些还未找到的缺陷？"答案对于电脑游戏和航天飞机的航空电子软件会迥然不同。敏捷实践——重构（无论是编码还是测试），通过改进编码设计，降低测试时间，从而大大降低难以发现的漏洞的百分比。总有一些难以发现的错误，因此总存在关于错误的曲线，但是高质量的代码会大大改变曲线的形状。

要探讨的最后一个测试因素是错误反馈比例，也就是修复现有缺陷时产生的新缺陷的数量（比如，修复 100 个缺陷时产生 20 个新的缺陷，对应的错误反馈率为 20%）。几年前杰瑞·温伯格进行了有关错误反馈率的研究，发现反馈率相差 20%会导致完成时间相差 88%（非常糟糕），而接下来反馈率增长 10%会导致时间差增长 112%。（温伯格，1992）

你是否经历过这样一个项目，无论做多少测试，代码似乎从未稳定。如果编码从一开始缺陷率就较高，那么它的错误反馈率很有可能也很高。质量低的编码也会有较差的错误动态定位。这 3 个因素（高缺陷率、冗长的错误定位曲线和高错误反馈率）导致进行过多的测试，而无论做多少测试，测试本身都不会带来高质量的代码库。

整个问题的关键在于不断创造的价值，包括内在质量，应该体现在整个产品的生命周期中。只是关注客户满意度和外在质量的组织，往往会以牺牲内在质量为代价，使产品的关键"价值"在整个产品的生命周期变得不堪一击。留住的客户，部分原因取决于适应他们不断变化的业务需求，因此关注内在质量成为维系客户的一种重要策略。

13.2　计划与度量

在一份 Cutter 商业与信息技术战略报告中，海伦·普克斯塔（2006）说："最近我问一个同事，他是愿意交付一个超过期限、超过预算，却有着丰厚商业利益的项目，还是愿意交付一个按时在预算范围内完成但商业价值很小的项目。他认为这很难选择，但随后还是挑选了后者，即按时完成项目。因为在预算内按时交付项目是他所在的 IT 部门衡量业绩的一部分，追求他认为他几乎不能控制的、难以捉摸的商业价值却不是衡量指标。"

我曾经采访过一个项目经理，他的团队的成果被认为是失败的。该项目给他两小时做"项目计划"，当然实际工作比他想象中繁杂，于是时间不够用，但大家的期望没变。因此在随后的衡量指标分析中，与行业标准相比，该项目在所用时间上被归为"高于平均"一栏。

斯坦迪什小组的混沌报告（The Standish Group's Chaos Reports）宣称软件开发业处于一个"悲惨境地"，人们都不专业、不自律，也不成熟。如果软件开发处于那样的一个悲惨境地，那么为什么软件仍驱动着从 Web 到生物工程中几乎所有技术的发展呢？根据该混沌报告，1994 年的所有项目有 82%"受到挑战"或者"失败"。2001 年，情况略有好转——仅有 72%的项目是"不成功"的。在软件势不可挡地影响我们的公司、政府和私人生活时，却有 72%的"不成功"率，我们能够调和这个矛盾吗？我们不能。或许我们该认真对待一下这些数字了。[1]依我来看，斯坦迪什的报告虽说不是一个衡量不良软件开发业绩的好指标，却是一个衡量我们的计划和度量方法系统性失败的好指标。

我们首先需要做的事情是研究一下混沌报告中对成功和失败的定义。在报告中，"成功"被定义为项目按时、按预算完成，所有功能和特性符合最初的要求；"受到挑战"是指项目完成并可以运行，但是超出预算和时间，并且功能和特性比最初规定的少；"失败"被定义为项目未完成就取消，或者从未开始。

为什么项目的取消会被认为是一种失败呢？在一定数量的案例中，说它失败是恰当的，而在许多情况下，取消项目是正确的决策——这就不能算失败。那些从不取消项目的人也从来不冒险，那些不冒险的人也将不会存活。所以，取消项目不是失败，而是优秀的管理。

混乱报告指出，他们 2000 年的研究中有 28%的项目是成功的。我很诧异，在"成功"意味着必须遵循时间、预算和范围计划时，这个数字竟如此之高。这个成功的定义，没有为变更业务优先级留下任何空间。但是，如果有一个绝对的业务优先级，它决定了项目必须在规定日期提交，超出成本无所谓，那么会怎么样呢？

---

[1] 斯坦迪什小组混沌报告（http://www.standishgroup.com/chaos_resources/chronicles.php）。

如果我们想最终获得敏捷方法的全部收益，如果我们想最终成为真正敏捷、创新的组织，那么，正如这些故事所揭示的道理，我们必须变革我们的绩效管理系统。

拥有一个"系统"使项目经理和其他人在重视"遵循计划"的同时交付"很少的商业价值"，将会严重破坏组织的敏捷性，无论是在项目中还是在整个企业中都是如此。遵循计划是一种预算-驱动的心态——一种认为预算或者计划神圣不可侵犯的心态。无论计划已经过时数月，还是竞争自计划制订之日起已经越来越激烈，都得遵循计划，而其他一切似乎都无关紧要。

13.2.1　适应性绩效——成果和输出

要想成长为敏捷组织，我们需要有一套新的度量系统，一套适应性绩效管理系统（Adaptive Performance Management System，APMS）。从本质上讲，这套系统有一套面向成果的度量指标——创造的商业价值；有另一套面向输出的度量指标——生产效率、成本等。这与传统的度量系统之间的差异在于打破了成果与迅速过时的计划之间的紧密联系，输出指标旨在度量团队之间的相对业绩，而不是按照计划考量业绩，从而促进了团队间的学习和业务改进。这套 APMS 有两个主要目标：

- 使任何企业集团（团队、项目团队、科室、部门，或者公司）都能聚焦在一套希望获得的战略成果上。
- 鼓励这些团体（项目团队）实现高水平的输出。

13.2.2　度量问题

创建适应性组织，有 3 个关键的度量理念：

- 第一，我们必须承认我们的绩效度量系统影响组织的敏捷性。
- 第二，我们必须从过于关注时间转变为重视成果，也就是对客户的价值。
- 第三，我们必须把成果绩效度量与输出绩效度量区分开来。

商业界想要敏捷，但他们也想要稳定性——想要确定性。财务和项目管理度量系统数十年来围绕着稳定性和确定性（为工作制订计划和按照计划执行工作）已经发展为一套运行良好，或者至少是在不太动荡的环境下运行还不错的绩效度量模式。

管理层希望他们的组织是移动的、敏捷的、灵活的、适应性强的，但他们也想要可预测性和可靠性。事实上，华尔街也希望能够预见其盈余和收入。可预测性和敏捷性之间似乎是不相关的，那就选一个吧。事实上，公司需要二者，所以这也是他们的困境所在。商业界要想成功需要的是敏捷性，但许多组织身陷可预测性、组织结构、管理模式和绩效度量系统的泥潭而不能自拔。要想使敏捷方法发扬光大，要想使敏捷性从产品团队贯穿到整个组织中，我们首先需要承认我们度量绩效的方式影响着组织的敏捷性。

我们随后必须转移关注点，从聚焦变更管理转移到聚焦适应性。当我们审议赫然显示与既定数字有变化的财政预算时，或者当我们审议项目管理流程，其中一些偏差被认为是错误而需要修正时，我们是在消极地看待变化。我们有关变革管理的文献充斥着否定的东西，如变革组织的文化或者流程多么困难。如定义所示，变革就是要不同于我们之前的状况，然而我们抵制不同。

适应性创造了一种完全不同的思维模式。适应性是在一定约束或范围内响应变化以满足既定目标。适应是对我们的世界、我们的环境自然地做出响应。进化本身就是一个适应的过程。由于商业环境不断变化，因此需要衡量我们对这些变化做出的响应（我们的适应性），以在这种变化的环境下实现我们的既定目标。我们的预算编制和项目绩效管理系统用来衡量项目是否"遵循计划（或预算）"而不是度量适应能力。这些系统需要变革，但不仅仅是项目管理层的变革，而是整个组织都需要变革。

管理人员或许会担心，这在一些组织中也出现过，即适应性会成为偏离计划情况的借口，因此所有的责任也将消失殆尽。两种措施应该能防止这样的事情发生：第一，关注交付价值，创造可发布的、高质量的产品，从而确保从客户/产品管理（成果）的角度实现绩效；第二，团队将按照基准（见下一节）进行度量，这样管理层能够监控输出绩效。适应性不应该成为不良绩效的借口。

如果管理层的期望过于僵化，那么团队的灵活性便会受到阻碍。对偏差的承受力越小，对适应行为的限制就越多。对偏差的承受力越大，对适应行为的限制就越少[①]。

> 讽刺之处在于，当对偏差的承受力变大时，各方面的绩效通常都有改善！迈克尔·马赫建议我们称此为"可预测性悖论"。

具有讽刺意味的是，在动荡环境下，管理层对结果试图"控制"得越紧，这些结果实际上会变得越不可预测。相反，当管理层放松约束，让团队自由地适应时，可靠性更有可能出现。问题的关键在于聚焦想要的成果，而不是限制性的计划。

在谈到传统项目的可预测性时，迈克尔·马赫提到了斯坦迪什报告的数据显示如此高的项目失败率（范围、进度和成本偏差）这一有趣的现象。"斯坦迪什的数据或许表明某些时候管理人员有意忽视计划，因为他们知道计划不再反映现实。"我想补充的一点是，团队成员也开始忽视计划，因为他们意识到这些计划是多么不现实和充满政治色彩。

这个悖论的原因是，成功，尤其是在当今，反映的是团队应对变化的能力，而不是制订计划再执行计划的能力。团队的适应能力反映了绩效的度量方式。如果团队感受到在某些绩效度量指标方面允许出现偏差，这就能鼓励他们去适应。如果他们适应，事实上满足项目的所有目标和衡量指标的机会就越大。

在 *Artful Making* 一书中，罗布·奥斯丁和李·德温（2003）描述了德温作为戏剧导演的一种管理方式。戏剧随着演员对角色的认知和演员彼此之间的交互而发展演变，从而创造出独特的产品。排练时往往充满了混乱和压力，但关于戏剧有一件事是完全可以预测的——它将如期开演！敏捷和适应并非意味着不可预测，但它意味着我们应该精心策划我们想要预测的特征。此外，在一个变化的、不可预测的环境里我们需要限制我们试图预测的特征的数量。

事实上，"预测"对于我们所试图做的事情来说是一个错误的名称。我们通

---

① 有一种类型的偏差能够（也应该）减少，另一种则不能。比如，在有一定信息和假设的情况下，更好的估算技术能够减少偏差，但是不能减少因信息根本不明确而导致的偏差。

常正朝着一个在一定约束（如截止到某一特定日期）范围内可实现的目标（想要的成果不一定是预测的成果）前进。对于戏剧，没有人会坐下来估算每个活动细节，但是戏剧档期限制着日期。预算编制和项目计划经常阻碍在约束范围内交付目标。他们建立了一个错误的预测，因为他们假定如果我们遵循计划，我们就能实现目标。实际上，环境的变化和错失的假设总需要项目在计划之外去适应（如果有实现目标的任何机会）。适应能够带来成功，而不是固守计划。

13.3　度量概念

在寻找建立适应性管理系统基于哪个概念时，有两点已经被证明非常有用——杰里米·霍普与罗宾·弗雷泽提出的超越预算和罗布·奥斯丁有关组织绩效度量的观点。两者很明显都从敏捷和适应性的角度讲述通用的度量系统，而不仅仅局限于项目管理。

❑ 13.3.1　超越预算

杰里米·霍普与罗宾·弗雷泽（2003）在 *Beyond Budgeting: How Managers Can Break Free from the Annual Performance Trap* 一书中概述了绩效度量系统，该系统事实上是一种适应性的、适合敏捷企业的去中心化管理方式。尽管霍普与弗雷泽所讨论的问题远远超出了预算编制，但他们围绕组织中传统的预算编制体系开始讨论。

"预算长期以来被金融工程师用作遥控设备来'通过数字进行管理'。他们已经把预算数字转变为固定的绩效合同，迫使各级管理人员致力于交付规定的财务成果，尽管支撑这些财务成果的许多变量，他们根本无法控制。"

我要说的是这些"金融工程师"与有同样想法的"项目管理员"并驾齐驱，创造了"遵循计划"进行项目绩效度量的文化。两种度量系统都遭受同样问题的困扰：

- 它们烦琐而代价高昂。
- 它们与竞争环境格格不入。

• "数字游戏"泛滥。

第一，许多公司会提前 6 个月进入下一年的预算编制（称为年度预算）工作。这个过程对于组织中的各个管理层既耗时又耗钱。同样，涉及许多任务、里程碑、资源配置和网络图表的项目计划，如同肯·奥尔曾经调侃的一样，提供了"大面积有案可稽的无知"。我们花费时间和金钱，制订过于详细的计划，根据是对项目的模糊认识和对未来的严重不确定性。

> "一些项目经理计算出他们节省了 95%的用来编制预算和预测的时间。"（霍普和弗雷泽，2003）

第二，这些固定的预算或者计划与竞争环境格格不入。因为事情变化了，当初所做的一些假设失效了。霍普和弗雷泽说："正是当重要的预算假设和新出现的现实之间的差距扩大到两者基本上没有任何关系时，问题就会出现。"

> 固定的目标和一致达成的计划或许适合不确定性低的项目和企业。但是，对于大多数项目和企业，"固定的"计划的作用好比航程中一个巨大的锚——把人们捆绑在过去而不是未来。

第三，在固定的绩效合同中，无论是预算还是项目计划，"数字游戏"都过于泛滥。在编制预算时，每个经理都试图把她将要跨越的障碍设置成最小，这样她就能获得一个较高的绩效分数。项目计划主观臆造，项目经理试图为应急事件设立额外的时间[1]。在 IT 文献上报道过一家公司按时在预算范围内完成了 95%的规定。那样好吗？如果你正在努力创新，就不好，这意味着你没有足够冒险或者有些东西你没有想到。编制预算和估算经常受到政治的钳制，它们与真正的绩效之间的关系是很脆弱的。

按照霍普和弗雷泽的说法，解决这些预算问题，需要摒弃传统的预算编制流程（作者的案例研究表明多家公司已经效仿），创建一种不同的绩效管理系统。

---

[1] 关键链项目管理的支持者已经证明传统的进度表充斥着不必要的应急估算。

这个绩效管理系统基于关键业绩指标（Key Performance Indicator，KPI）而创建。关键业绩指标确定企业所需的战略目标和战术目标；确认相对业绩指标，是基于内部和外部的基准度量绩效，而不是基于固定的预算或者计划。这些衡量指标能够回答前面提出的两个问题：我们作为组织是否正在实现我们的战略目标和战术目标？我们的员工是否正在尽可能地以最高的水平开展工作？

此外，霍普和弗雷泽不仅勾勒出了一种适应性而不是规定性的绩效管理系统，他们还继续深入，向我们展示了这种新型度量系统如何培养一种自适应管理方式——去中心化、协作和创新。他们的适应性度量和管理系统基于 6 个共同的原则，如图 13-3 所示。

超越预算原则

- 基于清晰的原则和边界，提供一个治理的框架。
- 基于相对的成功，创建一个高绩效的氛围。
- 赋予人们基于治理原则和组织的目标制定决策的自由。"我们的案例表明各级团队都需要战略指引，但他们并不需要详细计划（那些需要团队自己制定的除外）。"
- 把制定创造价值的决策的责任放到一线团队身上。
- 让人们为客户的成果负责。
- 支持开放、正义的信息系统。

——杰里米·霍普和罗宾·弗雷泽（2003）

图 13-3　超越预算原则

这些原则与第 1 章所阐述的《相互依赖声明》中的原则相得益彰，这不足为奇。霍普和弗雷泽的适应性绩效管理系统中提到的独特的原则是有关相对衡量的理念。相对衡量理念使得管理人员关注价值的持续创造，而不是固定的计划。为了管理企业，他们设定高层级的 KPI 目标（成本投资回报、现金流、客户满意度）。"员工业绩的评价和奖励基于一个公式进行，该公式与基准线、同行和前几年的业绩有关。"霍普和弗雷泽说。固定绩效合同是有缺陷的，它被相对提升合同所代替，后者促进了组织内部单位和团队间的自我规范和管理。"这个'相对绩效'衡量方法使得业务部门的经理把关注点总放在利润最大化而不是做数字游戏上，因为不存在导致非理性行为的固定目标。"

"不带有计划和预算进行管理的主要优点之一是：管理人员能够全神贯注地响应不断出现的变化并向客户和利益相关方提供价值。"（霍普和弗雷泽，2003）

霍普和弗雷泽把这个新的度量方法看作组织在转化为更加适应的系统中的重要基石。公司"需要摒弃固定的绩效合同、命令–控制的管理模式、依赖文化、中央分配资源的模式、多层次的职能等级结构，以及封闭的信息系统"。

"有效授权是自由与能力相结合的产物。"（霍普和弗雷泽，2003）

❏ 13.3.2　在组织中度量绩效

事实证明，绩效度量和管理比人们想象中更加困难。任何从事绩效管理系统设计的人都会读一读罗布·奥斯汀的 *Measuring and Managing Performance in Organizations*（1996）一书，作者冷静地分析了度量系统出错的原因所在。奥斯汀认为，度量"系统"非常困难，因为"不像机制和有机体那样，组织中存在子结构，会意识到它们正在接受度量"。奥斯汀在他的引言中说："如果说这本书传递了唯一一条消息，那就是信任、诚实和良好的意愿在许多社会背景下要比验证、诡计和利己主义更有效。"正是使用度量系统的管理人员的意愿最终决定着他们的真实性。

1．度量指标的失败

IT 和软件开发公司中的度量指标社区，在找到指引方向之前普遍遭遇了一段艰难的时光。实施度量指标的失败率一直很高——公司大张旗鼓地实施度量指标，结果却是随着时间的推移，热情消退，度量指标被淘汰。

导致该困难的一个主要原因来自不恰当的意图，特别是随着时间的推移，该意愿导致度量系统功能失调。奥斯汀讨论了如何出现度量功能失调的模式（见图 13-4）。最初，度量系统往往可以改善结果，由于员工并不真正了解这个系统，因此他们的行动会试图满足该系统的意图。然而，随着时间的推移，对"改进"

所增加的压力，迫使人们颠覆该意图以满足度量的目标。因为在预期成果和用于实现该成果的度量指标之间总相互脱节（比如，某一项目期望的商业价值与进度和成本等指标之间的脱节），因此，随着时间的推移，"被度量的绩效不断攀升，而真正的绩效在严重下滑"。

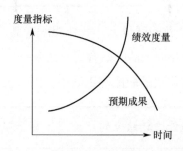

图 13-4　度量系统如何变得功能失调

有一家公司，按照达到的能力成熟度模型（Capability Maturity Model，CMM）的等级给经理人制定薪酬，这是一个典型的只度量输入和过程，而不度量输出的例子（这不能解释成 CMM 自身的问题，而是它的用法问题）。尽管关注改进的过程度量可以提高效率，但它也会趋向于引导人们不去注重度量效果（成果）。为什么不把商业价值成熟度模型与流程模型联合起来使用呢？英特尔公司已开发了这样一个模型，与 CMM 类似，包含 5 个等级[①]。组织结合起来使用二者，可以在度量过程改进和价值提升之间保持平衡。

> 如果不结合重要的成果指标，而只是通过过程改进来度量和给员工设定薪酬，势必会走上一条导致功能失调行为的歧途。

许多传统项目管理的度量指标导致了功能失调。它们不再鼓励真正的绩效，而是诱导功能失调的行为。此外，功能失调并不一定会随着系统的重新设计而消除。事实上，奥斯汀的几个案例研究表明，"采取越复杂的度量措施，会导致越复杂的功能失调反应"。对于那些接收度量者，"如果他们能够成功地抹杀真正的

[①] 马丁·柯利，英特尔公司 IT 创新总监，在爱尔兰都柏林软件过程改进（SPI）大会上发表过演讲。

输出和度量业绩之间的相关性，就能增加他们的奖金"。挣值分析法（Earned Value Analysis）或许就是那样一个经过重新设计的项目绩效管理的度量方法。团队越努力实现 EVA 目标，他们距离真正的业务成果就越远。按结果度量绩效，可能更加困难、更加不精确、更加模糊，因此无论是度量者还是被度量者都会回避成果度量的方式，转而青睐更加具体的方法。照这样下去，期望的成果和绩效度量系统就会相互背离，从而导致功能失调。

2. 两种管理风格

自组织意味着依靠团队的内在动力，而非外在动力（如度量目标）。奥斯汀称此为授权式管理，与基于度量的管理方式相对应。他还说："基于度量的管理方式与授权式管理方式相互冲突，它们之间存在反作用，原因是基于度量的事实证据，度量系统会传达出一种不信任的暗号。"这也许是敏捷团队总是感觉与管理不同步的原因。他们相信自己做得很好——交付客户价值——但度量系统不这样认为。

有两种（或者拟使用的）度量系统，尽管在实践中很难确定意图并把它们区分开来。动机度量系统试图改变行为模式从而激励员工更加努力地工作，而信息度量系统随着时间的推移提供开发和流程管理的思路。如果员工不认为前者（动机度量）是真正的意图所在，则后者（信息度量）也往往很难得以实施。

奥斯汀说："组织渴望的一种理想状态是员工是靠内因激励的，而度量系统会向他们提供自我评价的信息。度量和激励相辅相成。对管理人员的挑战是需要更加信任员工，激发员工的热情并与他们沟通，并且愿意提供帮助而不是接受帮助。"因而，授权式（敏捷）度量系统应该聚焦于两件事情：确定交付给客户的输出价值；给员工提供度量信息，使其能以此为依据进行自我评价，从而提高他们的绩效。

❑ 13.3.3　适应性绩效管理系统设计指南

借鉴霍普、弗雷泽和奥斯汀的思想，总结适应性绩效管理系统的设计指南如下：
- 建立基于信任、诚实、旨在提高组织价值的度量系统。
- 把最重要的关注点放在度量成果上，而不是放在输入上，即使在度量指标不容易获取、也不精确的情况下也应如此。

- 对于约束指标设定较为宽容的容许偏差，以鼓励适应性。
- 创建输出信息度量指标以支持人类天生的内在动机的需要，结合使用度量的方式以促进全面进步。

成功转型敏捷组织、项目或企业的关键在于关注客户价值而不是进度，建立基于信任和尊重的协作型项目社区，以及学习良好的反馈系统。我们的度量系统必须对这些关键点予以支持，必须确保业务驱动因素（利润、投资回报率）与项目可交付成果之间的关系保持透明。

13.4 成果绩效的度量指标

成果绩效的度量指标旨在首先评估成果，然后按约束评估业绩，从而确保客户获取自己的投资价值。关键问题是（涉及敏捷三角形，见图 13-1）：

- 项目社区是否持续向客户交付价值？
- 项目社区是否交付高质量的产品，使得未来也能持续向客户交付价值？
- 项目社区是否在可接受的范围、进度和成本约束内交付了产品？

尽管团队需要一些详细计划以协调工作，帮助实现业务成果，但是绩效的度量应该根据成果本身来进行。一些项目经理抱怨他们的业绩不能按照业务成果来衡量，因为这些成果不在他们的控制范围内。他们认为只应该按照范围、进度和成本来衡量他们的绩效，因为这些要素的确可以控制。他们或许不能控制成果，但是他们能影响成果。因为你可能对它有更多的控制或者因为它更容易度量，所以就去度量这个错误的东西，这根本不是成功之道。

如同平衡计分卡系统那样，成果指标往往既可以定量也可以定性。哪怕是简易指标也会非常有效，比如，一种称为 IRACIS 的价值度量系统，其中 IR 代表增加收入；AC 代表可避免成本；IS 代表提高服务。无论这些指标值是定量还是定性的，从这 3 个维度考虑价值本身就有助于思考成果而不是输出[①]。英特尔公司

---

① 分析业务价值的另一模型是尼尔·尼克莱森的目标对齐模型（Niel Nicholaisen's Purpose Alignment Model），它研究市场差异化和任务紧急性（Pixon，2009）。

在它们的业务价值成熟度模型中确认了 17 种标准的价值指标——从按人头计算生产效率到上市时间。

最后，项目的成功应该根据成果进行度量：项目是否按商业价值、目的和目标交付了可发布的产品？如果其他需求后来被确定为具有更高的优先级，那么开始时确定的某一具体需求的实施与否，可能对于成功已经变得无关紧要。项目按目标日期交付与否或许很重要，也或许无关紧要，这都取决于项目期间，发起人和团队所做的决策。一个项目可能很难按期交付——交付日期是一个约束——而另一个项目可能不是这样。

前面提到的项目绩效度量指标要回答的这 3 个关键问题包括当前价值、质量（未来价值）和约束。从历史的角度来看，项目进展通过强调进度（X 轴代表时间）和活动的甘特图来衡量。图 10-2 中所示的停车场图，首先强调价值（每个方框代表已经实现并已经过验收测试的能力或者故事），其次强调进度（方框底部的日期）。如果我们想让管理人员和其他人员以不同的方式看待绩效报告，那么就需要像第 10 章所示的报告那样改变报告机制，以反映最重要的特征——成果。

❏ 13.4.1　约束

成果是商业价值的体现。它们或者可以表现为一种愿景、一个投资回报的目标，以及一套支持愿景的能力。在某些情况下，可以分配给这些成果货币价值（见第 8 章）。但是企业需要的不只是成果本身，它们还需要这些成果在一定的约束范围内出现，以保证在财务上可行。

我们需要了解 3 个方面的约束——范围、进度和成本。适应性度量设计指南指引我们尽可能地减少狭隘的约束（以鼓励适应性），因此这 3 个约束中仅应该有一个是"固定"的约束，其余的应该是"灵活的或者可接受"的约束，如第 6 章所定义的那样。比如，如果项目目标中包括按政府要求到期必须完成，那么这个"固定"的约束就是进度。约束的定义不同于估算。估算是分析要做的工作之后得出的期望。约束并不是基于估算的，而是一种限制，一种"不能逾越"。约束应该宽容对待偏差以鼓励灵活性和设计实验，从而能够创新。

比如，如果一个团队预计他们无法满足标注为"固定"的约束日期，那么将会挂个大红旗，随之就会采取重大行动，或者直接取消项目。如果成本估算是10万美元，而成本约束被标注为"灵活的"，即可以在10万美元的基础上上下浮动2.5万美元。团队会试图把成本控制在10万美元或更少，但他们明白成本可以有较大的灵活性，仅仅是在超过了12.5万美元的时候发起人才需要重新评估项目。有些人或许认为这种界限设定法不能给团队在绩效方面施加足够的压力，但这并不是成果度量指标在适应性系统中的作用。成果度量指标的目的是在变化的环境下，在特定的约束范围内，帮助交付一系列成果。

> 约束越严格，团队拥有的灵活性越少，团队交付最高优先级成果的可能性就越小。

在用这种方式研究绩效指标的同时，我们不能忘记价值（成果）并非独立于成本和进度之外。一个项目之所以可行（有投资回报）或许是因为它能在6月的某个交付日期（固定）、成本在25万美元的基础上偏差上下不超过5万美元的范围内（灵活）交付6个高级别的能力。如果在6月之后交付，那些能力的收入值会大幅下降（比如，因为竞争对手的预期产品升级）从而导致商业案例（投资回报率）在6月之后也会下降得令人无法接受。同样，如果成本超过30万美元的限制，投资回报率下降，项目就应该取消。再重申一次，约束并非不重要，只是价值和质量比约束更重要。

❏ 13.4.2 社区责任

敏捷的一个重要原则（也是很少引起注意的一个原则）是：项目社区作为一个整体，应该对绩效负责。所以，项目绩效并不只是开发团队的责任，而是包括开发团队、产品团队和项目发起人在内的整个项目社区的责任。这在度量成果时尤为正确。产品团队和发起人在项目期间制定关键的优先级排序和资源配置决策。发起人或其他资源经理，把人们从一个项目调往另一个项目，他们制定的是跨项目的资源配置决策。那么，为什么开发团队应该为他们根本无法控制的资源损失负责任呢？如果产品团队和产品经理制定整个项目的特性或者故事的优先级排序决策，那么为什么应该按照最初的需求来度量开发团队的绩效呢？在传统项目环境下，开发团队背负固定计划这个枷锁，并且还负担来自客户和管理层的不断变更。然后他们会被告知"无论如何都要遵循计划"。

产品团队、开发团队和项目发起人必须共同致力于项目成果的实现。通常，在传统项目中产品团队为开发团队提供需求信息和约束信息，但是他们不直接对成果负责。在敏捷项目中，整个项目社区是一个统一的整体，共同致力于成果的实现。

☐ 13.4.3 改进决策

成果和约束对于绩效度量非常重要，而且它们也有助于有效地制定决策。如果项目社区必须不断地适应变化的条件，那么最关键的流程是项目社区的决策流程，影响该流程最关键的因素是决策标准——目标和约束。所以，目标和约束不仅是项目绩效指标的基础，也对需要调整并适应不断变化条件的决策流程非常关键。如果项目管理像一个生产流程，那么项目管理会和流程管理相关，但它不是。

> 项目领导力归根结底与两件事情有关：管理人和管理决策。

如果衡量成功的标准是和计划的每部分都保持绝对一致，那么有关适应的决策该如何制定呢？项目团队被迫满足计划目标，甚至项目在实施过程中已经发生改变，在那些目标已经变得毫无意义的情况下也是如此。如果我们的目标是指导制定有关适应变化的决策，那么我们需要为制定那些决策制定出明确的标准。

☐ 13.4.4 以计划为指导

适应性绩效管理系统从不同的角度看待计划。计划，包括对范围、进度和成本进行估算，依然需要制订，并且也非常有用，但它们的用途不同。关键问题成为："假如已经制订了计划，那么我们会对在规定约束范围内交付预期的成果更加自信吗？"计划是用来指导团队的，而不是团队的紧箍咒。团队会努力按约束交付，但交付预期成果更加优先。

一些人又认为：即使在我们严格遵照计划执行时，项目都会脱离既定轨道，有时还会严重脱离，如果我们放宽约束，岂不是会有更糟糕的结果。这些批评者基本上是在说他们既不信任他们的团队，也不认为他们的团队拥有聪明才智。他们说绩效目标诸如"你们必须在预计的 10 万美元的成本范围内交付该项目，否则有些人就要倒霉了"在某些程度上要优于这样的目标："这个项目预计的目标成本是 10 万美元，我们要尽力去实现。然而，最关键的约束是在 6 月之前交付这套功能，所以为达到我们的预期成果，如有必要，我们愿意在这个项目上花 12.5 万美元。"项目的目标成本为 10 万美元，但约束是 12.5 万美元。团队和管理人员需要学会接受这样的变化，而不只是要求一个单一的结果。

上面哪种说法会激励你？哪个更加现实？哪个容易获得更好的结果？我相信这些问题的所有答案都会是第二种说法。我认为现在的员工能更好地响应现实的目标而不是不切实际的单调数字，因为这些现实目标是可变化的。大卫·斯潘曾为此示例做过精辟的评论："上面这段话中两种说法的真正区别在于第一种有命令和惩罚的性质，第二种语言表明了意愿。"再重复一次，意愿对于使用任何度量系统都非常关键。

13.5　输出的绩效指标

成为适应性的敏捷组织并不意味着摒弃绩效度量，而是意味着在不断适应以实现成果的环境中创建有意义的度量方式。我们希望团队提高生产效率，我们希望团队更快地交付，我们希望团队交付缺陷少的产品。然而，这些目标不会只通过遵循计划来度量业绩而得以实现，而是通过直接度量这些指标及根据内部和外部的基准来对比进度，从而保证目标的实现。

按照计划度量团队绩效往往导致不良结果。如果给某个团队分配了一个项目，该项目的计划存在大量的"填充或缓冲"，然后团队成功了，那么他们是高绩效团队了吗？如果团队被分配给一个项目，其"计划"完全和彻底不切实际，而他们没能实现该计划，他们就是低绩效团队吗？将团队绩效与切合实际的内部和外部基准进行对比，难道这样做不是更好吗？我们想要团队在敏捷环境下提高绩效，我们就需要相信团队能致力于提高自己的绩效。管理人员的工作是提供"信息型"度量指标，使团队可以衡量自己的绩效并且致力于产出的提高。

❏ 13.5.1　五项核心度量指标

执行这种度量的方式之一是使用劳伦斯·普特南开发的 SLIM 模型，他在与韦尔·迈尔斯合著的 *Five Metrics: the Intelligence Behind Successful Software Management*（2003）一书中也讨论过该模型。迈克尔·马赫与普特南合作多年，开发了他们的软件产品，加上他们关于数千个项目的数据库，提供了一个度量内部和外部基准的机制[①]。

SLIM 模型用到了五项核心度量指标：

- 功能的数量。以用户故事、用例、需求或特性（根据不同情况）[②]来表示的范围。
- 生产效率：以时间和工作量来表示产生的功能。
- 时间：项目历时月数。
- 工作量：以多少个人·月为单位付出的工作量。
- 可靠性：以缺陷率表示。

图 13-5 说明了这类绩效度量方式如何收集数据，图 13-6 对组织内的单个项目进行对比，趋势线代表该具体软件的行业平均值。尽管范围、进度和成本既用来度量成果，也用来度量输出，但它们使用的方式不同。对于成果绩效，是与计划做对比；对于输出绩效，是与其他项目做对比。两种方式都有助于衡量整体绩效。

这种类型的报告的数据收集很简单，并且使得团队可以：

- 随着时间推移，与团队自身的进展情况相比（我们是否做得更好？）。
- 与内部团队的绩效相比（与组织内的其他团队相比如何？）。
- 与外部行业或项目的绩效相比（与其他公司相比如何？）。

这种度量方式度量团队的相对绩效，而不是度量团队遵循计划的好坏，它的一个明显优势是：对于改进没有设置上限（目标）。因为一切都是相对的，所以

---

① 还有其他度量工具和方法，但我最熟悉马赫的成果。
② 这些最终可能作为对象、模块、类，或者代码行数来进行度量。

优秀的团队会努力做得越来越好，而不只是试图满足目标。只是试图满足目标的团队往往首先会操纵目标，以使其变得对自己有利，然后目标实现之后便松懈下来。相对绩效使团队保持内在压力，精益求精。

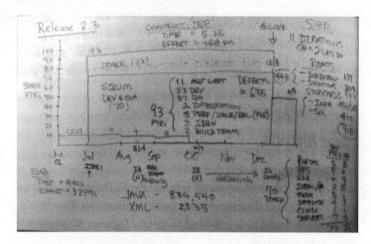

图 13-5　收集度量数据（引用迈克尔·马赫的图）

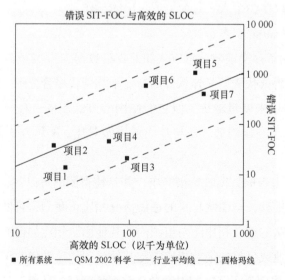

图 13-6　项目绩效对比（引用迈克尔·马赫的图）

　　值得再次一提的是，意愿对于度量是至关重要的。对比团队绩效能导致内部破坏性竞争或者不良的资源优化等功能失调现象。与外部基准相比应该用作学习机会，而不是惩罚的依据。一旦这些意愿变成破坏性而不是建设性的，那么团队将很快遭受这些不良意愿的影响，而导致错误行为的出现。

> "信息时代的知识工作和设计工作，已被生产度量指标破坏殆尽。度量输出而不是输入的会计思维模式，把所有重点都放在以效率为导向的输出指标上（比如每个功能点的成本），而几乎不重视成果指标，如新产品的创新。"（迈克尔·马赫，私人邮件）

❑ 13.5.2　成果和输出

尽管前面几节分别提到了成果和输出，但实际上不能独立看待二者。比如，在一个需要体现重大创新的项目中，技术非常新也非常复杂，实现预期成果需要在业务价值和技术实施上进行创新。交付这样的结果很容易导致输出指标较为低下（如生产效率）。

如果输出度量系统的目的是学习，那么团队应该能够积极地、没有任何负面影响地回答下面这个问题："鉴于这个项目的具体情况，我们是否尽我们所能地交付了高质量的输出？"在不同的环境里，管理层或许这样消极地理解较低的输出指标，说："为什么你们的输出数字就比不过其他团队呢？"团队意识到输出指标是主导因素后，他们就倾向于选择简单的方式来实现这些输出，而创新和其他结果指标将会遭受损失。

许多项目经理，甚至包括 CIO 在内（基于前面提到的海伦·普克斯塔的报告）都相信他们根本控制不了成果，并且不应该只按照输出度量他们的业绩。控制不是真正的问题所在。项目社区的人必须问自己这样一个问题："我能影响项目的成果吗？"控制，即便在今天，也是一个幻想。事实上，我们根本控制不了人和事。当人们觉得应该对输出负责时，成果将不可避免地遭受损失；当人们觉得他们能影响成果，并且那些成果非常重要，整个项目社区共同为那些成果负责时，他们就将采取相应的行动。

除非我们明确地认为成果非常关键，并且以客观的方式定量或者定性地进行度量，否则输出指标将会起主导作用，使得预期绩效和度量绩效背道而驰，导致功能失调。

13.6　缩短尾巴

度量绩效时最后需要注意的是：一个判断组织"敏捷"程度的非常有效的指标，即尾巴的长度。尾巴是指从"代码泥沼"（Code Slush）（真正的代码冻结很少）或者"特性冻结"阶段到 RTM（发布到生产）之间的时间段。在这个时间段中，公司会执行下列工作的一部分或者全部：Beta 测试、回归测试、产品集成、集成测试、文档和缺陷修复。我所见过的最糟糕的"尾巴"长达 18 个月，从特性冻结到产品发布历时 18 个月，而且大部分时间花在了质量保证上。我发现通常情况下，如果软件公司的发布周期是 12 个月，那么尾巴长度为 4～6 个月。

> 缩短尾巴是度量敏捷进展的一个简单而有力的度量指标。

锐意进取的敏捷团队的目标是在每次迭代中生产可交付的软件，但大多数团队与该目标相去甚远，特别是当他们拥有庞大而又古老的遗留代码库时。想一想公司为把尾巴从 6 个月缩短到 3 个月（随着时间的推移会更短）必须要做些什么。它们必须学会如何持续地集成整个产品。它们必须提高自动化测试水平，以在每次迭代时驱动回归和集成测试。它们必须提高开发人员所做的自动化单元测试水平，从而在每次迭代和发布末期减少测试时间。它们必须尽早带领客户进入开发流程，而不是等到 Beta 测试结束时。它们必须把文档专员纳入团队，从而在迭代期间不断产生文档。它们必须在系统重构上投资以减少技术债务，从而减少测试和缺陷修复时间。

你或许能够想到更多它们必须做的事情。无论大小，每项都能在某种程度上把尾巴缩短数天或数周。大型产品的尾巴可能永远不会为 0，但它可以非常小，或许是 1 个月，如图 13-7 所示。想一想，如果一个公司的交付尾巴为 18 个月，或者哪怕是 6 个月，它将处于何等的竞争劣势。那就意味着发布前 6～8 个月期间的竞争环境下，它们的产品几乎没有任何改变。此外，还意味着开发人员和质量保证人员总是无法同步，造成了两个小组之间差距或者鸿沟。

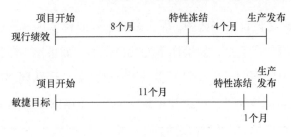

图 13-7　缩短尾巴

所以，这是一个可以体现敏捷开发质量价值的指标。在软件公司使用比在 IT 部门里使用更加有效，但它在两个地方都能使用——一个简单而有力的度量指标，推动着组织向你希望的方向发展。

13.7　结束语

一些投资组合治理系统把 IT 项目归为四大类：基础设施、公益事业、改进提升及前沿项目。尽管每类项目都需要一定程度的创新，但很明显，前沿项目（远在处于风顶浪尖的西方）指那些创造新型产品、新型商业服务和新型商业流程的项目。这些前沿项目需要与客户团队密切合作，明确的需求较少，但风险较高，潜在投资回报也最高。

在许多组织中，前沿项目仅占投资预算的 10%～20%，所以几乎没有人考虑以一种不同的方式度量这些少量项目的成功，尽管在未来它们会成为最关键的项目。对于其他 80%～90%的项目，以最低的成本完成它们或许就是目标。在传统的"项目就是项目"的环境下，所有项目都用同一种方式来度量——以进度和成本为主。

人们很有可能把适应性绩效管理系统用于所有项目，因为任何项目都关注价值（假定价值对于一些项目意味着低成本交付）。适应性绩效管理系统中的"适应"意味着：适应项目所要求的最高价值的目标。

然而，尽管所有项目都使用适应性绩效管理系统非常有必要——如果你计划创建一家敏捷企业，它将是必需的——在那些为未来组织（那些实施新产品或新服务或新流程，从而创造公司未来的组织）设计蓝图的项目中，使用 APMS 是至关重要的。如果你在设计未来蓝图，那么多几个月或者多几美元（或欧元、英镑、日元）都是无所谓的。但是，如果你不能交付价值，如果你不能创新，额外的时间和金钱就会是有所谓的了。我们不能一边不断地要求团队要创新，要灵活，要去适应不断变化的竞争环境，一边却用狭隘的度量框架来评估他们的绩效。

> 我们必须像创新我们的开发方法一样，来创新我们的度量系统。

最后，我想回到一条适应性绩效管理系统设计的指导原则上：

> 建立基于信任、诚实，旨在提高组织价值的度量系统。

研究过敏捷运动的人都懂得这些敏捷、适应性和灵活的方法是真正的社会运动和管理运动。在 *Adaptive Software Development* 一书中，我概括了通常被称为命令-控制型管理模式和领导-协作型管理模式之间的不同。极限编程、水晶和 Scrum 方法同样都声称，可以带来旨在改善工作中的人为因素，进而提高绩效的社会变革。

如果我们想要适应性组织，我们就必须长时间认真仔细地思考成功和绩效意味着什么，并使我们的绩效度量与我们所选择的管理模式的价值观保持一致。我们的绩效系统必须建立在正确的意愿之上——去指引，而不是惩罚；去学习，而不是重复；去适应，而不是拒绝改变。如果我们想要建立适应性组织，那么必须摒弃固定的绩效合同，而去追寻一种符合这些新的意图的度量系统。

第 14 章

可靠的创新

最后，对于两个问题的肯定回答构成了敏捷项目管理的精髓："你是否向客户提供了创新产品？""你是否每天都兴奋地去工作？"敏捷人士希望创造出创新产品，以此检验我们作为个人和团队的能力极限，也希望创造一个工作环境，使得个人和团队都能够在其中蓬勃发展。

也许，敏捷的最大障碍是要正视我们对于因果关系和确定性的错觉。在需求和技术相对稳定的生产环境中，我们可以很好地预测未来——计划并期望按计划行事。随着外部环境中不确定性的增加，在稳定环境中已经取得成功的经理却试图将同样的流程和绩效度量运用到不稳定的环境中。这种确定性，以及相信只要他们努力，就可以"产生"正确的结果，很有可能导致失败而非成功。

> 进化本身，即适应生态系统的变化，是实验推进的一个新涌现的过程。

因果关系比新涌现的事物更容易令人相信，它是更可触及的。然而自然界因新涌现的结果而不断发展。每个个体行为都会改变生态系统并相应地带来其他变化。正如戏剧表演来自演员、编剧、导演和观众之间的相互交流一样，一个产品的产生也来自项目团队成员、产品经理和项目经理、客户和竞争对手的相互交流。但是对于确定性的错觉仍在延续，因为在许多组织中，不确定被认为是糟糕的状态。确定性应该是存在于愿景和宏观目标之中，而不是存在于实现愿景的具体途径中。如果我们混淆愿景和途径，也就混淆了因果关系和新涌现的情况。

新产品开发不是计划–执行，而是构想–探索。没有不确定性和风险，就没有机会。生产型项目受到预测的范围、进度和成本的控制，新产品开发项目是为了实现愿景而制订进度计划和成本约束。范围是有限的，而愿景是无限的，但愿景也并非"灵丹妙药"。不现实的愿景会导致试验失控，正如过于详细的需求会导致僵化的合规活动一样。

重要的是要记住，任何产品、任何组织都不可能在各个领域做到无限的敏捷。敏捷总是伴随着一定的边界限制，这种限制对于产品来说是指平台的架构，对于人员来说是指组织的框架。它平衡结构和灵活性、依赖和自治。限制性的架构会削弱产品对产品愿景和市场生态系统的响应能力，而过少的架构会导致成本上升、重复和局部最优化的可能性增加；限制性的组织框架会降低团队对不断变化的环境的响应能力，而过少的框架会导致混乱和混淆。

武术是关于平衡的艺术。不管是防守还是进攻，武术师都使身体保持集中和平衡。工程师也应保持平衡。找到平衡是敏捷的关键，这并非易事，而且它没有一定的规则。每个产品、每个团队的平衡点都不相同。找到那个平衡点需要卓越技术，因为它有助于快速和敏捷。技能、才能和知识孕育着迅速，而强迫人们快速只会导致仓促。只有坚定不移地坚持技术卓越，才能实现敏捷。

14.1　新产品开发的新趋势

新产品开发——无论是工业类产品、消费类产品，还是内部业务流程——受两个决定性因素的推动：对于创新的持续要求与变更成本的急剧下降（低成本的探索）。随着开发成果不确定性越来越大，随着设计变量之间的相互影响变得越来越复杂，使我们无法进行因果分析，通过试验进行探索就成为最有效、最可靠的发现模式。如果我们每天能够以每次 10 美元的价格做 1 000 次试验，那么再花费一个月时间来完成的其他精心设计就没有意义了。另外，进行 5 000 次随意的试验同样没有任何意义。好的试验要求有好的试验设计。

无论我们如何夸大低成本探索对产品开发或竞争优势的影响，都不为过，因为它会自然而然地促使公司相应地调整其开发及管理流程。对硬件产品也是如此，这一策略的一个重要方面涉及软件和比特的操作，而非原子的操作，它促进了低成本的探索产品开发流程，使其努力做到：

- 让产品充满了"比特"。
- 创造面向比特的产品开发周期（在开发周期尽可能地用软件建立和/或模拟产品模型）。
- 持续不断地降低软件的变更成本（低成本迭代）。
- 培养胜任上述策略的人员和制定相应的流程（敏捷人员及流程）。

嵌入式软件已经迅速成为工业产品的关键部分。现在，手机上号称有上百万行的代码；汽车的任何部分，从加油到换挡，都配备了微处理器；飞机通过电传飞控技术，完全实行了电子控制。在过去，软件为硬件提供支持；在将来，有可能就是硬件为软件提供支持。

软件，当然是指完善的软件，比硬件更灵活。事实上，产品开发周期的急剧缩短，迫使硬件工程师极不情愿地提前锁定硬件设计。软件的灵活性表现在：它经常被用来修正硬件问题，或者在硬件设计锁定后增加新的特性。因此，产品中"比特"数量通常越多越好。随着比特取代原子，更多的产品特性可以以更快的速度、更灵活的方式开发出来。

但是我们不能够依靠、期望或使用一个比特来击打高尔夫球。有时，必须将原子装配到我们能够使用的产品中。关键的问题是，何时装配原子？西弗吉尼亚州的一个家具制造商用软件完成其整个产品设计流程，在设计阶段的最后，软件会向负责生产的机器人发出指令，让它们进行家具切割和组装。大型数据库的化合物和生物反应信息越多，医药公司在进行动物试验这样冗长而昂贵的活动之前，就可以更加深入地开展药品开发流程。现在，在实际装配前，大量产品越来越多地用软件建立模拟、模型和原型。因为一旦实际装配开始，灵活性就要受到限制。

关键在于，团队操作比特而非原子的时间越长，产品开发流程就越有效。因此，有两个策略至关重要：增加产品中的比特数量，以及在开发流程中尽可能地深入应用比特而非原子。

14.2 敏捷人员和流程交付敏捷产品

　　然而，对于上述策略需要加以说明的是，公司的开发和项目管理流程、公司的高层管理者的支持和绩效度量，都必须鼓励试验、探索和低成本的迭代。加利福尼亚大学的莫什·鲁宾斯坦和艾里斯·费斯坦博格（1999）在其著作里提到过"思维"组织，这个词恰好与"适应"一词吻合，"思维组织如同一个活的有机体，其中适应是生命力和生存的关键……过度僵化和详细的计划，必须屈从于结合了较少计划和较多应变的策略"。

> 　　"试验之所以重要是因为通过了解到什么是有效的、什么是无效的，人们开发出优秀的新产品、新服务，以及完整的新商业模式。尽管人们对'测试'和'从失败中学习'满是赞誉之词，但如今的组织、流程和创新管理常常阻碍试验"。
>
> ——哈佛商学院教授斯蒂凡·托马克（2003）

　　敏捷、适应的项目管理和开发要求开发人员、项目经理和组织的管理层实行重大的文化变革。有的人在生产环境下很优秀，他们运用规定性的流程和绩效度量，努力实现可重复性和准确性。每个组织都需要生产流程作为其经营的一个重要部分。但是每个组织也需要在交付新产品、新服务和新的内部业务创新等方面较出色的探索流程。遗憾的是，关于探索和生产的项目文化与管理控制经常互不相容，导致管理混乱。优秀的组织会找到办法来处理探索和生产流程两方面的问题，糟糕的机构则会为此遭受煎熬。

　　那么，组织是如何处理看起来文化互不兼容、截然不同的两种流程模型的呢？我认为答案在于"适应"这个词。适应型文化根据形势做出调整，而生产型文化很少改变。当商业环境较稳定时，生产型文化能够繁荣。

> 　　随着变革速度的不断加快，组织中的探索活动与生产活动的组合发生了转换，从而为那些以适应型文化为主的公司创造了竞争优势。

文化被视作敏捷愿景的一个关键部分，它可以用一句简单的格言来表达：不要为迪勒伯特的公司工作，不要做迪勒伯特公司的员工。迪勒伯特的公司是独裁主义的典型，与自组织截然相反。迪勒伯特只会抱怨，他从不对改变环境负责任，迪勒伯特和他的团队缺乏自律。敏捷的社会体系结构两者皆具备，因此它们交付创新产品并创造良好的工作环境。安德鲁·希尔（2001）在他的书中这样讲述约翰·伍顿和加利福尼亚大学洛杉矶分校篮球队："布伦斯队是建立在速度、迅速、严格的人盯人防守、区域联防，以及不停的快攻基础之上的。现在，也许有一些美国孩子梦想可以打那种缓慢的、有条不紊的普林斯顿式篮球，不过我还从没有遇到过那样的孩子。布伦斯队的步速和进攻方式有着某种令人兴奋和着迷的东西。"我想多数产品开发人员希望参加加利福尼亚大学洛杉矶分校式的"敏捷"项目。

一个宏伟的愿景？一个乌托邦式的愿景？或者一个不切实际的愿景？也许是吧。我曾在一个在线论坛上发帖说，我认为传统的项目管理通常是专制的和高度重视礼节的，后来我收到一封邮件回复，说："吉姆，你的话暗示专制和高度重视礼节是'坏'事。我们是否真的在意某些事是专制的呢？或者我们应该仅凭它们能否为客户交付价值来判断？"我的回答是："我非常在意是否专制。"交付有价值的产品很重要，并且它对于项目管理的成功十分关键。如果不能给客户交付价值，任何项目团队都不可能长期存在。从长远看，如何交付产品、如何在工作中交互、如何相互尊重则更加重要。

14.3　创新

人们，以及人与人之间的交互对于交付合格的产品至关重要。就像百老汇在首映式上要做的那样，敏捷项目管理比其他任何方法更准时、更可靠地实现客户的愿景。尽管在许多新产品的开发中可能存在高度不确定性，尽管技术可能变化，尽管员工士气可能时起时落，但可靠的结果仍旧是可以实现的。尽管有这些"可能性"，敏捷项目管理和开发仍旧能够交付产品，这要归功于项目团队成员的热情、积极、坚持不懈和独创性。

只要高层管理者能够清楚地表述产品愿景，敏捷团队就能够交付产品；只要高层管理者能够制定合理的成本和进度时间范围，敏捷团队就能够交付产品；只要客户和产品经理能够接受他们对产品的要求所带来的后果，敏捷团队就能够交付产品；只要所有参与者能够处理组织结构的模糊性和灵活性，只要他们能够聚焦于结果而不是活动，敏捷团队就能够交付产品。

作家艾德·约登（1999）讲述了 4 种类型的死亡之旅项目：神风特攻队型、自杀型、丑陋型和任务不可能型。神风特攻队型项目从一开始就注定失败，但是每个人都认为这种飞行非常有乐趣，如 "沉迷于技术" 的项目。在自杀型项目中，每个参与者，从工程师到项目领导者，都知道这个项目将会失败并且会很痛苦，失业的威胁是促使人们参加这个项目的唯一原因。丑陋型项目指那些项目领导者为了个人的荣耀而牺牲他人的劳动，随之而来的肯定是长时间的工作和恶劣的工作环境。任务不可能型是指凭借运气和格外的努力开展项目，这种项目几乎不可能完成，但是不可能的任务通常也是令人兴奋的，它们是高风险、高回报的项目。

如果你的项目陷入前 3 种类型，即神风特攻队型、自杀型或丑陋型，那么，这个世界上任何的项目管理流程（生产型、探索型或其他）都不会有作用。如果有人保证在任何情况下，不管什么项目，某个特别的流程或方法一定会成功，那么他肯定是在说谎。如果高层管理者无论在什么情况下、对于什么项目，都要求成功，那么他是在扼杀项目团队的才能。然而，如果你的项目属于任务不可能型，就去雇用汤姆·克鲁斯[①]并运用敏捷项目管理和开发吧。

敏捷项目管理不只是一种项目管理流程，它还是一种组织流程。敏捷团队不能在充满敌意的、走向死亡的环境中生存。但在合理的组织环境中，加上高层管理者和经理们理解市场不确定性这个现实，敏捷团队能够比非敏捷团队更可靠地交付产品。他们会将市场和技术的不确定性转换为可行产品的确定性。

可重复的流程以技术规范为基础，它们存在的基础是流程和技术规范的变动非常小。在不确定的情况下，以技术规范为基础且严格控制变化的流程会遭遇失败，因为当运用可重复流程的团队遭遇快速变化时，他们不能够迅速地适应。

相反，可靠的流程对于以探索为基础的项目非常有用，因为产品和流程都能

---

① 影星，出演电影《碟中谍》。

适应变化。但是仅仅适应变化本身是不够的，对于变化的反应过度会造成摇摆不定和混乱。适应必须朝向某个目标，如产品愿景。如果没有明确、表述清楚和持续沟通的愿景，一味地适应变化就会成为致命的旋涡。

还有，我们不能回避新产品开发的基本性质，即它总是涉及不确定性和风险。随着探索系数的加大，随着产品团队将技术推向前沿（有时甚至超出前沿），随着市场力量迅速变化，任何流程和最出色的团队也不能够确保成功。然而合适的人员加上敏捷探索流程可以为成功创造最佳机会。由于团队具备适应环境而不是遵循指定路径的能力，因此这些项目会变得非常可靠。

14.4　不断增值的项目领导者

本书是关于项目管理和项目领导者的书。遗憾的是，一些敏捷人士被看作反管理和反项目管理的。迪勒伯特对世界的认识是：雇员是被压制者，而管理人员是压制者。但是高绩效的敏捷团队（和组织）创造了管理人员和团队成员之间的平衡——一种自律和自组织的平衡。敏捷团队是灵活的，但不是临时的——如果不仔细研究，就很容易忽略它们之间的区别。高绩效的敏捷团队是高度自律的：敏捷团队成员接受责任、接受开发框架、认可一定的行为责任，将他们看作在一个开放灵活的环境中工作的一部分，这个环境赋予了他们（无论是作为团队还是作为个人）高度的决定权。

敏捷项目领导者的风格是领导-协作式而不是命令-控制式。这些领导是敏捷项目成功的关键，对他们的要求非常高。相比发号施令，领导的难度更大，但回报也更多。营造一个协作的工作环境和控制相比难度更大、更有意义。项目和产品领导者都是愿景的支持者，他们清楚地表述愿景，让每个人都能理解它；他们精心地培养愿景，让所有人都不会忘记它。这个愿景以客户为中心——向客户交付价值，也以技术为中心——支持技术卓越以便能够在未来继续交付价值。领导者帮助团队专注于交付产品，同时最大限度地减少合规工作的干扰。

领导工作也包括员工挑选、员工培养和不断的鼓励。虽然其他人也参与这些活动，但领导要对它们负责。对于项目领导者来说，挑选合适的人员加入，让不合适的人员退出，引导员工扮演与其才能相符的角色，培养技术和技能，通过频繁的反馈鼓励员工，所有这些是费时而重要的活动，但这还不够。项目领导者还要帮助营造一个"无畏"的环境，鼓励合作、交互、参与式决策、解决冲突、激烈争论和相互尊重。这是敏捷项目管理中较难的部分，是关于人的部分，或者是有人嘲笑为"软技能"的部分。比较容易的部分是处理所谓的"硬技能"：进度计划、预算、报告、发布计划等。这两种技能对于优秀的项目管理都是必需的，软的部分其实就是困难的部分，硬的部分其实就是容易的部分，懂了吗？

这就是项目领导者在项目团队中的角色，其任务是与客户团队、高层管理者和其他的利益相关方一起设立并满足他们的期望值，说服他们作为项目团队的伙伴共同参与项目。

考虑到一个敏捷项目的不确定性、模糊性、速度、焦虑和不断变化，项目领导者的工作经常在指导者和主持人与决策者和引导者之间进行切换。这样一点都不乏味，只不过它占据部分时间。观察蜂鸟飞行对于敏捷项目领导者是一种很好的训练。

14.5　结束语

在一次去法国的旅行中，德国诗人海因里希·海涅和他的朋友参观了一座大教堂。他们满怀景仰之情，站在宏伟的教堂前，这个朋友问海因里希为什么人们不再造这样的教堂，诗人回答说："朋友，在那个年代人们有的是信仰；而我们现代人有的是观点，仅有观点是不足以建造哥特式教堂的。"（斯威特，1982）仅有观点也不足以构建创新性的产品和适应性的组织。如果我们希望创造优秀的产品和更好的工作场所，就需要有深刻的信仰和坚决的承诺，需要有建立在核心价值观和原则基础上的流程和实践。

2003年6月在盐湖城召开的第一次敏捷开发会议上，高层峰会结束时，讨论小组被问：传达给高层管理者的一个最重要因素是什么。一个团队提出，敏捷的关键因素是认识到原则比实践更重要，也就是说，信仰推动行动，其他的团队对此表示赞同。

没有具体的实践，原则是不会产生任何结果的；没有原则，实践就没有生命、没有特征、没有信仰。优秀的产品来自优秀的团队：有原则、有特征、有信仰、有毅力和有勇气的团队。尽管本书的大半部分都在讲述敏捷项目管理的周期流程和具体实践，其实，它的另一半更为重要，这一半力图清楚地阐述在流程和实践背后的价值观和原则。我们需要现代的信念。

历史学界有一个重要的争论：是伟人创造了历史，还是历史成就了伟人？为什么在 20 世纪 30 年代和 40 年代出现了那么多的伟大领导人，丘吉尔、罗斯福、蒙哥马利，还有艾森豪威尔都是在那个时期出现的领导人，是他们创造了历史，还是历史成就了他们的丰功伟绩？

对于产品，我们可以运用类似的推理：是优秀的产品成就了优秀的团队，还是优秀的团队创造了优秀的产品？也许还有第二种可能，即他们相互创造。第二次世界大战及在此之前的 10 年和之后的 10 年都是剧烈动荡和危险的时期。但是这段时期帮助人们和国家分清哪些是重要的、哪些是不重要的。至少对于世界的民主，重要的是将世界从专制中解脱出来。正是那个愿景，连同非凡的实际行动，创造了今天。

处于敏捷运动核心的信念创造了更好的工作环境，解除了暴政、专制和独裁，但不是解除组织结构、解除责任、解除项目经理和高层管理者的决策权。这种信念不仅来自想要建立一个人人可以蓬勃发展的进步的社会体系结构，而且来自一个信念，即敏捷社会体系结构能够创造出最好、最新颖的产品。当自组织和自律盛行时，当设计（和适应）流程是为了支持而非限制人们时，当个人才能和技能得到重视时，伟大的产品自然就会出现。

反侵权盗版声明

电子工业出版社依法对本作品享有专有出版权。任何未经权利人书面许可，复制、销售或通过信息网络传播本作品的行为；歪曲、篡改、剽窃本作品的行为，均违反《中华人民共和国著作权法》，其行为人应承担相应的民事责任和行政责任，构成犯罪的，将被依法追究刑事责任。

为了维护市场秩序，保护权利人的合法权益，我社将依法查处和打击侵权盗版的单位和个人。欢迎社会各界人士积极举报侵权盗版行为，本社将奖励举报有功人员，并保证举报人的信息不被泄露。

举报电话：（010）88254396；（010）88258888

传　　真：（010）88254397

E-mail:　　dbqq@phei.com.cn

通信地址：北京市万寿路 173 信箱

　　　　　电子工业出版社总编办公室

邮　　编：100036